高等职业教育工学结合系列教材

机械加工工艺

编　著　王　谦
副主编　陈晓勇　郑鹏飞

北京理工大学出版社
BEIJING INSTITUTE OF TECHNOLOGY PRESS

内 容 简 介

本书从工程应用实际出发，以工作任务为基本单位，采用“工作领域—工作项目—工作任务”的组织体例编排；以典型零件的加工工艺编制、工艺装备的选择与维护等工作任务为载体，深入浅出地讲解了机械加工工艺规程的制定、机床及工艺装备的选择与维护、零件普通加工工艺的编制、零件数控加工工艺的编制等内容。

本书以“理论够用，重点实用，联系实际，服务制造”为原则，紧密跟踪现代机械制造技术的发展方向，从岗位职业能力分析入手，突出职业能力和综合职业素养的培养，充分体现高职教材的特色，为学生从事机械设计、制造、维修及相关领域的技术和管理工作奠定良好基础。

本书可作为应用型本科、高等职业技术学院、技师学院、高级技工学校等制造类相关专业的教材，也可供从事机械制造技术研究和应用的工程技术人员参考使用。

图书在版编目（CIP）数据

机械加工工艺 / 王谦编著. --北京：北京理工大学出版社，2022.6（2022.7 重印）
ISBN 978-7-5763-1333-8

Ⅰ. ①机… Ⅱ. ①王… Ⅲ. ①机械加工-工艺学 Ⅳ. ①TG506

中国版本图书馆 CIP 数据核字（2022）第 084786 号

出版发行 / 北京理工大学出版社有限责任公司
社　　址 / 北京市海淀区中关村南大街 5 号
邮　　编 / 100081
电　　话 /（010）68914775（总编室）
（010）82562903（教材售后服务热线）
（010）68944723（其他图书服务热线）
网　　址 / http://www.bitpress.com.cn
经　　销 / 全国各地新华书店
印　　刷 / 河北盛世彩捷印刷有限公司
开　　本 / 787 毫米×1092 毫米 1/16
印　　张 / 17.25
字　　数 / 402 千字
版　　次 / 2022 年 6 月第 1 版 2022 年 7 月第 2 次印刷
定　　价 / 48.00 元

责任编辑 / 多海鹏
文案编辑 / 多海鹏
责任校对 / 周瑞红
责任印制 / 李志强

前 言

本书是在充分调研当前机械加工行业发展现状的基础上,综合分析相关操作技能和典型生产实例，以提升学生职业能力为根本出发点，紧紧围绕职业技能的培养与训练的需要来组织教材内容。全书从工程应用实际出发，以工作任务为基本单位，采用“工作领域—工作项目—工作任务”的组织体例编排；以零件的加工工艺编制、加工装备的选择与维护等工作任务为载体，深入浅出地讲解了机械加工工艺规程的制定、机床及工艺装备的选择与维护、零件普通加工工艺的编制、零件数控加工工艺的编制等内容。

全书由四个工作领域、十五个工作项目组成，各工作项目分别对应相应的工作任务要求。

本书具有以下主要特色：

（1）突出了工艺编制知识的传授。本书聚焦于机械加工工艺的编制，尤其是新技术背景下工艺编制知识的传授，重点讲解了“机械加工工艺规程的制定”“零件普通加工工艺的编制”“零件数控加工工艺的编制”等内容。

（2）实用性。本书由三十二个典型的工作任务组成，涵盖了机械加工工艺规程的制定、机床及工艺装备的选择与维护、零件普通加工工艺的编制、零件数控加工工艺的编制等四大工作领域的重点内容。这些典型的工作任务均是在综合分析了相关操作技能和典型生产实例的基础上提炼出来的，每一个工作任务均配有相应的教学资源。通过对这些典型任务的学习，读者可切实掌握工艺编制的基础知识与实用技能，为将来的就业或深造打下坚实的基础。

（3）新颖性。本书采用“工作领域—工作项目—工作任务”的组织体例编排，遵循“以学习者为中心”和“互联网+”的理念，反映了最新的教育科研成果。书中使用特定图标或二维码等方式展示教学资源，以便于读者的学习与交流。此外，本书还注意结合生产实践中的新技术、新工艺来组织内容，并利用课程在线网站展示教学资源，以最大限度地提高本书的编写质量和使用效果。

本书可作为应用型本科、高等职业技术学院、技师学院、高级技工学校等制造类相关专业的教材，也可供从事机械制造技术研究和应用的工程技术人员参考使用。

本书由杭州科技职业技术学院王谦编著，陈晓勇、郑鹏飞任副主编。其中，工作领域

1、3 由王谦编写，工作领域 2 由陈晓勇编写，工作领域 4 由郑鹏飞编写。在编写过程中还得到了南方泵业股份有限公司质量副总冯忠明的大力支持，提供了诸多案例并提出了许多宝贵的建议。全书由杭州科技职业技术学院王谦统稿。此外，北京理工大学出版社的编辑和老师们也给予了大力的协助。在此一并表示衷心的感谢！

由于编者水平有限，书中难免有错误与不妥之处，恳请广大读者批评指正，以便在修订时加以完善。

编　者

目　录

工作领域 1　机械加工工艺规程的制定……1

工作项目 1.1　认识机械加工工艺规程……2

工作任务 1.1.1　划分阶梯轴机械加工工序……2

工作任务 1.1.2　比较三种工艺规程文件的特点……9

工作项目 1.2　分析零件的工艺性……18

工作任务 1.2.1　分析传动轴零件的结构工艺性……19

工作任务 1.2.2　分析 V 带轮零件图的技术要求……24

工作项目 1.3　选择毛坯……29

工作任务 1.3.1　选择轴承盖零件毛坯……29

工作任务 1.3.2　绘制阶梯轴零件毛坯图……36

工作项目 1.4　拟定工艺路线……41

工作任务 1.4.1　确定传动轴零件的定位基准……42

工作任务 1.4.2　确定轴承盖零件表面的加工方法……52

工作任务 1.4.3　拟定外盖零件的工艺路线……61

工作项目 1.5　设计加工工序……68

工作任务 1.5.1　确定轴套零件的加工余量……69

工作任务 1.5.2　确定主轴孔的工序尺寸及公差……83

工作任务 1.5.3　解析衬套零件的工艺尺寸链……87

工作领域 2　机床及工艺装备的选择与维护……98

工作项目 2.1　认识机床与工艺装备……99

工作任务 2.1.1　解释 CK6136E 机床型号含义……99

工作任务 2.1.2　分析后盖钻夹具的结构特点……110

工作项目 2.2　确定工件的装夹形式……121

工作任务 2.2.1　确定套筒零件的定位形式……121

工作任务 2.2.2　确定拨叉零件的装夹方案……130

工作项目 2.3　选择与维护机床及工艺装备……139

工作任务 2.3.1　选择导向板零件的加工机床与工艺装备……139

工作任务 2.3.2　保养与维护立式加工中心机床……145

工作领域 3　零件普通加工工艺的编制 …… 154
工作项目 3.1　编制轴类零件的加工工艺 …… 155
工作任务 3.1.1　分析小轴零件的工艺特点 …… 155
工作任务 3.1.2　编制小轴零件的加工工艺 …… 161
工作项目 3.2　编制盘套类零件的加工工艺 …… 168
工作任务 3.2.1　分析滚筒零件的工艺特点 …… 169
工作任务 3.2.2　编制滚筒零件的加工工艺 …… 176
工作项目 3.3　编制箱体类零件的加工工艺 …… 183
工作任务 3.3.1　分析动力箱零件的工艺特点 …… 184
工作任务 3.3.2　编制动力箱零件的加工工艺 …… 191
工作项目 3.4　编制叉架类零件的加工工艺 …… 200
工作任务 3.4.1　分析滑轮架零件的工艺特点 …… 201
工作任务 3.4.2　编制滑轮架零件的加工工艺 …… 205
工作项目 3.5　编制齿轮类零件的加工工艺 …… 211
工作任务 3.5.1　分析双联齿轮零件的工艺特点 …… 212
工作任务 3.5.2　编制双联齿轮零件的加工工艺 …… 220
工作领域 4　零件数控加工工艺的编制 …… 226
工作项目 4.1　编制零件的数控车削加工工艺 …… 227
工作任务 4.1.1　分析异形轴零件的数控车削加工工艺特点 …… 227
工作任务 4.1.2　编制异形轴零件的数控车削加工工艺 …… 236
工作项目 4.2　编制零件的数控铣削加工工艺 …… 246
工作任务 4.2.1　分析凸台零件的数控铣削加工工艺特点 …… 247
工作任务 4.2.2　编制凸台零件的数控铣削加工工艺 …… 256
参考文献 …… 267

工作领域1　机械加工工艺规程的制定

一、工作目标

知识目标	能力目标	素质目标
（1）掌握机械加工工艺规程的概念及其制定的原则和方法。 （2）掌握零件加工工艺性的分析方法。 （3）熟悉毛坯的类型和选择方法。 （4）掌握零件工艺路线的拟定方法。 （5）掌握零件加工工序的设计方法	（1）能够解释机械加工工艺过程的概念。 （2）能够编制零件的工艺规程。 （3）能够分析零件的结构特点及其技术要求。 （4）能够正确选择毛坯类型并确定毛坯的形状和尺寸。 （5）能够选择零件的定位基准并确定装夹方案。 （6）能够拟定典型零件的加工工艺路线。 （7）能够进行工艺尺寸链的分析与计算	（1）具备机械加工工艺员的职业素养。 （2）具有严谨求实的工作态度。 （3）具有团队协同合作的能力。 （4）塑造创新、严谨、精益求精的工匠精神。 （5）具备遵规守纪、乐于奉献、爱岗敬业、奋发图强的职业道德

二、工作内容

工作项目	工作任务
1.1　认识机械加工工艺规程	1.1.1　划分阶梯轴机械加工工序
	1.1.2　比较三种工艺规程文件的特点
1.2　分析零件的工艺性	1.2.1　分析传动轴零件的结构工艺性
	1.2.2　分析V带轮零件图的技术要求
1.3　选择毛坯	1.3.1　选择轴承盖零件毛坯
	1.3.2　绘制阶梯轴零件毛坯图
1.4　拟定工艺路线	1.4.1　确定传动轴零件的定位基准
	1.4.2　确定轴承盖零件表面的加工方法
	1.4.3　拟定外盖零件的工艺路线
1.5　设计加工工序	1.5.1　确定轴套零件的加工余量
	1.5.2　确定主轴孔的工序尺寸及公差
	1.5.3　解析衬套零件的工艺尺寸链

工作项目 1.1　认识机械加工工艺规程

一、项目概述

掌握机械加工工艺过程和工艺规程的概念；掌握工序、安装、工步、工位、走刀等概念的内涵；了解零件年生产纲领的计算方法；熟悉生产类型及各自的工艺特点；熟悉工艺规程制定的原则和依据；能正确划分机械加工工序并能合理确定零件加工工艺规程。

二、项目分析

机械加工工艺规程是规定零件机械加工工艺过程和操作方法等的工艺文件，它是机械制造工厂最主要的技术文件，主要用于生产组织和生产管理。严格的工艺规程能有效地保证产品的加工质量。

完成本项目需要熟练掌握机械加工工艺过程、生产过程、工序、工步、安装、工位、走刀等概念，了解生产纲领的计算方法，熟悉生产类型及各自的特点，合理划分机械加工工艺并能编制机械加工工艺文件，即需要熟练地完成以下两项工作任务：

（1）划分零件的机械加工工序。

（2）编制零件的机械加工工艺文件。

工作任务 1.1.1　划分阶梯轴机械加工工序

一、任务描述

图 1-1-1-1 所示为某机械加工企业需要成批生产的阶梯轴零件，技术人员已依据企业的生产条件初步确定了如表 1-1-1-1 所示的阶梯轴加工顺序。为了进一步确定更合理的加工工艺方案，现在需详细分析表中各加工顺序所包含的工序、安装、工位和工步等的数目。

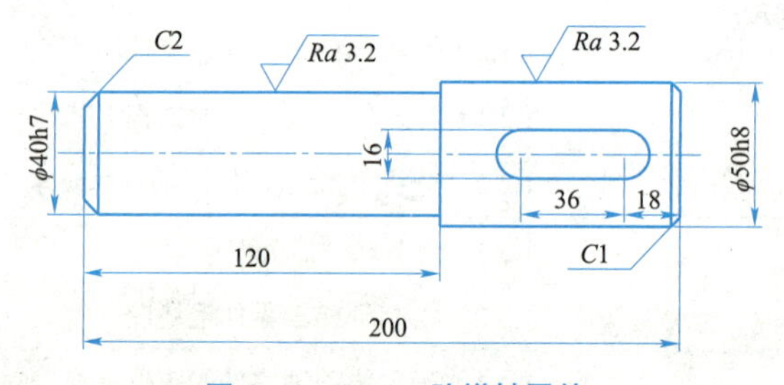

图 1-1-1-1　阶梯轴零件

表 1-1-1-1　阶梯轴加工顺序

顺序	加工内容	工序	安装	工位	工步
1	铣端面，钻中心孔				
2	车大外圆				
3	大外圆倒角				

续表

顺序	加工内容	工序	安装	工位	工步
4	车小外圆				
5	小外圆倒角				
6	铣键槽				
7	去毛刺				

二、学习目标

（1）了解生产过程和工艺过程的概念。
（2）了解机械加工工艺过程的组成。
（3）掌握工序、安装、工位、工步和走刀等基本概念。
（4）了解零件年生产纲领的计算方法。
（5）熟悉生产类型及各自的工艺特点。

三、知识梳理

1. 机械加工工艺的几个基本概念

1）生产过程

从原材料或半成品到成品制造出来成品的各有关劳动过程的总和称为工厂的生产过程。

产品的生产过程包括以下内容：

（1）原材料（或半成品、元器件、标准件、工具、工装、设备）的购置、运输、检验、保管。

（2）生产准备工作：如编制工艺文件，专用工装及设备的设计与制造等。

（3）毛坯制造。

（4）零件的机械加工及热处理。

（5）产品装配与调试、性能试验以及产品的包装、发运等工作。

生产过程往往由许多工厂或工厂的许多车间联合完成，这有利于专业化生产、提高生产率、保证产品质量和降低生产成本。

2）工艺过程

在生产过程中凡直接改变生产对象的尺寸、形状、性能（包括物理性能、化学性能、机械性能等）以及相对位置关系的过程，统称为工艺过程。

工艺过程又可分为铸造、锻造、冲压、焊接、机械加工和装配等，本课程只研究机械加工工艺过程和装配工艺过程，铸造、锻造、冲压、焊接、热处理等工艺过程在另外的专业基础课程中研究。

2. 工艺过程的组成

用机械加工的方法直接改变毛坯形状、尺寸和机械性能等，使之变为合格零件的过程，称为机械加工工艺过程，又称工艺路线或工艺流程。机械加工工艺过程由若干个按一定顺序排列的工序组成。

1）工序

一个（或一组）工人在一个工作地点（如一台机床或一个钳工台），对一个（或同时对几个）工件连续完成的那部分工艺过程，称为工序。

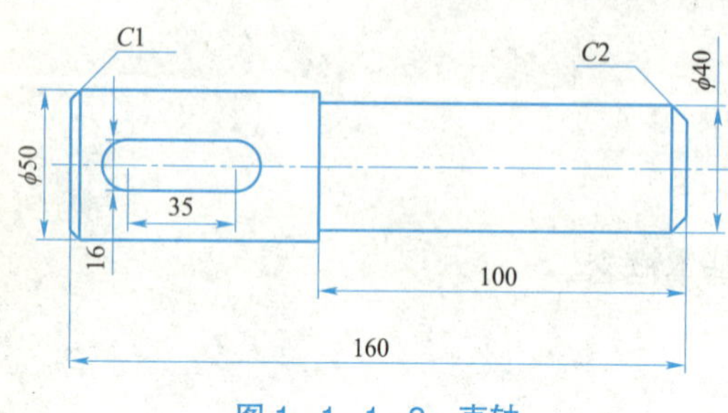

图 1-1-1-2 直轴

工序包括在这个工件上连续进行直到转向加工下一个工件为止的全部动作。区分工序的主要依据是：工作地点固定和工作连续。

工序是组成工艺过程的基本单元，也是制定生产计划、进行经济核算的基本单元。工序又可细分为安装、工位、工步、走刀等组成部分。图 1-1-1-2 所示为直轴，其单件生产时的加工工艺过程见表 1-1-1-2。

表 1-1-1-2 直轴加工工艺过程

工序号	工序名称	工作地点
1	车端面、钻中心孔	车床
2	车外圆、倒角	车床
3	铣键槽、去毛刺	铣床

（1）安装。

如果在一个工序中要对工件进行几次装夹，则每次装夹下（定位及夹紧）完成的那部分加工内容称为一个安装。表 1-1-1-3 所示为上例第一种工序安排中包含的安装。

表 1-1-1-3 工序和安装

工序号	安装号	安装内容	安装设备
1	1	车端面，钻中心孔	车床
	2	掉头，车另一端面，钻中心孔	
2	1	铣键槽，手工去毛刺	
	2	掉头，车小外圆及倒角	
3	1	铣键槽，手工去毛刺	铣床

（2）工位。

在工件的一次安装中，通常通过分度（或移位）装置使工件相对于机床床身变换加工位置，我们把每一个加工位置上的安装内容称为工位。一个安装中可能只有一个工位，也可能有几个工位。

图 1－1－1－3 所示为一回转工作台加工孔，钻、扩、铰各为一个加工内容，装夹一次产生一个合格的零件。该加工共有 4 个工位，即装卸工件、钻孔、扩孔、铰孔，依次用于装夹中。

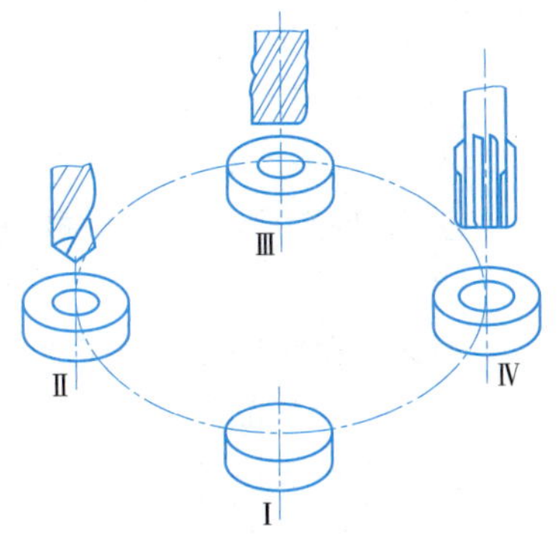

图 1－1－1－3　回转工作台加工孔

（3）工步。

在加工表面不变、切削刀具不变、切削用量不变的情况下所完成的工位内容，称为一个工步。如表 1－1－1－2 中，工序 1 有 4 个工步。

注意：组成工步的任一因素（刀具、切削用量，加工表面）改变后，均变为另一工步。连续进行的若干相同的工步，为简化工艺，习惯看作一个工步，如一个工件上加工 $4\times\phi10$ 的孔。为提高生产率，经常把几个加工表面用几把刀具同时进行加工，或采用复合刀具加工表面，采用复合刀具和多刀加工的工步称为复合工步。

（4）走刀。

切削刀具在加工表面上切削一次所完成的工步内容，称为一次走刀。一个工步可以包括一次或数次走刀。走刀是构成工艺过程的最小单元。

3. 生产纲领及生产类型

不同的生产类型，其生产过程和生产组织，车间的机床布置，毛坯的制造方法，采用的工艺装备、加工方法，以及工人的熟练程度等都有很大的不同，因此在制定工艺路线时必须明确该产品的生产类型。

1）生产纲领

生产纲领指包括备品、备件在内的该产品的年产量。产品的年生产纲领就是产品的年生产量。

零件的年生产纲领由下式计算：

$$N=Qn(1+a)(1+b)$$

式中：N——零件的生产纲领（件/年）；

Q——产品的年产量（台/年）；

n——单台产品该零件的数量（件/年）；

a——备品率，以百分数计；

b——废品率，以百分数计。

2）生产类型

根据生产纲领的大小，生产可分为三种类型：

（1）单件生产。

定义：少量地生产不同结构和不同尺寸的产品。

特点：产品的种类繁多。

（2）成批生产。

定义：一年中分批、分期地制造同一产品。

特点：生产品种较多，每种品种均有一定数量，各种产品分批、分期轮番进行生产。按批量大小成批生产又可分为小批生产、中批生产和大批生产三种类型。

① 小批生产：生产特点与单件生产基本相同。

② 中批生产：生产特点介于小批生产和大批生产之间。

③ 大批生产：生产特点与大量生产相同。

（3）大量生产。

定义：全年中重复制造同一产品。

特点：产品品种少、产量大，长期重复进行同一产品的加工。

各种生产类型的划分方法见表 1-1-1-4。

表 1-1-1-4　各种生产类型的划分方法

生产类型		零件的年生产纲领/（件·年$^{-1}$）		
		重型机械	中型机械	小型机械
单件生产		<5	<20	<100
成批生产	小批生产	5～100	20～200	100～200
	中批生产	100～300	200～500	500～5 000
	大批生产	300～1 000	500～5 000	5 000～50 000
大量生产		>1 000	>5 000	>50 000

各种生产类型工艺过程的主要特点见表 1-1-1-5。

表 1-1-1-5　各种生产类型工艺过程的主要特点

工艺过程特点	生产类型		
	单件生产	成批生产	大批量生产
工件的互换性	一般是配对制造，没有互换性，广泛用钳工修配	大部分有互换性，少数用钳工修配	全部都有互换性。某些精度较高的配合件用分组选择装配法
毛坯的制造方法及加工余量	铸件用木模手工造型，锻件用自由锻。毛坯精度低，加工余量大	部分铸件用金属模，部分锻件用模锻。毛坯精度中等，加工余量中等	铸件广泛采用金属模机器造型，锻件广泛采用模锻，以及其他高生产率的毛坯制造方法。毛坯精度高，加工余量小
机床设备	通用机床，或数控机床，或加工中心	数控机床加工中心或柔性制造单元。设备条件不够时，也可采用部分通用机床和专用机床	专用生产线、自动生产线、柔性制造生产线或数控机床

续表

工艺过程特点	生产类型		
	单件生产	成批生产	大批量生产
夹具	多用标准附件，极少采用夹具，靠划线及试切法达到精度要求	广泛采用夹具或组合夹具，部分靠加工中心一次安装	广泛采用高生产率夹具，靠夹具及调整法达到精度要求
刀具与量具	采用通用刀具和万能量具	可以采用专用刀具及专用量具或三坐标测量机	广泛采用高生产率刀具和量具，或采用统计分析法保证质量
对工人的要求	需要技术熟练的工人	需要一定熟练程度的工人和编程技术人员	对操作工人的技术要求较低，对生产线维护人员要求有高的素质
工艺规程	有简单的工艺路线卡	有工艺规程，对关键零件有详细的工艺规程	有详细的工艺规程

四、任务实施

如图 1－1－1－1 所示的阶梯轴是某机械加工企业需要成批生产的产品，现技术人员已依据企业的生产条件初步确定了如表 1－1－1－1 所示的阶梯轴加工顺序。为了进一步确定更合理的加工工艺方案，现在需详细分析表中各加工顺序所包含的工序、安装、工位、工步等的数目。

1. 分析具体加工过程

依据所学的相关知识，在详细分析具体安装加工过程的基础上，确定该零件的具体加工过程：铣端面、钻中心孔→车大外圆、大外圆倒角→车小外圆、小外圆倒角→铣键槽→去毛刺。

2. 确定表格具体内容

阶梯轴机械加工工序见表 1－1－1－6。

表 1－1－1－6　阶梯轴机械加工工序

顺序	加工内容	工序	安装	工位	工步
1	铣端面，钻中心孔	Ⅰ	1	1	4
2	车大外圆	Ⅱ	1	1	2
3	大外圆倒角				

续表

顺序	加工内容	工序	安装	工位	工步
4	车小外圆	Ⅲ	1	1	2
5	小外圆倒角				
6	铣键槽	Ⅳ	1	1	1
7	去毛刺	Ⅴ	1	1	1

五、任务评价

按表 1－1－1－7 对任务进行评价。

表 1－1－1－7　任务评价

序号	评价内容	评价标准	评价结果（是/否）
1	知识与技能	能解释工序的概念	□是　□否
		能解释安装的概念	□是　□否
		能解释工位的概念	□是　□否
		能解释工步的概念	□是　□否
		能解释走刀的概念	□是　□否
		能划分工序内容	□是　□否
2	职业素养	具有严谨求实的学习态度	□是　□否
		具有精益求精的工匠精神	□是　□否
		具有互帮互助的团队意识	□是　□否
3	总评	“是”与“否”在本次评价中所占百分比	“是”占____% “否”占____%

六、任务巩固

（1）什么是机械加工工艺过程？如何确定机械加工工艺过程？

（2）工序、安装、工位、工步和走刀等概念之间的区别是什么？是否每一个加工过程都必须包含这五个内容?

工作任务 1.1.2　比较三种工艺规程文件的特点

一、任务描述

表 1－1－2－1、表 1－1－2－2 和表 1－1－2－3 所示为某企业生产万向节滑动叉时所使用的三种机械加工工艺规程文件：机械加工工艺过程卡片、机械加工工艺卡片和机械加工工序卡片。为弄清三者间的区别，以制定出最符合零件加工需要的工艺规程，现需要比较三种工艺规程文件的特点并指出应如何编制零件的机械加工工艺规程。

表 1－1－2－1　机械加工工艺过程卡片

厂名	机械加工工艺过程卡	产品型号		零（部）件图号	6		
		产品名称	解放牌汽车	零（部）件名称	万向节滑动叉	共　页	第　页

材料牌号	45	毛坯种类	锻件	毛坯外形尺寸		每一毛坯可制件数	1	每台件数	1	

工序	工序名称	工序内容	设备	工艺装备	工时	
					准备	单件
1	车	车外圆、螺纹及端面	CA6140	车夹具，车刀，卡板		
2	车	钻、扩花键底孔及镗止口	CA6140	车夹具，ϕ25、ϕ41 钻头，ϕ43 扩孔钻，TT5 镗刀		
3	车	倒角	CA6140	车夹具，成形刀		
4	钻	钻 Rc1/8 底孔	Z525	钻模，ϕ8.8 钻头		
5	拉	拉花键孔	L6120	拉床夹具，拉刀，花键量规		
6	铣	粗铣两端面	X62	铣夹具，ϕ175 高速钢镶齿三面刃铣刀，卡板		
7	钻	钻、扩ϕ39 mm 孔并倒角	Z535	钻模，ϕ25、ϕ37 钻头，ϕ39 扩孔钻，锪钻		
8	镗	粗、精镗ϕ39 mm 孔	T740	镗刀头，专用夹具		
9	磨	磨端面	M7130	砂轮、卡板、专用夹具		
10	钻	钻 M8 底孔并倒角	Z4112－2	钻模，ϕ6.7 钻头，锪钻		
11	钻	攻螺纹 M8，Rc1/8	Z525	钻模，M8，Rc1/8 机用丝锥		
12	冲	冲箭头	油压机			
13	检	终检				

										编制	校对	审核	会签
修改标记	处数	文件号	签字	日期	修改标记	处数	文件号	签　字	日期				

表 1-1-2-2　机械加工工艺卡片

厂名	机械加工工艺卡片	产品型号		零部件图号	6	共　页
		产品名称	解放牌汽车	零部件名称	万向节滑动叉	第　页

材料牌号	45	毛坯种类	锻件	毛坯外形尺寸		每一毛坯可制件数	1	每台件数	1	备注

工序号	安装号	工步号	工序内容	切削用量				设备名称及编号	工艺装备			工人技术等级	工时	
				切削深度/mm	切削速度/（$m \cdot min^{-1}$）	每分钟转数或往复次数	进给量/（$mm \cdot r^{-1}$）		夹具	刀具	量具		准备	单件
			模锻											
			退火											
1			车外圆、螺纹及端面											
		1	车端面至 ϕ30 mm，保证尺寸 185 mm ±0.5 mm	3	154	76	0.4	CA6140	车夹具	YT15 端面车刀	卡规			0.16
		2	车外圆 ϕ62 mm，L_1=90 mm	1.5	154	760	0.6	CA6140	车夹具	YT15 外圆车刀	卡规			0.22
		3	车外圆 ϕ60 mm，L_2=20 mm	1	154	760	0.6	CA6140	车夹具	外圆车刀	卡规			0.06
		4	倒角 1.5×45°		154	760		CA6140	车夹具	外圆车刀				
		5	车螺纹 M60×1，L_3=15 mm		35	185	1	CA6140	车夹具	螺纹车刀	螺纹环规			0.5
2			钻、扩花键底孔，镗止口											
		1	钻通孔 ϕ25 mm	12.5	14.4	183	0.38	CA6140	车夹具	ϕ25 钻头				2.3
		2	扩、钻通孔 ϕ41 mm	8	7.46	58	0.56	CA6140	车夹具	ϕ41 钻头				4.57
		3	扩孔至 ϕ43 mm	0.9	7.8	58	0.92	CA6140	车夹具	ϕ43 扩孔钻				3
		4	镗止口 ϕ55 mm，保证尺寸 140 mm ±0.3 mm		74	430	0.21	CA6140	车夹具	YT5 镗刀	塞规			0.27
			其余从略											

										编制	校对	审核	会签
	修改标记	处数	文件号	签字	日期	修改标记	处数	文件号	签字	日期			

表 1-1-2-3 机械加工工序卡片

厂名	机械加工工序卡	产品型号及规格	图号	名称	工序名称	工艺文件编号
				万向节滑动叉	钻、扩 ϕ39 mm 孔，倒角	

材料牌号及名称	毛坯外形尺寸	
45		
零件毛重	零件净重	硬　度

设备型号	设备名称
Z535	立式钻床

专用工艺装备		
名称	代号	
钻模		
机动时间	单件工时定额	每合件数
技术等级	冷却液	

工序号	工步号	工步内容	刀具	量检具	切削用量			
			名称规格	名称规格	切削速度/（m·min⁻¹）	切削深度/mm	进给量/（mm·r⁻¹）	转速/（r·min⁻¹）
7	1	钻孔 ϕ25 mm，保证尺寸 185 mm	ϕ25 钻头		15.3	12.5	0.32	195
	2	扩、钻孔至 ϕ37 mm	ϕ37 钻头		7.8	6	0.57	68
	3	扩孔至 ϕ9 mm	ϕ39 扩孔钻		8.26	0.85	1.22	68
	4	倒角 2.5×45°						

修改标记	处数	文件号	签字	日期	修改标记	处数	文件号	签字	日期	编制	校对	审核	会签

二、学习目标

（1）掌握机械加工工艺规程的概念。

（2）熟悉工艺规程制定的原则和依据。

（3）认识机械加工工艺规程文件的格式。

（4）掌握编制零件工艺规程的方法。

三、知识梳理

1. 机械加工工艺规程

1）定义

规定产品或零部件制造工艺过程和操作方法等的工艺文件称为工艺规程。其中，规定零件机械加工工艺过程和操作方法等的工艺文件称为机械加工工艺规程。

机械加工工艺规程：它是在具体的生产条件下，采用最合理或较合理的工艺过程和操作方法，按规定的形式书写，并经审批后用来指导生产的工艺文件。工艺规程中包括各个工序的排列顺序，加工尺寸、公差及技术要求，工艺设备及工艺措施，切削用量及工时定额等内容。

2）工艺规程的作用

（1）指导生产的主要技术文件：起生产的指导作用。

（2）生产组织和生产管理的依据，即生产计划、调度、工人操作和质量检验等的依据。

（3）新建或扩建工厂或车间的主要技术资料。

总之，零件的机械加工工艺规程是每个机械制造厂或加工车间必不可少的技术文件，生产前用它做生产的准备，生产中用它做生产的指挥，生产后用它做生产的检验。

3）工艺规程的格式

为了适应工业发展的需要，加强科学管理和便于交流，机械电子工业部还制定了指导性技术文件 JB/Z 187.3—1988《工艺规程格式》，要求各机械制造厂按统一规定的格式填写。

其中最常用的机械加工工艺规程是：机械加工工艺过程卡片、机械加工工艺卡片和机械加工工序卡片。

（1）机械加工工艺过程卡片是以工序为单位说明一个零件全部加工过程的工艺卡片，这种卡片包括零件各个工序的名称、工序内容，经过的车间、工段，所用的机床、刀具、夹具、量具，工时定额等，主要用于单件小批生产以及生产管理中。其格式见表 1-1-2-4。

表 1-1-2-4 机械加工工艺过程卡片

厂名	机械加工工艺过程卡	产品型号		零部件图号			
		产品名称	套筒夹具	零部件名称		共 页	第 页
材料牌号		毛坯种类		毛坯外形尺寸		每一毛坯可制件数	
每台件数							

工序	工序名称	工序内容	设备	工艺装备			工时	
				夹具	刀具	量具	准备	单件

编制	日期	缮写	日期	校对	日期	审核	日期

机械加工工艺过程卡片的特点：以工序为单位，简要说明产品或零部件的加工过程，它是生产管理的主要技术文件；适用范围：广泛用于成批生产和单件小批生产中比较重要的零件。

（2）机械加工工艺卡片是以工序为单位，详细地说明零件加工工艺过程的卡片。它是指导工人生产和帮助车间技术管理人员掌握整个零件加工过程的主要技术文件，广泛地用于成批生产的零件和重要零件的中、小批生产中。该卡片内容包括零件的材料、重量、毛坯种类、工序号、工序名称、工序内容、工艺参数、操作要求以及采用的设备和工艺装备等。其格式见表 1-1-2-5。

机械加工工艺卡片的特点：以工序为单位，详细地说明零件加工过程，它是生产管理的主要技术文件；适用范围：广泛用于成批生产的零件和重要零件的中、小批生产中。

表 1-1-2-5　机械加工工艺卡片

（工厂）	机械加工工艺卡片	产品型号		零（部）件图号		共　页
		产品名称		零（部）件名称		第　页

材料牌号		毛坯种类		毛坯外形尺寸		每毛坯件数		每台件数		备注	

工序	装夹	工步	工序内容	同时加工零件数	切削用量				设备名称及编号	工艺装备名称及编号			技术等级	工时定额	
					背吃刀量/mm	切削速度/$(\mathrm{m \cdot min^{-1}})$	每分钟转数或往复次数	进给量/[mm或$(\mathrm{mm \cdot 双行程^{-1}})$]		夹具	刀具	量具		准备	单件

										编制日期	审核日期	会签日期	
标记	处数	更改文件号	签字	日期	标记	处数	更改文件号	签字	日期				

（3）机械加工工序卡片是以工序为单位，详细说明零件的机械加工工艺过程，不但包含了工艺过程卡片的内容，而且详细说明了每一工序的工位及工步的工作内容，对于复杂工序，还要绘出工序简图，标注工序尺寸及公差等。

它是用来指导工人进行生产及帮助车间干部和技术人员掌握整个零件加工过程的一种主要工艺文件，广泛用于成批生产和单件小批生产中比较重要的零件或工序。其格式见表 1-1-2-6。

机械加工工序卡片的特点：在工艺过程卡片的基础上按每道工序所编制的一种工艺文件，一般具有工序简图，并详细说明该工序每一个工步的加工内容、工艺参数、操作要求以及所用设备和工艺装备等；适用范围：主要用于大批大量生产中的所有零件、中批生产中的重要零件和单件小批生产中的关键工序。

表 1-1-2-6　机械加工工序卡片

（工厂）	机械加工工序卡片	产品型号		零（部）件图号		
		产品名称		零（部）件名称		

	施工车间	工序号	工序名称	
	材料牌号	同时加工件数	冷却液	
	设备名称	设备型号	设备编号	
	夹具编号	夹具名称	工序工时	
			准终	单件
	工位器编号	工位器名称		

工步号	工步内容	工艺装备			主轴转速/$(r\cdot min^{-1})$	切削速度/$(m\cdot min^{-1})$	走刀量/$(mm\cdot r^{-1})$	吃刀深度/mm	走刀次数	工时定额	
		刃具	量具	辅具						机动	辅助

										编制（日期）	审核（日期）	会签（日期）	标准化（日期）	
标志	处数	更改文件号	签字	日期	标志	处数	更改文件号	签字	日期					

2. 制定工艺规程的原则和依据

1）制定工艺规程的原则

（1）必须可靠地加工出符合图纸要求的零件，保证产品质量；必须可靠保证零件图纸上所有技术要求的实现，并要提高加工效率。

（2）在保证产品质量的前提下，尽可能降低消耗和成本，提高产品的经济性。

（3）保证良好的安全工作条件。尽量减轻工人的劳动强度，保障生产安全，创造良好的工作环境。

（4）必须充分利用本企业现有的生产条件。所制定的工艺规程应立足于本企业实际条件，并具有先进性，尽量采用新工艺、新技术和新材料。

（5）所制定的工艺规程随着实践的检验和工艺技术的发展与设备的更新，应能不断地修订完善。

由于工艺规程是直接指导生产和操作的技术文件，因此工艺规程还应做到清晰、正确、完整和统一，所用术语、符号、编码、计量单位等都必须符合相关标准。

2）制定工艺规程的主要依据

（1）产品装配图、零件图。

（2）产品验收质量标准。

（3）产品的年生产纲领。

（4）毛坯材料与毛坯生产条件。

（5）制造厂的生产条件（包括机床设备和工艺装备的规格、性能和现在的技术状态，工人的技术水平，工厂自制工艺装备的能力以及工厂供电、供气的能力等有关资料）。

（6）工艺规程设计、工艺装备设计所用设计手册和有关标准。

（7）国内外先进的制造技术资料等。

3. 制定工艺规程的步骤

（1）熟悉和分析制定工艺规程的主要依据，确定零件的生产纲领和生产类型。

（2）分析零件工作图和产品装配图，进行零件结构工艺性分析。

（3）确定毛坯，包括选择毛坯类型及其制造方法。

（4）选择定位基准或定位基面。

（5）拟定工艺路线。

（6）确定各工序需用的设备及工艺装备。

（7）确定工序余量、工序尺寸及其公差。

（8）确定各主要工序的技术要求及检验方法。

（9）确定各工序的切削用量和时间定额，并进行技术经济分析，选择最佳工艺方案。

（10）编制工艺文件。

4. 制定工艺规程时需解决的主要问题

（1）零件图的研究和工艺分析。

（2）毛坯的选择。

（3）定位基准的选择。

（4）工艺路线的拟定。

（5）工序内容的设计，包括机床设备及工艺装备的选择、加工余量和工序尺寸的确定、切削用量的确定、热处理工序的安排和工时定额的确定等。

四、任务实施

1. 比较三种工艺规程文件的不同点

（1）机械加工工艺过程卡片是以工序为单位说明一个零件全部加工过程的工艺卡片。这种卡片包括零件各个工序的名称和工序内容，经过的车间、工段，所用的机床、刀具、夹具、量具，工时定额等。其主要用于单件小批生产以及生产管理中。

（2）机械加工工艺卡片是根据工艺卡片的每一道工序制定的，该卡片中要画出工序简图，注明该工序的加工表面及应达到的尺寸精度和粗糙度要求、工件的安装方式、切削用量、工装设备等。它用来具体指导工人操作，多用于大批大量生产。

（3）机械加工工序卡片是以工序为单位，详细说明零件的机械加工工艺过程，不但包含了工艺过程卡片的内容，而且详细说明了每一工序的工位及工步的工作内容，对于复杂工序，还要绘出工序简图、标注工序尺寸及公差等。

它是用来指导工人进行生产及帮助车间干部和技术人员掌握整个零件加工过程的一种主要工艺文件，广泛用于成批生产和单件小批生产中比较重要的零件或工序。

2. 确定制定零件机械加工工艺规程的步骤

（1）熟悉和分析制定工艺规程的主要依据，确定零件的生产纲领和生产类型。

（2）分析零件工作图和产品装配图，进行零件结构工艺性分析。

（3）确定毛坯，包括选择毛坯类型及其制造方法。

（4）选择定位基准或定位基面。

（5）拟定工艺路线。

（6）确定各工序需用的设备及工艺装备。

（7）确定工序余量、工序尺寸及其公差。

（8）确定各主要工序的技术要求及检验方法。

（9）确定各工序的切削用量和时间定额，并进行技术经济分析，选择最佳工艺方案。

（10）编制工艺文件。

五、任务评价

按表 1－1－2－7 对任务进行评价。

表 1－1－2－7　任务评价

序号	评价内容	评价标准	评价结果（是/否）
1	知识与技能	能解释机械加工工艺规程的概念	□是　□否
		能解释机械加工工艺过程卡片的内容	□是　□否
		能解释机械加工工艺卡片的内容	□是　□否

续表

序号	评价内容	评价标准	评价结果（是/否）
1	知识与技能	能解释机械加工工序卡片的内容	□是　□否
		能合理选择机械加工工艺规程	□是　□否
2	职业素养	具有严谨求实的学习态度	□是　□否
		具有精益求精的工匠精神	□是　□否
		具有互帮互助的团队意识	□是　□否
3	总评	“是”与“否”在本次评价中所占百分比	“是”占____% “否”占____%

六、任务巩固

（1）什么是机械加工工艺规程？如何制定？

（2）常用的机械加工工艺规程文件有哪些？各用于何种场合？

（3）每个零件都需要机械加工工艺过程卡片、机械加工工艺卡片和机械加工工序卡片吗？

一、项目概述

熟悉零件结构工艺性的概念；掌握零件结构工艺性的分析流程；熟悉机械加工对零件结构工艺性的要求；掌握零件技术要求的含义；掌握机械加工精度的概念；熟悉获得机械加工精度的方法；掌握零件技术要求的分析方法。

二、项目分析

零件的工艺性一般指零件的结构工艺性。零件的结构工艺性是指所设计的零件在不同类型的具体生产条件下，零件毛坯的制造、零件的加工及产品的装配所具备的可行性和经济性，它是评价零件结构设计优劣的重要指标。为此，企业在编制零件的加工工艺前，需要审核该零件的结构工艺性。

完成本项目需要熟练掌握零件结构工艺性的分析方法，能对零件的结构工艺性和技术要求进行分析，即需要正确完成以下两种工作任务：

（1）分析零件的结构工艺性。

（2）分析零件的技术要求。

工作任务 1.2.1　分析传动轴零件的结构工艺性

一、任务描述

如图 1－2－1－1 所示传动轴零件为某企业需要大批量加工的产品，现在需要详细分析该零件的结构工艺性，指出不足并绘制正确的零件结构。

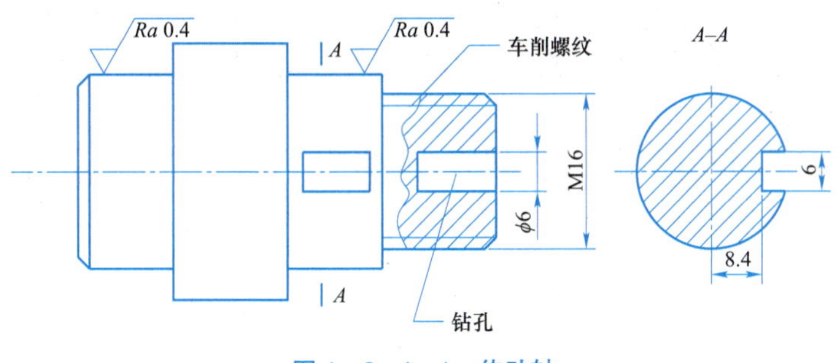

图 1－2－1－1　传动轴

二、学习目标

（1）掌握零件结构工艺性的概念。
（2）熟悉机械加工对零件结构工艺性的要求。
（3）掌握零件结构工艺性的分析方法。

三、知识梳理

1. 零件图的工艺性分析

零件图是制定工艺规程最主要的原始资料。只有通过对零件图和装配图的分析，才能了解产品的性能、用途和工作条件，明确各零件的相互装配位置和作用，了解零件的主要技术要求，找出生产合格产品的关键技术问题。

零件图的研究包括三项内容：

（1）检查零件图的完整性和正确性。主要检查零件视图是否表达直观、清晰、准确、充分；尺寸、公差、技术要求是否合理、齐全。如有错误或遗漏，则应提出修改意见。

（2）分析零件材料选择是否恰当。零件材料的选择应立足于国内，尽量采用我国资源丰富的材料，避免采用贵重金属，同时，所选材料必须具有良好的加工性。

（3）分析零件的技术要求，包括零件加工表面的尺寸精度、形状精度、位置精度、表面粗糙度、表面微观质量以及热处理等要求，分析零件的这些技术要求在保证使用性能的前提下是否经济合理、在本企业现有生产条件下是否能够实现。

2. 零件的结构工艺性分析

所谓具有良好的结构工艺性，应是在不同生产类型的具体生产条件下，对零件毛坯的制造、零件的加工和产品的装配，都能以较高的生产率和最低的成本，采用较经济的方法进行并能满足使用性能的结构。

零件结构工艺性涉及面很广，具有综合性，必须全面、综合地进行分析。零件的结构对机械加工工艺过程的影响很大，不同结构的两个零件尽管都能满足使用要求，但它们的加工方法和制造成本却可能有很大的差别。

1）机械加工对零件局部结构工艺性的要求

下面，结合具体实例，从机械加工和装配两个方面对零件局部结构工艺性进行分析。

（1）便于刀具的趋近和退出。

如图 1-2-1-2 所示边缘孔的钻削，图 1-2-1-2（a）所示结构不便于刀具的引进；采用如图 1-2-1-2（b）所示的结构便于刀具的引进且可采用标准刀具，提高加工精度。

（2）保证刀具正常工作。

例如图 1-2-1-3 所示各种孔结构对刀具的影响。

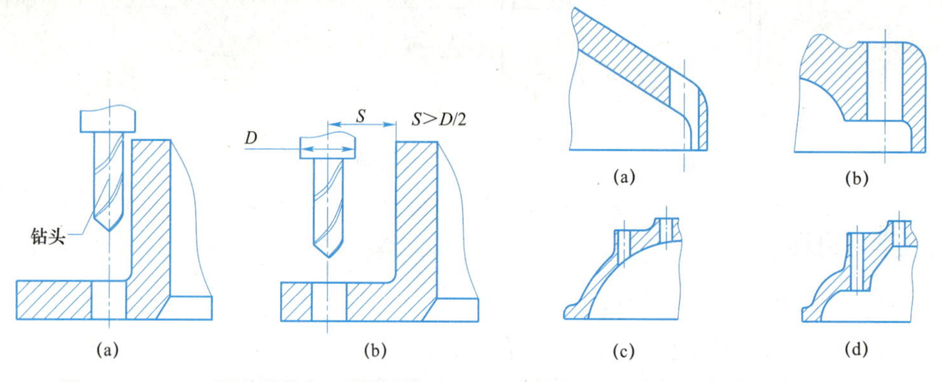

图 1-2-1-2　零件结构与刀具的引入

图 1-2-1-3　各种孔结构对刀具的影响

如图 1-2-1-3（a）所示结构，孔的入口端和出口端都是斜面或曲面，钻孔时钻头两个刀刃受力不均，容易引偏，而且钻头也容易损坏，宜改用如图 1-2-1-3（b）所示结构；如图 1-2-1-3（c）所示孔结构，入口是平的，但出口都是曲面，故宜改用图 1-2-1-3（d）所示结构。

（3）保证能以较高的生产率加工。

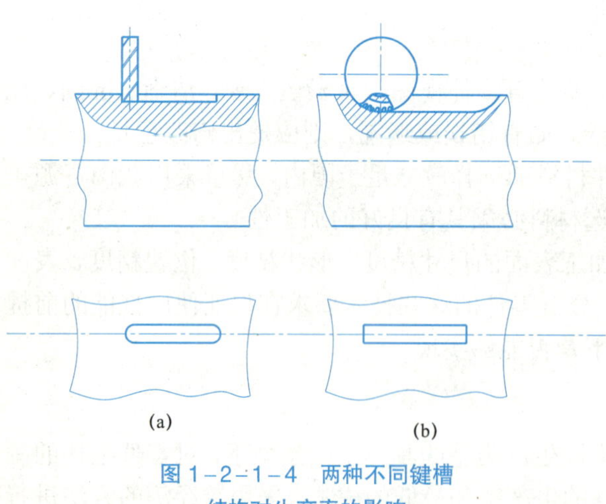

图 1-2-1-4　两种不同键槽结构对生产率的影响

被加工表面形状应尽量简单，以保证能以较高的生产率加工。

如图 1-2-1-4 所示，两种不同的键槽结构对生产率产生了不同的影响。图 1-2-1-4（a）所示键槽形状只能用生产率较低的键槽铣刀加工，图 1-2-1-4（b）所示结构则可用生产率较高的三面刃铣刀加工。

（4）尽量减少加工面积。

如图 1-2-1-5 所示，图 1-2-1-5（b）和图 1-2-1-5（c）所示结构不但省料而且生产效率高，它们的工艺性明显优于图 1-2-1-5（a）所示的结构。

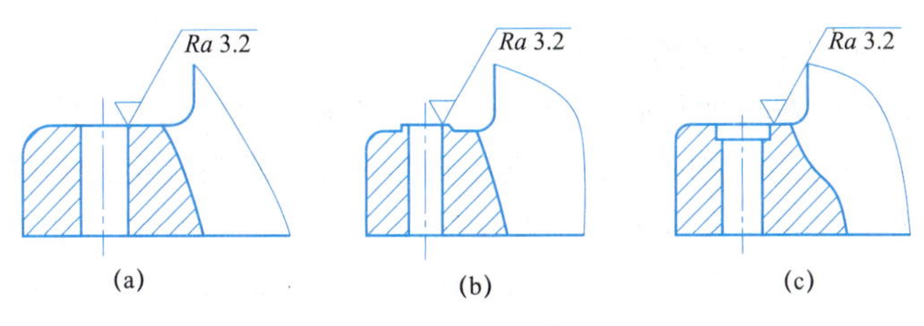

图 1－2－1－5　不同结构的不同加工面积

（5）尽量减少加工过程的装夹次数。

如图 1－2－1－6 所示，加工图示零件螺孔，需做两次装夹，先钻、攻螺孔 B、C，然后翻身装夹，再钻、攻螺孔 A。如果设计允许，则宜将螺孔 A 改成图 1－2－1－6 左上角所示的结构。

（6）应统一或减少尺寸种类。

如图 1－2－1－7 所示，图 1－2－1－7（b）所示轴上槽宽尺寸统一，可减少刀具种类及换刀时间。

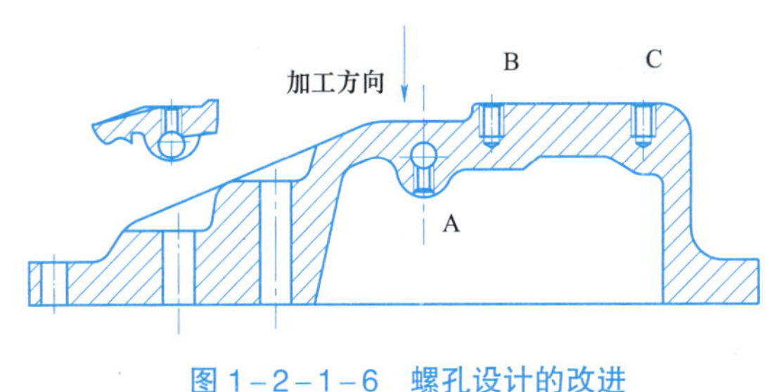

图 1－2－1－6　螺孔设计的改进

图 1－2－1－7　零件相同结构可减少刀具种类

（7）避免深孔加工。

图 1－2－1－8 所示为两种不同的孔加工。图 1－2－1－8（a）所示为深孔加工，工艺难，而采用图 1－2－1－8（b）所示结构则可避免深孔加工，节约零件材料。

（8）应用外表面连接代替内表面连接。

图 1－2－1－9 所示为两种不同的连接。图 1－2－1－9（b）所示箱体采用内表面连接，加工困难，图 1－2－1－9（a）改用外表面连接，加工容易，因为外表面加工比内表面加工容易。

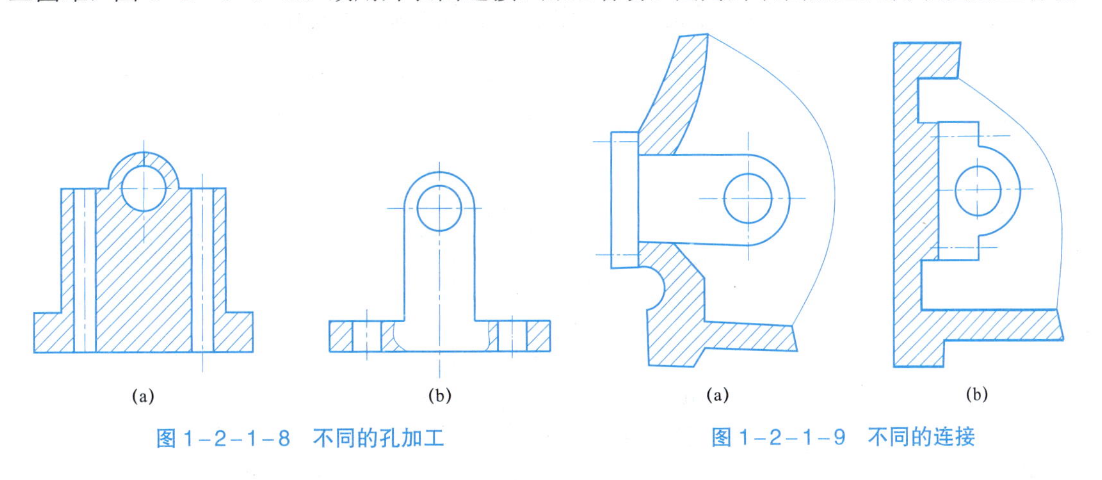

图 1－2－1－8　不同的孔加工

图 1－2－1－9　不同的连接

（9）零件的结构应与生产类型相适应。

图 1–2–1–10 所示为两种孔的结构。在大批量生产中，图 1–2–1–10（a）所示箱体同轴孔系结构是工艺性好的结构；而在单件小批生产中，则图 1–2–1–10（b）所示结构是工艺性好的结构。这是因为在大批大量生产中采用专用双面组合镗床加工，可以从箱体两端同时向中间进给镗孔，提高生产效率。采用专用组合镗床，虽然一次性投资较高，但因产量大，故分摊到每个零件上的工艺成本并不多，经济上仍是合理的。

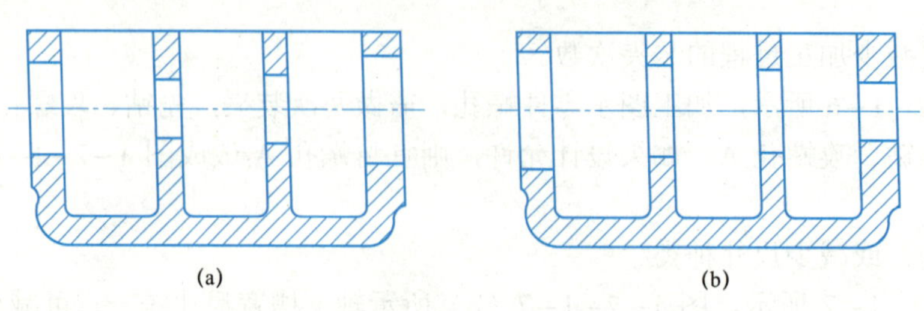

图 1–2–1–10　不同的孔系结构与不同的生产类型相适应

（10）在一次装夹中加工出有位置要求或同方向的表面。

如图 1–2–1–11 所示两种位置的键槽。图 1–2–1–11（a）所示键槽的尺寸、方位不同，需要两次装夹，生产效率不高；而图 1–2–1–11（b）所示键槽的尺寸、方位均相同，可在一次装夹中全部加工出来，故生产率较高。

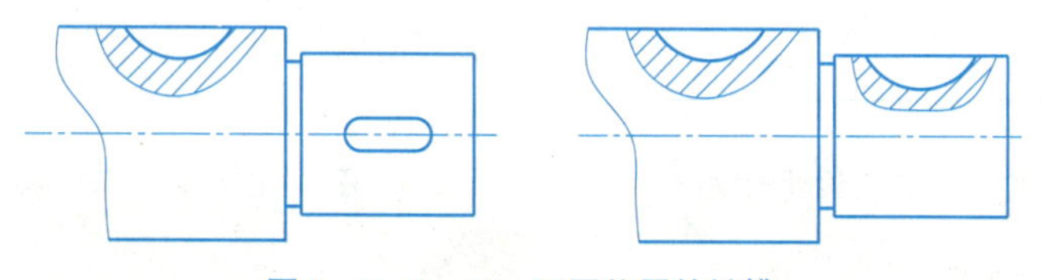

图 1–2–1–11　不同位置的键槽

（11）零件要有足够的刚性。

如图 1–2–1–12 所示，两种不同的结构具有不同的刚性。加工时，工件要承受切削力和夹紧力的作用，工件刚性不足，易发生变形，影响加工精度。图 1–2–1–12 所示两种零件结构，图 1–2–1–12（b）所示结构有加强筋，零件刚性好，加工时不易产生变形，其工艺性比图 1–2–1–12（a）所示结构好，且便于采用高速和多刀切削。

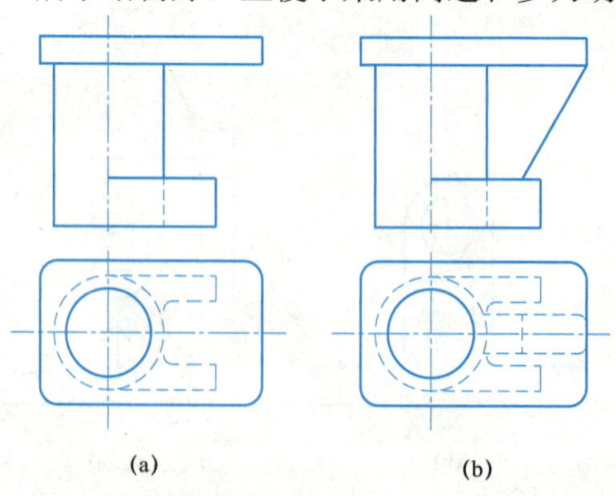

图 1–2–1–12　增设加强筋提高零件刚性

2）机械加工对零件整体结构工艺性的要求

零件是各要素、各尺寸组成的一个整体，所以更应考虑零件整体结构的工艺性，具体有以下几点要求：

（1）尽量采用标准件、通用件。

（2）在满足产品使用性能的条件下，零件图上标注的尺寸精度等级和表面粗糙度要求应取最经济值。

（3）尽量选用切削加工性好的材料。

（4）有便于装夹的定位基准和夹紧表面。

（5）节省材料，减轻质量。

3. 较复杂零件的结构工艺分析过程

对于较复杂的零件，在进行结构工艺分析时必须重点从以下三个方面展开。

1）主次表面的区分和主要表面的保证

零件的主要表面是指零件与其他零件相配合的表面，或是直接参与机器工作过程的表面。主要表面以外的其他表面称为次要表面。根据主要表面的质量要求，便可确定所应采用的加工方法以及采用哪些最后加工的方法来保证实现这些要求。

2）重要技术条件分析

零件的技术条件一般是指零件的表面形状精度和位置精度，静平衡、动平衡要求，热处理、表面处理，探伤要求和气密性试验等。重要技术条件是影响工艺过程制定的重要因素，通常会影响到基准的选择和加工顺序，还会影响工序的集中与分散。

3）零件图上表面位置尺寸的标注

零件上各表面之间的位置精度是通过一系列工序加工后获得的，这些工序的顺序与工序尺寸和相互位置关系的标注方式直接相关。同时，这些尺寸的标注必须做到尽量使定位基准、测量基准与设计基准重合，以减少基准不重合带来的误差。

四、任务实施

1. 分析零件结构工艺性的不合理之处

如图 1－2－1－1 所示传动轴的零件结构上，主要存在以下不合理之处：左侧两表面粗糙度为 Ra0.4 μm 的外圆柱面处缺少磨削用的越程槽；$A-A$ 剖面处的平键结构错误，两端部应有圆头，以便于铣削加工；M16 螺纹表面缺少退刀槽，无法准确车削螺纹；右侧直径为 ϕ6 mm 的光孔无锥度底孔，钻头无法加工。

2. 绘制正确的零件结构图

图 1－2－1－13 所示为改进后的传动轴零件结构示意图，其完成了以下修改工作：增加了两表面粗糙度为 Ra0.4 μm 的外圆柱面的越程槽；修改了 $A-A$ 剖面处的平键结构；增加了右侧

表面 M16 螺纹处的退刀槽，以准确车削外螺纹；增加了右侧光孔 120° 的底部锥孔，便于使用钻头钻孔。

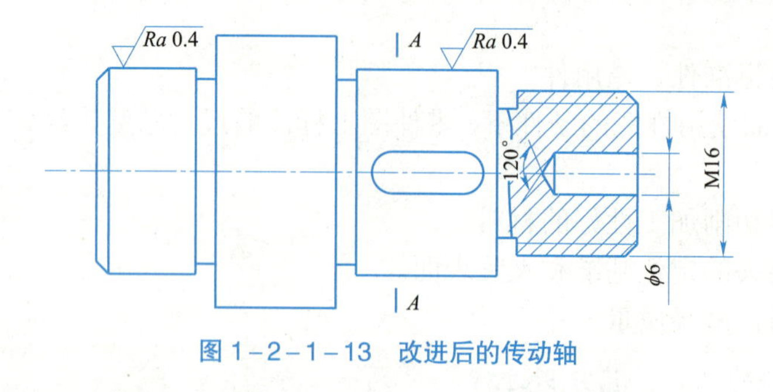

图 1-2-1-13　改进后的传动轴

五、任务评价

按表 1-2-1-1 对任务进行评价。

表 1-2-1-1　任务评价

序号	评价内容	评价标准	评价结果（是/否）
1	知识与技能	能解释零件结构工艺性的概念	□是　□否
		能分析零件结构工艺性的不足之处	□是　□否
		能绘制正确的零件结构工艺图	□是　□否
2	职业素养	具有严谨求实的学习态度	□是　□否
		具有精益求精的工匠精神	□是　□否
		具有互帮互助的团队意识	□是　□否
3	总评	“是”与“否”在本次评价中所占百分比	“是”占____% “否”占____%

六、任务巩固

（1）零件图的研究包括哪些方面的内容？

（2）何谓零件的结构工艺性？如何审查零件的结构工艺性？

工作任务 1.2.2　分析 V 带轮零件图的技术要求

一、任务描述

图 1-2-2-1 所示为某企业需要大量加工的 V 带轮，该带轮用于传递旋转运动和动力。为了能准确地制定该零件的加工工艺方案，现在需要在详细识读该零件图的基础上，从零件结构、形状精度、相互位置精度、表面粗糙度、热处理及其他要求等方面分析该零件图的技术要求。

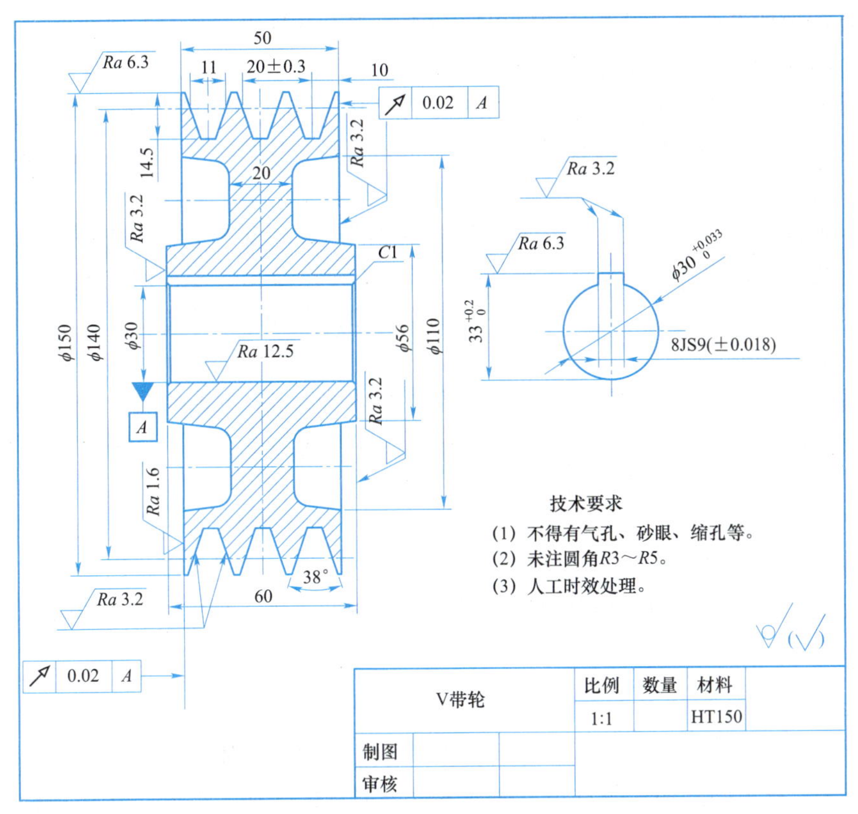

图 1-2-2-1 V 带轮零件

二、学习目标

（1）掌握零件技术要求的含义。

（2）掌握机械加工精度的概念。

（3）熟悉获得机械加工精度的方法。

（4）掌握零件技术要求的分析方法。

三、知识梳理

1. 零件的技术要求分析

零件的技术要求主要包括以下四个方面：

（1）加工表面的形状精度（包括形状尺寸精度和形状公差）。

（2）主要加工表面之间的相互位置精度（包括距离尺寸精度和位置公差）。

（3）加工表面的表面粗糙度及其他方面的表面质量要求。

（4）热处理及其他要求。

通过对零件技术要求的分析，就可以区分主要表面和次要表面。上述四个方面均要求较高的表面，即为主要表面，需要采用各种工艺措施予以重点保证。

分析零件技术要求的根本目的就是保证零件使用性能前提下的经济合理性。在工程实际中要结合现有生产条件分析实现这些技术要求的可行性。分析零件图还包括图纸的尺寸、公差和表面粗糙度标准是否齐全。

在制定零件的机械加工工艺规程时，首先要对照产品装配图分析零件图，熟悉该产品的用途、性能及工作条件，明确零件在产品中的位置、作用及相关零件的位置关系；了解并研究各项技术条件制定的依据，找出其主要技术要求和技术关键，以便在拟定工艺规程时采用适当的措施加以保证。

在认真分析了零件的技术要求后，结合零件的结构特点，对零件的加工工艺过程便有一个初步的轮廓。加工表面的尺寸精度、表面粗糙度和有无热处理要求，决定了该表面的最终加工方法，进而得出中间工序和粗加工工序所采用的加工方法。

如轴类零件上 IT7 级精度、表面粗糙度 *Ra*1.6 μm 的轴颈表面，若不淬火，则可用粗车、半精车、精车最终完成；若淬火，则最终加工方法选磨削，磨削前可采用粗车、半精车（或精车）等方法加工。表面间的相互位置精度基本上决定了各表面的加工顺序。

2. 机械加工精度

1）影响机械加工精度的因素

在机械加工中，由机床、夹具、刀具和工件等组成的统一体，称为工艺系统。工艺系统中的各种误差，在不同的加工条件下将造成零件不同程度的加工误差。按照工艺系统误差的性质可归纳为四个方面，即工艺系统的几何误差、工艺系统受力变形所引起的误差、工艺系统热变形所引起的误差和工件应力变化所引起的误差。

2）获得加工精度的方法

（1）获得尺寸精度的方法。

① 试切法：通过试切—测量—调整—再试切，反复进行到工件尺寸达到规定要求为止。

② 调整法：先调整好刀具和工件在机床上的相对位置，并在一批零件的加工过程中保持这个位置不变，以保证工件被加工尺寸。

③ 定尺寸刀具法：通过刀具的相应尺寸保证加工表面的尺寸精度。

④ 自动控制法：将测量、进给装置和控制系统组成一个自动加工系统，通过自动测量和数字控制装置，在达到尺寸精度后自动停止加工。

⑤ 主动测量法：边加工边测量加工尺寸。

（2）获得形状精度的方法。

① 刀尖轨迹法：通过刀尖运动的轨迹来获得形状精度的方法。

② 仿形法：刀具依照仿形装置进给获得工件形状精度的方法。

③ 成形法：利用成形刀具对工件进行加工获得形状精度的方法。

④ 展成法：利用工件和刀具的展成切削运动进行加工的方法。

（3）获得位置精度的方法。

① 直接找正定位法：用划针或百分表直接在机床上找正工件位置。

② 划线找正定位法：先按零件图在毛坯上划好线，再以所划线为基准找正它在机床的位置。

③ 夹具定位法：在机床上安装好夹具，工件放在夹具中定位。

④ 机床控制法：利用机床的相对位置精度保证位置精度。

3. 确定零件图技术要求的方法

零件图是指导生产的重要文件，除了用图形和尺寸来描述零件的性态外，还必须有制造该零件所应该达到的一些质量要求，这些要求就称为技术要求。零件图上的技术要求主要包括以下几个方面：零件的尺寸公差；形状和位置公差；表面粗糙度；热处理及表面镀涂层要求；材料及零件加工、检测和测试要求；其他特殊要求或说明。其中尺寸公差、形状和位置公差、表面粗糙度的数值选择得是否合理，直接关系到零件的使用要求和加工成本，需要认真对待。

确定技术要求的方法主要有类比法、计算法和试验法。计算法需要考虑各种因素，建立计算公式来确定数值，但计算过程较复杂，目前还不是主要方法；试验法成本较高，只适用于关键零件。目前应用最广的还是类比法，但类比法需要成熟的数据，同时还需要丰富的经验。在缺乏类比数据时，如何比较准确地确定零件的技术要求，是每一个设计和加工人员需要解决的问题，为此需解决以下问题：

1）公差等级的选择

在机械制造中，公差等级的规定是本着既能保证机器的精度和零部件的互换性，又能保证制造机器的经济性，即只要低的精度能够保证机器的功能和精度，就不要过高地要求零部件的精度，那样会增加制造成本，具体应该根据该机器的种类和某种零件的用途来确定其公差等级，但在工艺条件许可、成本增加不多的情况下，也可适当提高公差等级来保证机器的可靠性，延长使用寿命，以及提供一定精度储备来取得更好的经济效益。

2）表面粗糙度的选择

表面粗糙度是反映零件表面微观几何形状误差的一个重要技术指标，是检验零件表面质量的主要依据，它选择的合理与否直接关系到产品的质量、使用寿命和生产成本。在通常情况下，机械零件尺寸公差要求越小，表面粗糙度值也越小，但是它们之间又不存在固定的函数关系。如一些机器、仪器上的手柄、手轮以及卫生设备食品机械上某些零件的修饰表面，它们的表面要求加工的很光滑，即表面粗糙度要求很高，但其尺寸公差要求却很低，在一般情况下，有尺寸公差要求的零件，其公差等级与表面粗糙数值之间还是有一定的对应关系的。

在实际工作中，对于不同类型的机器，其零件在相同尺寸公差的条件下，对表面粗糙度的要求是有差别的，这就是配合稳定性问题。在机械零件的设计和制造过程中，对于不同类型的机器，其零件的配合稳定性和互换性的要求是不同的。

3）形位公差的选择

形位公差的选择包括：选择形位公差项目、形位公差等级、公差原则和基准等，其中形位公差等级的确定是难点。形位公差项目选择的基本依据是要素的几何特征及零件的结构特点和使用要求。

在零件的技术要求中，尺寸公差及表面粗糙度的数值较易确定，而形位公差的数值较难确定。在正确确定尺寸公差与表面粗糙的精度等级或数值以后，再根据形位公差与尺寸公差、表面粗糙度之间的关系，正确地确定形位公差的公差等级或数值，必要时再适当调整所选的公差等级或数值，这样便可正确确定零件的技术要求。

四、任务实施

1. 分析 V 带轮零件的技术要求

1）结构分析

从图 1–2–2–1 所示的 V 带轮零件图中可以看出，V 带轮的主体结构形状是带轴孔的同轴回转体。V 带轮通过键与轴连接，因此，在 V 带轮的轮毂上必有轴孔和轴孔键槽。V 带轮的轮缘上有三个 A 型轮槽，轮毂与轮缘用幅板连接。

2）尺寸及形位公差分析

V 带轮的主体形状是同轴回转体，主要表面为内圆柱面、外圆柱面、两端平面、槽面等。V 带轮的总体外形为ϕ150 mm × 60 mm，未注圆角为 $R3$～$R5$ mm。重要的尺寸有 $\phi30_{0}^{+0.033}$、20±0.3 mm、$33_{0}^{+0.2}$ mm、8JS9 等，它们的精度要求都不高，这也是由 V 带轮的使用需求决定的。图 1–2–2–1 中只有一个形位公差，即轮毂两端平面相对于孔 $\phi30_{0}^{+0.033}$ 轴线的圆跳动公差为 0.02 mm。

3）表面粗糙度

该零件的表面粗糙度（*Ra* 值）要求有：1.6、3.2、6.3、12.5（μm）等，两侧端面的粗糙度最小，为 1.6 μm。

4）热处理及其他要求

该零件需要进行人工时效处理，以释放内应力，改善机械加工性能。该零件的毛坯材料应为铸件，不得有气孔、砂眼和缩孔等缺陷。

五、任务评价

按表 1–2–2–1 对任务进行评价。

表 1–2–2–1　任务评价

序号	评价内容	评价标准	评价结果（是/否）
1	知识与技能	能解释零件技术要求的含义	□是　□否
		能分析零件的尺寸精度与形位公差	□是　□否
		能分析零件的表面粗糙度要求	□是　□否
		能确定零件的重要加工表面	□是　□否
		能确定零件的加工工艺	□是　□否

续表

序号	评价内容	评价标准	评价结果（是/否）
2	职业素养	具有严谨求实的学习态度	□是　□否
		具有精益求精的工匠精神	□是　□否
		具有互帮互助的团队意识	□是　□否
3	总评	“是”与“否”在本次评价中所占百分比	“是”占____% “否”占____%

六、任务巩固

（1）分析零件技术要求的目的是什么？如何分析？

（2）何谓机械加工精度？如何提高零件的机械加工精度？

（3）哪些技术要求最为重要？如何保证重要加工表面的质量？

工作项目 1.3　选择毛坯

一、项目概述

了解常见毛坯材料的类型及应用特点；熟悉常见毛坯类型的加工方法；掌握正确选择毛坯类型的方法；了解毛坯图、毛坯加工余量、毛坯公差等基本概念；掌握确定毛坯形状和尺寸的方法；能熟练绘制毛坯零件图；能正确标注毛坯图尺寸及公差。

二、项目分析

毛坯是还没加工的原料，也可指产品完成前的那一部分。毛坯的选择不仅影响毛坯的制造工艺及费用，而且也与零件的机械加工工艺和加工质量密切相关。为此，需要毛坯制造和机械加工两方面的工艺人员密切配合，合理地确定毛坯的种类、结构形状并绘制毛坯图。

完成本项目需要熟练掌握各种毛坯材料的特点以及选用方法，能依据零件的结构特点正确选择毛坯材料并绘制零件毛坯图，即需要正确完成以下两种工作任务：

（1）选择毛坯的类型及加工方法。

（2）确定毛坯的加工余量并绘制毛坯图。

工作任务 1.3.1　选择轴承盖零件毛坯

一、任务描述

图 1-3-1-1 所示为某企业需要批量生产的轴承盖零件，该零件用于装配轴承，以支承传动轴运动。为了能准确地制定该零件的加工工艺方案，现在需要在详细识读该零件图的基础上选取该零件的毛坯。

二、学习目标

（1）了解常见毛坯材料的类型及应用特点。

（2）熟悉常见毛坯类型的加工方法。

（3）掌握正确选择毛坯类型的方法。

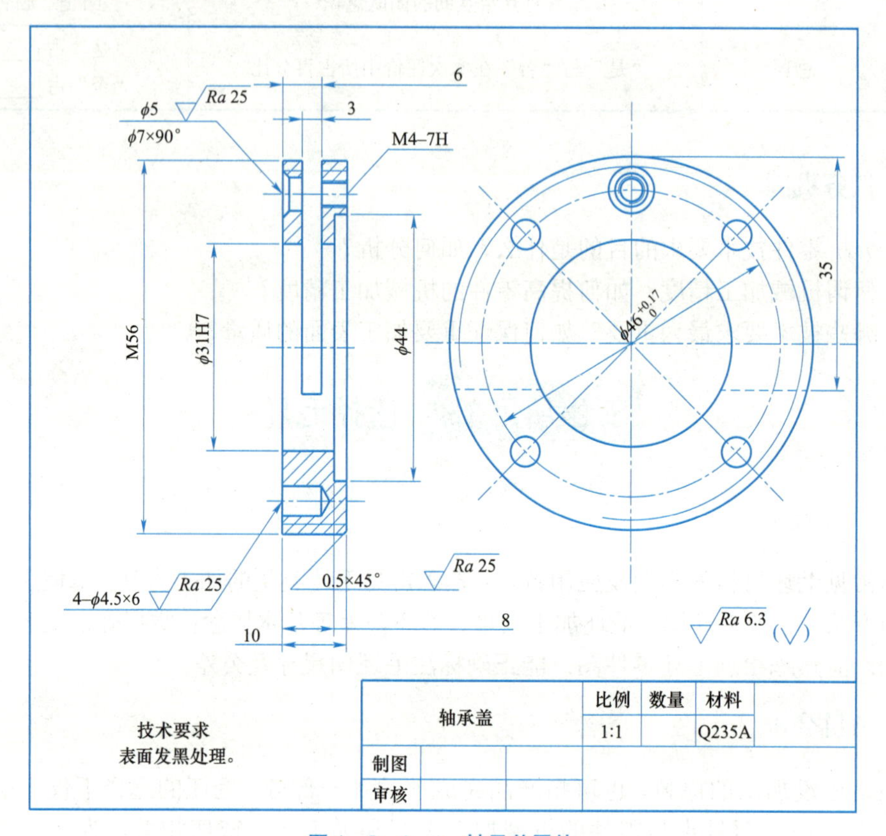

图 1-3-1-1　轴承盖零件

三、知识梳理

零件在加工过程中，工序的内容、工序数目、材料消耗、热处理方法、零件加工费用等都与毛坯的材料、制造方法、毛坯的误差与余量有关。

1. 毛坯的种类

1）铸件

对形状较复杂的毛坯，一般可用铸造方法制造。目前大多数铸件采用砂型铸造，对尺寸精度要求较高的小型铸件，可采用特种铸造，如永久型铸造、精密铸造、压力铸造、熔模铸造成和离心铸造等。各种毛坯铸造方法及工艺特点见表 1-3-1-1。

2）锻件

锻件毛坯由于经锻造后可得到连续和均匀的金属纤维组织，因此锻件的力学性能较好，常用于受力复杂的重要钢质零件。其中自由锻件的精度和生产率较低，主要用于小批生产和大型锻件的制造；模型锻造件的尺寸精度和生产率较高，主要用于产量较大的中小型锻件。其锻造方法及工艺特点见表 1－3－1－1。

表 1－3－1－1　各种毛坯制造方法及工艺特点

毛坯制造方法	最大质量/kg	最小壁厚/mm	形状的复杂性	材料	生产方式	精度等级/IT	尺寸公差值/mm	表面粗糙度/μm	其他
手工砂型铸造	不限制	3～5	最复杂	铁碳合金、有色金属及其合金	单件生产及小批生产	14～16	1～8	—	余量大，一股为 1～10 mm；由砂眼和气泡造成的废品率高；表面有结砂硬皮，且结构颗粒大；适于铸造大件，生产率很低
机械砂型铸造	至 250	3～5	最复杂		大批生产及大量生产	14 左右	1～3	—	生产率比手制砂型高数倍至十数倍；设备复杂；但要求工人的技术低，适于制造中小型铸件
水久型铸造	至 100	1.5	简单或平常			11～12	0.1～0.5	12.5	生产率高，可免去每次制造砂型；单边余量一般为 1～3 mm；结构细密，能承受较大压力；占用生产面积小
离心铸造	通常 200	3～5	主要是旋转体			15～16	1～8	12.5	生产率高，每件只需 2～5 min；力学性能好且少砂眼；壁厚均匀，无须泥芯浇注系统
压铸	10～16	0.5（锌），1.0（其他合金）	由模子制造难易而定	锌、铝、镁、钢、锡、铅各金属的合金		11～12	0.05～0.15	6.3	生产率最高，每小时可制 50～500 件；设备昂贵；可直接制取零件或需少许加工
熔模铸造	小型零件	0.8	非常复杂	适于切削困难的材料	单件生产及成批生产	—	0.05～0.2	25	占用生产面积小，每套设备需 30～40 m^2；铸件机械性能好；便于组织流水线生产；铸造延续时间长，铸件可不经加工
壳模铸造	至 200	1.5	复杂	铸铁和有色金属	小批至大量	12～14	—	12.5～6.3	生产率高，一个制砂工班产量为 0.5～1.7 t；外表面余量为 0.25～0.5 mm；孔余量最小为 0.08～0.25 mm；便于机械化与自动化

续表

毛坯制造方法	最大质量/kg	最小壁厚/mm	形状的复杂性	材料	生产方式	精度等级/IT	尺寸公差值/mm	表面粗糙度/μm	其他
自由锻造	不限制	不限制	简单	铁素钢、合金钢	单件及小批生产	14～16	1.5～2.5	—	生产率低，且需高级技工；余量大，为 3～30 mm；适用于机械修理厂和重型机械厂的锻造车间
模锻（利用锻锤）	通常至100	2.5	由锻模制造难易而定	碳素钢、合金钢及合金	成批及大量生产	12～14	0.4～2.5	12.5	生产率高且不需要高级技工；材料消耗少，锻件力学性能好，强度高
精密模锻	通常为100	1.5	由锻模制造难易而定	碳素钢、合金钢及合金	成批及大量生产	11～12	0.05～0.1	6.3～3.2	光压后的锻件可不经机加工或直接进行精加工

3）型材

型材主要有板材、棒材、线材等，其常用截面形状有圆形、方形、六角形和特殊截面。就其制造方法，又可分为热轧和冷拉两大类。热轧型材尺寸较大，精度较低，用于一般的机械零件；冷拉型材尺寸较小，精度较高，主要用于毛坯精度要求较高的中小型零件。

4）焊接件

焊接件是根据需要将型材或钢板焊接而成的毛坯件，其制作方便、简单，但需要经过热处理才能进行机械加工。焊接件主要用于单件小批生产和大型零件及样机试制，其优点是制造简单、生产周期短、节省材料、减轻重量。但其抗振性较差，变形大，需经时效处理后才能进行机械加工。

5）冲压件

冲压件是通过冲压设备对薄钢板进行冷冲压加工而得到的零件，它可以非常接近成品要求。冲压零件可以作为毛坯，有时还可以直接成为成品。冲压件的尺寸精度高，适用于批量较大而零件厚度较小的中小型零件。

6）其他毛坯

其他毛坯包括粉末冶金件、工程塑料制品、新型陶瓷和复合材料制品等。

2. 毛坯选择时应考虑的因素

1）零件材料的工艺性

由于材料的工艺特性，故决定了其毛坯的制造方法，当零件的材料选定后，毛坯的类型就大致确定了。例如：铸铁、铸钢材料适合用铸造获得毛坯；对于重要的钢质零件，为获得良好的力学性能，应选用锻造获得毛坯，而形状简单、机械性能要求不太高时则可用型材毛坯；铸铝、铸铜等有色金属材料常用型材或铸造毛坯；焊接是快速获得毛坯的方法，但仅适宜于低碳钢。

2）零件的生产纲领

大批量生产时宜采用精度和生产率高的毛坯制造方法，以减少材料消耗和机械加工工作量，如用金属模铸造、熔模铸造、模锻、精锻等方法获得毛坯。而单件小批量生产时宜采用精度和生产率均较低的生产方法，如手工造型、自由锻等方法获得毛坯。

3）零件的结构、形状和尺寸

一般情况下，形状复杂的毛坯一般采用铸造方法制造；板状钢质零件多用锻件毛坯；轴类零件的毛坯，如直径和台阶相差不大，则可用棒料，如台阶尺寸相差较大，为减少材料消耗和机械加工的劳动量，则宜选用锻件；尺寸大的零件一般选择自由锻造，中小型零件则可考虑选择模锻件。

4）现有的生产条件

在确定毛坯时，必须结合具体的生产条件，如现场毛坯制造的实际水平和能力、外协的可能性等。

5）新工艺、新材料的充分利用

为节约材料和能源，提高机械加工生产率，应充分考虑精锻、冷轧、冷挤压、粉末冶金和工程塑料等在机械中的应用，这样可大大减少机械加工量，甚至不需要进行加工，大大提高了经济效益。

3. 毛坯类型的选择

表 1－3－1－2 所示为常用毛坯类型，分别介绍了热轧件、铸件、锻件、冲压件、焊接件五种常用毛坯类型的材料、特点、毛坯制造方法等内容，并对应用场合进行了简短说明。

表 1－3－1－2　常用毛坯类型

毛坯类型	材料	特点	毛坯制造方法	说明
热轧件	普通碳钢、合金钢、优质钢及特殊种类和特殊质量钢	钢坯在热轧过程中直接成形为材料（型材），供各领域、各行业选用	钢坯由轧机模轧成标准型材，如圆钢、扁钢、工字钢、槽钢、角钢、钢管、钢轨等	热轧件一般都是在生产线上大批量生产。另外，相对于热轧件，也有冷轧件，同样由轧机冷轧成各种型材
铸件	铸铁、铸钢及铜、铝等有色金属	适用于形状复杂的零件；刮板造型和离心造型多半为旋转体	手工造型、机械造型、刮板造型、砂型铸造以及精密铸造	铸造材料的零件只能采用铸造的方法制造毛坯。手工造型、精密造型多用于单件小批生产，其他造型用于批量生产
锻件	碳钢、合金钢和合金	适用于形状较简单的零件，形状复杂零件受模具能否制造的限制	锤锻、自由锻、模锻、挤压等	自由锻多用于单件、小批生产，其他锻造常用于大批量生产
冲压件	钢、铜、铝、铝合金和其他塑性材料、粉末金属、石墨	适用于简单零件，复杂零件受模具能否制造的限制	冷冲压、板材冲裁、压制成型等	冲压件多用于批量生产
焊接件	碳钢、低合金钢、不锈钢、耐热钢、铜、铝及其合金以及铸钢、铸铁	较低的结构重量，结构设计灵活；不同部位可采用不同材料，具有加工余量少、生产周期短等特点，应用广泛	剪切、冲裁、火焰切割、等离子切割。手工焊、二氧化碳气体保护焊、氧弧焊、自动埋弧焊、电渣焊等	高碳钢和合金钢焊接性不好，在工艺上有要求。焊接易变形，应力集中，容易产生缺陷

现参照表 1－3－1－2，介绍毛坯类型的具体选用方法。图 1－3－1－2 所示为常见的几种零件，包括轴承盖［见图 1－3－1－2（a）］、小齿轮［见图 1－3－1－2（b）］、大齿轮［见图 1－3－1－2（c）］、传动轴［见图 1－3－1－2（d）］、齿轮轴［见图 1－3－1－2（e）］、箱体［见图 1－3－1－2（f）］。

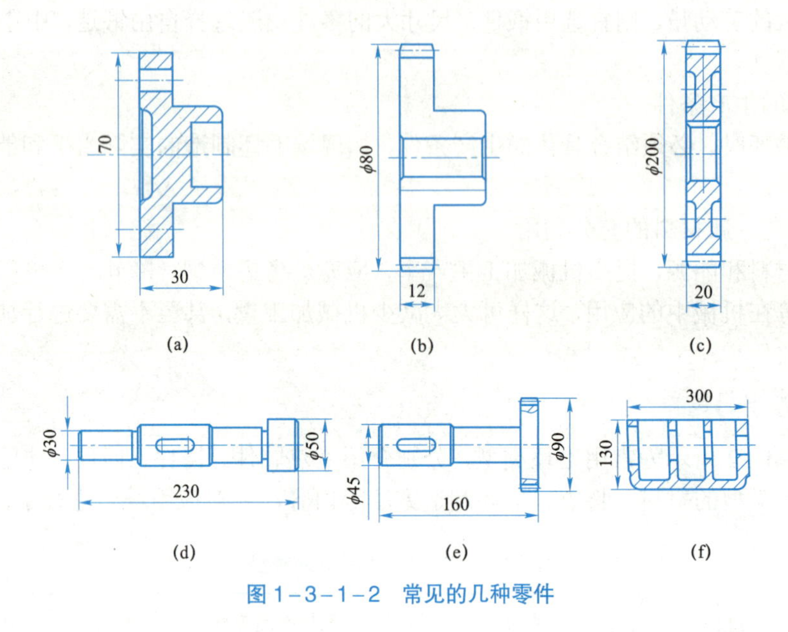

图 1－3－1－2　常见的几种零件

如图 1－3－1－2（a）所示轴承盖的材料为铸铁，毛坯应选用铸件；如图 1－3－1－2（b）所示小齿轮的材料为 45 钢，由于外圆直径不大、台阶外圆不长，故可选用热轧圆钢（型材）；如图 1－3－1－2（c）所示大齿轮，由于其外圆和孔的直径都较大，故可选用锻件，锻成圆环状坯件，这样既可节省材料，又可减少加工工时，锻造毛坯的力学性能也较好；如图 1－3－1－2（d）所示传动轴的直径较小，各段外圆直径相差不大，可选用钢；如图 1－3－1－2（e）所示齿轮轴，直径相差较大，为了减少加工工时和节约材料，应选用锻件，如果数量仅为一、二件，而又缺乏锻造条件，则也可选用圆钢；如图 1－3－1－2（f）所示箱体，一般为铸铁或钢材，若结构较复杂，则可以选用铸造件或焊接件。

四、任务实施

1. 分析轴承盖的零件图

盖类零件是指回转体零件中的盘状类零件，是机械加工中常见的一种，常用于支承和导向，有的还有密封或防尘等作用。此类零件结构比较简单，多为扁平的圆形或方形盘状结构，主要表面是具有高的同轴度要求的内孔或外圆，其尺寸精度、形状精度和表面粗糙度要求均较高。

从如图 1－3－1－1 所示的轴承盖零件可以看出，该零件外形为圆盘形，直径为ϕ56 mm，厚度为 10 mm，内有直径为ϕ31 mm 的通孔，在端面上沿ϕ46 mm 的圆周上分布有四个ϕ4.5 mm 的不通孔和一个 M4 螺纹通孔，在零件的上部开有深度 35 mm、厚度 3 mm 的狭槽。该零件的主要加工表面为孔、外圆等回转面以及两端面、狭槽等。该零件的加工精度要求不高，仅ϕ46 mm 圆有 0.17 mm 的公差要求，光孔、螺纹孔、倒角处的表面粗糙度要求均为 Ra25 μm。

2. 选取轴承盖的毛坯

一般情况下，盖类零件材料的选择主要取决于零件的功能要求、结构特点及使用时的工作条件，常用铸铁、碳钢、青铜黄铜或粉末冶金等材料制成。有些特殊要求的盖类零件可采用双层金属结构或选用优质合金钢，双层金属结构是应用离心铸造法在钢或铸铁内壁上浇注一层巴氏合金等轴承合金材料，增加内孔表面的耐磨性，采用这种制造方法虽然增加了一些工时，但提高了盖类零件的使用寿命，而且又能节约贵重的有色金属。

盖类零件毛坯制造方式的选择与毛坯结构尺寸、材料和生产批量的大小等因素有关。当主孔径较大（直径大于ϕ20 mm）时，常采用铸件、型材或带孔的锻件；当主孔径较小（直径小于ϕ20 mm）时，一般多选择棒料，或采用实心铸件。另外在大批大量生产时，盖类毛坯可采用精密铸造、冷挤压、粉末冶金等先进工艺，不仅可节约原材料，而且生产率及毛坯尺寸精度均可大幅度提高。

该轴承盖零件上分布有较多的小孔，需要进行较多得切削机械加工，而零件的最大外圆直径为ϕ56 mm，故选取直径为ϕ60 mm 的 Q235 圆钢，待车床初步加工后再切断得到单个的零件毛坯。因此，轴承盖的毛坯是直径ϕ60 mm 的 Q235 长圆钢棒料。

五、任务评价

按表 1－3－1－3 对任务进行评价。

表 1－3－1－3　任务评价

序号	评价内容	评价标准	评价结果（是/否）
1	知识与技能	熟悉常见毛坯材料的类型及特点	□是　□否
		掌握常见毛坯材料的制造方法	□是　□否
		能依据零件图分析零件的技术要求	□是　□否
		能依据零件图选取毛坯类型	□是　□否
		能依据零件图确定毛坯加工方法	□是　□否
2	职业素养	具有严谨求实的学习态度	□是　□否
		具有精益求精的工匠精神	□是　□否
		具有互帮互助的团队意识	□是　□否
3	总评	“是”与“否”在本次评价中所占百分比	“是”占____% “否”占____%

六、任务巩固

（1）毛坯种类有哪些？各有何特点？

（2）选择零件毛坯时，应综合考虑哪些因素？

（3）最常用的毛坯类型是哪些？如何选用？

工作任务 1.3.2　绘制阶梯轴零件毛坯图

一、任务描述

图 1-3-2-1 所示为某企业需要大量生产的阶梯轴零件图。为了能准确地制定该零件的加工工艺方案，现在需要在详细识读该零件图的基础上，选取该零件的毛坯材料，确定毛坯的形状和尺寸并绘制零件毛坯图。

二、学习目标

（1）了解毛坯图、毛坯加工余量和毛坯公差等基本概念。

（2）掌握确定毛坯形状和尺寸的方法。

（3）能熟练绘制毛坯零件图。

（4）能正确标注毛坯图尺寸及公差。

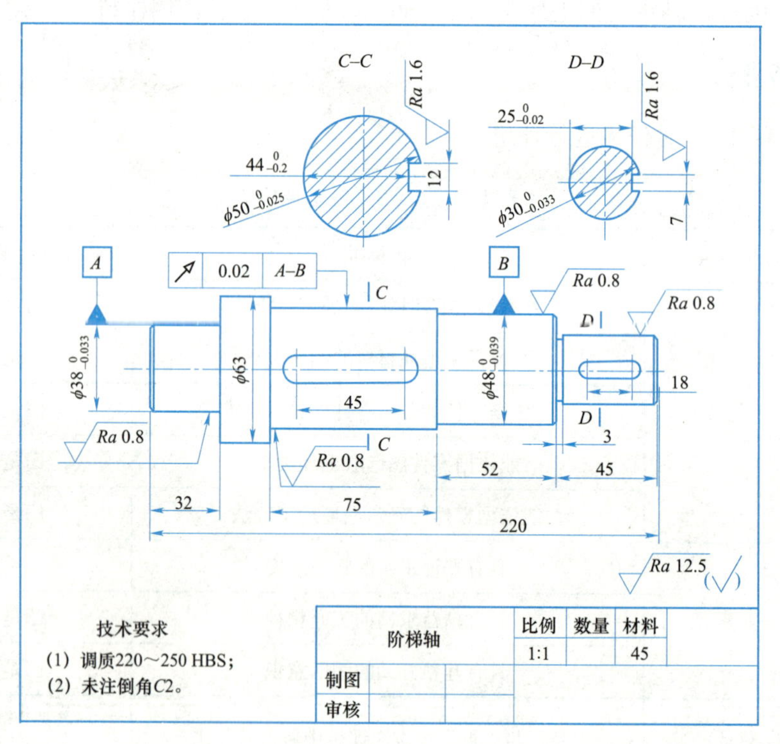

图 1-3-2-1　阶梯轴

三、知识梳理

1. 毛坯的形状与尺寸

毛坯的形状和尺寸主要由零件组成表面的形状、结构、尺寸及加工余量等因素确定，并尽量与零件相接近，以达到减少机械加工劳动量及少切削或无切削加工的目的。

但由于毛坯制造技术和设备投资经济性方面的影响，以及机电产品性能对零件加工精度和表面质量的要求日益提高，致使目前毛坯的很多表面仍留有一定的加工余量，以便通过机械加工来达到零件的质量要求。毛坯制造尺寸和零件尺寸的差值称为毛坯加工余量，毛坯公称尺寸所允许的最大尺寸和最小尺寸之差称为毛坯公差，两者都与毛坯的制造方法有关，生产中可参阅有关工艺手册或有关企业、行业标准来选取。

毛坯余量与毛坯的尺寸、部位及形状有关。如铸造毛坯的加工余量，是由铸件最大尺寸、公称尺寸（两相对加工表面的最大距离或基准面到加工面的距离）、毛坯浇注时的位置（顶面、底面、侧面）、铸孔的尺寸等因素确定的。对于单件小批生产，铸件上直径小于ϕ30 mm和铸钢件上直径小于ϕ60 mm 的孔可以不铸出。而对于锻件，若用自由锻，则孔径小于ϕ30 mm或长径比大于3的孔可以不锻出。对于锻件应考虑锻造圆角和模锻斜度。带孔的模锻件不能直接锻出通孔，应留冲孔连皮等。

毛坯的形状和尺寸的确定，除了将毛坯余量附在零件相应的加工表面上之外，有时还要考虑到毛坯的制造、机械加工及热处理等工艺因素的影响。在这种情况下，毛坯的形状可能与工件的形状有所不同。下面仅从机械加工工艺的角度分析，确定毛坯形状和尺寸时应考虑的问题。

1）锻件毛坯的形状

锻件毛坯的形状根据零件主要表面的形状确定，在满足锻造工艺性的前提下，应尽量与零件相接近，以减少机械加工工作量。

自由锻造的锻件由于只使用简单通用的工具，毛坯的形状复杂程度受到很大限制，故在设计自由锻造锻件的形状结构时，必须考虑能否锻出，要避免锥面、斜面、凸台、加强筋及非平面的相交结构。

模型锻造的锻件应考虑到锻造圆角和拔模斜度，即在锻锤运动方向的表面上要有拔模斜度5°～15°；所有转角处都应有圆角；另外对于直径小于ϕ30 mm的孔一般不锻出，对于直径为ϕ30～ϕ50 mm的孔不能直接锻出通孔，而应留一定的冲孔连皮（厚度4～8 mm）等。毛坯的结构工艺性可充分征询锻造工艺技术人员的意见。

2）锻件毛坯的加工余量

毛坯的加工余量大小直接影响零件的生产率和加工质量，加工余量过大，不仅会增加机械加工工作量，而且会增加材料、刀具和电力的消耗；加工余量过小，又不能消除前工序的各种误差和表面缺陷，甚至产生废品，所以必须合理地确定毛坯的加工余量。

锻件毛坯加工余量常用的确定方法：经验估算法，适于单件小批生产；查表修正法，这是一种广泛使用的方法；分析计算法，此法确定的加工余量较合理，但需要全面的试验资料，适于大批大量生产。

3）工艺搭子的设置

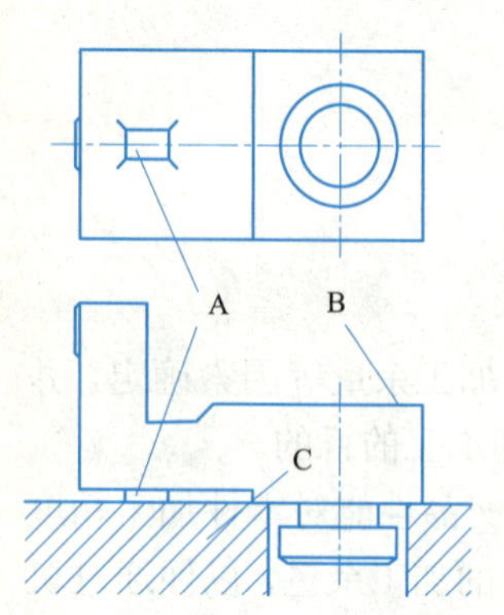

图 1-3-2-2　工艺凸台

有些零件，由于其结构等因素，加工时不易装夹稳定，为了使其装夹方便迅速，可在毛坯上制作凸台，即所谓的工艺搭子，如图 1-3-2-2 所示。工艺搭子只在装夹工件时使用，零件加工完成后一般应切去。但如果不影响零件的使用性能和外观质量，则可以保留。

4）整体毛坯的采用

再如车床开合螺母外壳，它由两个零件合成一个铸件，待加工到一定阶段后再切开，以保证加工质量和加工方便，如图 1-3-2-3 所示。

5）合件毛坯的采用

为了便于加工过程中的装夹，对于一些形状比较规则的小型零件，如 T 形键、扁螺母、小隔套等，应将多件合成一个毛坯，待加工到一定阶段或者大多数表面加工完毕后，再加工成单件。

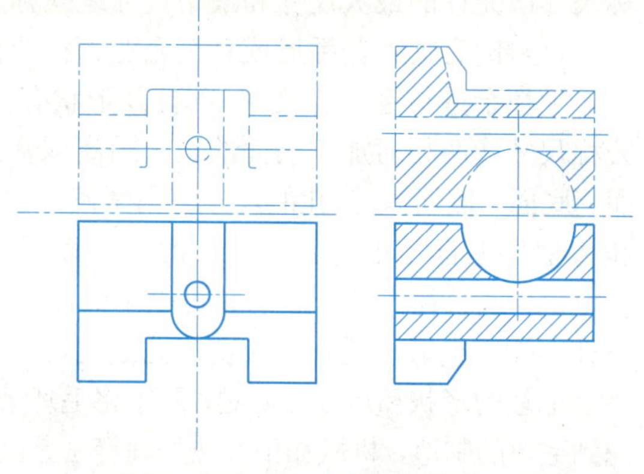
图 1-3-2-3　车床开合螺母外壳

有时为了提高生产率和加工过程中便于装夹，可以将一些小零件多件合成一个毛坯，待全部表面加工完成后再切割成单个零件。

如图 1-3-2-4 所示的垫圈类零件，可以将若干零件合并成一个毛坯，毛坯可取一长管料，其内孔直径要小于垫圈内径。车削时，用卡盘夹住一端外圆，另一端用顶尖顶住，这时可车外圆、车槽，然后用卡盘夹住外圆较长的一部分用 ϕ16 mm 的钻头钻孔，这样就可以分割成若干个垫圈零件。毛坯的加工余量和制造公差可通过查阅相关工艺手册或国家标准来确定（GB/T 12362—2003 钢质模锻件公差及机械加工余量）。

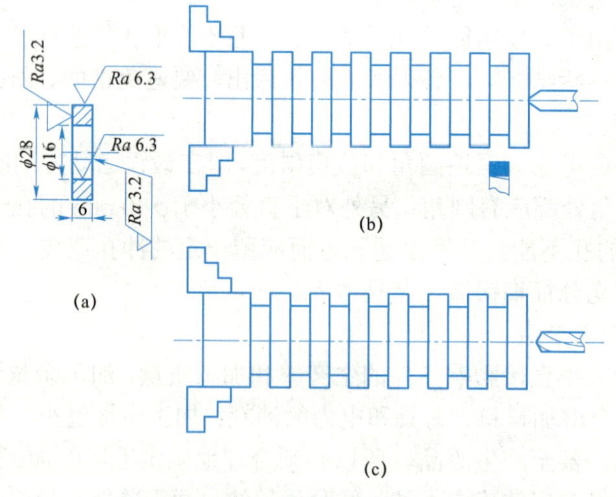

图 1-3-2-4　垫圈的整体毛坯及加工

（a）垫圈；（b）车外圆及切槽时的装夹方法；（c）钻内孔

2. 绘制毛坯图

在确定毛坯种类、形状和尺寸后，还应绘制一张毛坯图，作为毛坯生产单位的产品图样。在绘制毛坯图时，应在零件图的基础上于相应的加工表面上加上毛坯余量，但绘制时还要考虑毛坯的具体制造条件，例如：铸件上的孔、锻件上的孔和空档、法兰等的最小铸出和锻出条件；铸件与锻件表面的起模斜度（拔模斜度）和圆角；分型面和分模面的位置；等等。

毛坯图的内容一般应包含毛坯的结构形状、加工余量、尺寸及公差、粗基准、毛坯技术要求等。在实际生产中，可根据企业的具体需要确定合适的毛坯图要求。

毛坯图中，毛坯的外形用粗实线绘制，零件的外形用双点画线绘制。毛坯的基本尺寸和公差注在尺寸线上面，机械加工后的零件基本尺寸注在尺寸线下面的括号内。毛坯尺寸公差按双向布置上、下偏差。图 1-3-2-5 所示即为某零件的毛坯示意图。

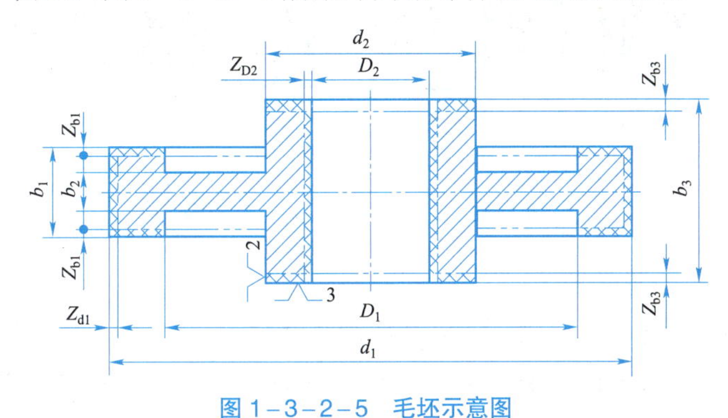

图 1-3-2-5　毛坯示意图

毛坯图的绘制步骤如下：

（1）绘制零件的简化图。

将零件的外形轮廓和内部主要结构绘出，无须加工的表面用粗实线，需加工的表面用双点画线。

（2）附加余量层。

将加工余量按比例用粗实线画在加工表面上，剖切处的余量打上网纹线，以区别剖面线。

（3）标注尺寸和技术要求。

① 尺寸标注。标注毛坯所有表面的尺寸和需加工表面的加工余量。

② 技术要求标注。如材料牌号、内部组织结构、毛坯精度等级、检验标准、对毛坯的质量要求、粗基准面等。

四、任务实施

1. 阶梯轴零件毛坯的选定

轴类零件材料常选用 45 钢，精度较高的轴可选用 40Cr、轴承钢 GCr15、弹簧钢 65Mn，也可选用球墨铸铁；对高速、重载的轴，选用 20CrMnTi、20Mn2B、20Cr 等低碳合金钢进行渗碳淬火或用 38CrMoAl 氮化钢。

本实例的阶梯轴，根据其性能需要决定选择 45 钢。查表 1－3－1－2，经分析比较后，决定采用热轧件或锻件。考虑其承受一定的载荷，宜选用锻件毛坯，又因批量不大，所以采用自由锻造法来制造。

2. 确定阶梯轴毛坯的余量

查相关手册的《自由锻件机械加工余量计算公式》，因本例的阶梯轴直径小于ϕ65 mm，长度小于 300 mm，故按以下公式计算加工余量：

$$A = 0.26L^{0.2}D^{0.5} = 0.26 \times 300^{0.2}65^{0.5} = 6.56\text{（mm）}$$

考虑到自由锻造时的特殊性，阶梯轴加工余量取整数 8 mm。具体尺寸请参见图 1－3－2－6。

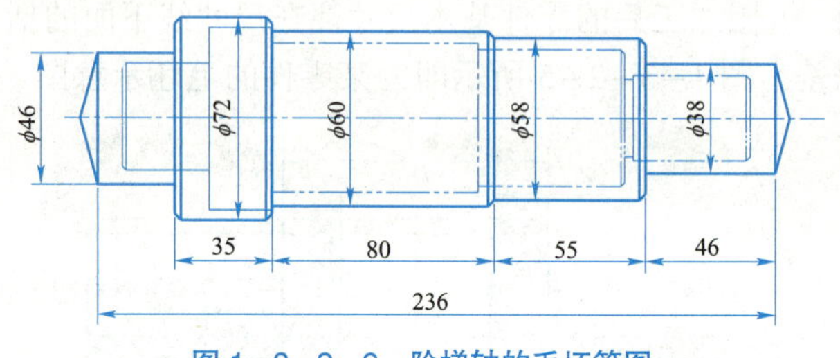

图 1－3－2－6　阶梯轴的毛坯简图

3. 绘制传动轴毛坯简图

传动轴毛坯简图（见图 1－3－2－6）的绘制步骤如下：

（1）用点画线画出传动轴的主视图。只画主要结构，次要细节简化，非毛坯制造的键槽、倒角等不画。

（2）将加工总余量按尺寸用粗实线画在加工表面轮廓线外。剖切处的余量打上网纹线，以区别剖面线。

（3）标注毛坯的主要尺寸。注意：形状简单的铸造、自由锻毛坯不标尺寸公差，如要标注，则可按自由尺寸公差标注，公差等级选择 IT16。

五、任务评价

按表 1－3－2－1 对任务进行评价。

表 1－3－2－1　任务评价

序号	评价内容	评价标准	评价结果（是/否）
1	知识与技能	能确定毛坯类型和加工方法	□是　□否
		能计算毛坯的加工余量	□是　□否
		能绘制毛坯图形	□是　□否
		能标注主要尺寸和加工余量	□是　□否
		能填写毛坯的技术要求	□是　□否
2	职业素养	具有严谨求实的学习态度	□是　□否
		具有精益求精的工匠精神	□是　□否
		具有互帮互助的团队意识	□是　□否
3	总评	“是”与“否”在本次评价中所占百分比	“是”占____% “否”占____%

六、任务巩固

图 1－3－2－7 所示为传动轴零件图，试选择该传动轴的毛坯并绘制毛坯图。

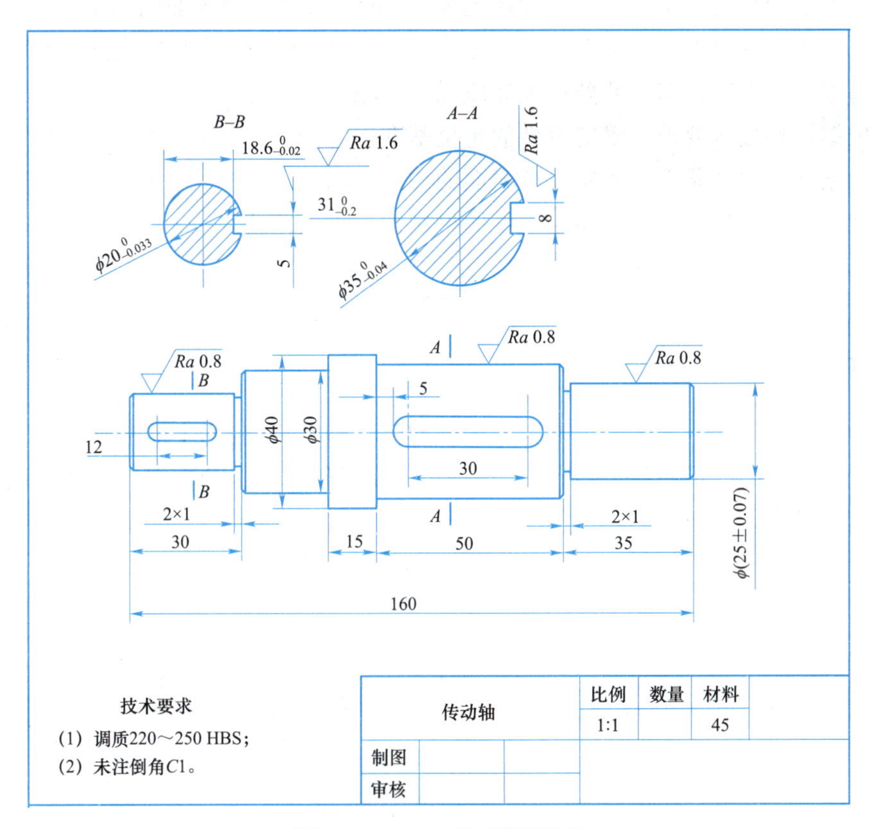

图 1－3－2－7　传动轴零件图

工作项目 1.4　拟定工艺路线

一、项目概述

掌握基准的概念及分类；掌握自由度的概念和六点定位原理；掌握定位基准的选择原理和方法；熟悉各种加工方法的经济加工精度和表面粗糙度；掌握表面加工方法的选择原则和方法；熟悉加工阶段、工序集中和工序分散等概念；掌握加工阶段的划分理由及划分方法；掌握加工顺序的安排原则和方法；掌握拟定零件机械加工工艺路线的方法。

二、项目分析

拟定工艺路线是指拟定零件各工序加工内容和工序的先后顺序，其主要任务是首先确定各个表面的加工方案，然后确定加工顺序，并根据工序集中或分散原则确定工序数目和加工内容，最后拟定零件的机械加工工艺路线。它与零件的加工要求、生产批量及生产条件等多种因素有关。

完成本任务需要掌握基准的概念和六点定位原理，并能正确地选择零件的加工基准；熟悉各种加工方法的经济加工精度和表面粗糙度，并能正确地选择表面的加工方法；掌握加工阶段的划分理由及划分方法，并能正确地安排零件的加工顺序；掌握零件机械加工工艺过程卡片的填写方法。综上，即需要熟练地完成以下三项工作任务：

（1）依据零件技术要求，确定零件的定位基准。

（2）依据现有生产条件，确定零件表面的加工方法。

（3）安排零件的加工顺序并拟定零件的机械加工工艺路线。

工作任务 1.4.1 确定传动轴零件的定位基准

一、任务描述

图 1–4–1–1 所示为某企业需要大量生产的传动轴零件图。为了能准确地制定该零件的加工工艺方案，现在需要在详细分析该零件图技术要求的基础上分析零件的加工过程并确定该零件的定位基准。

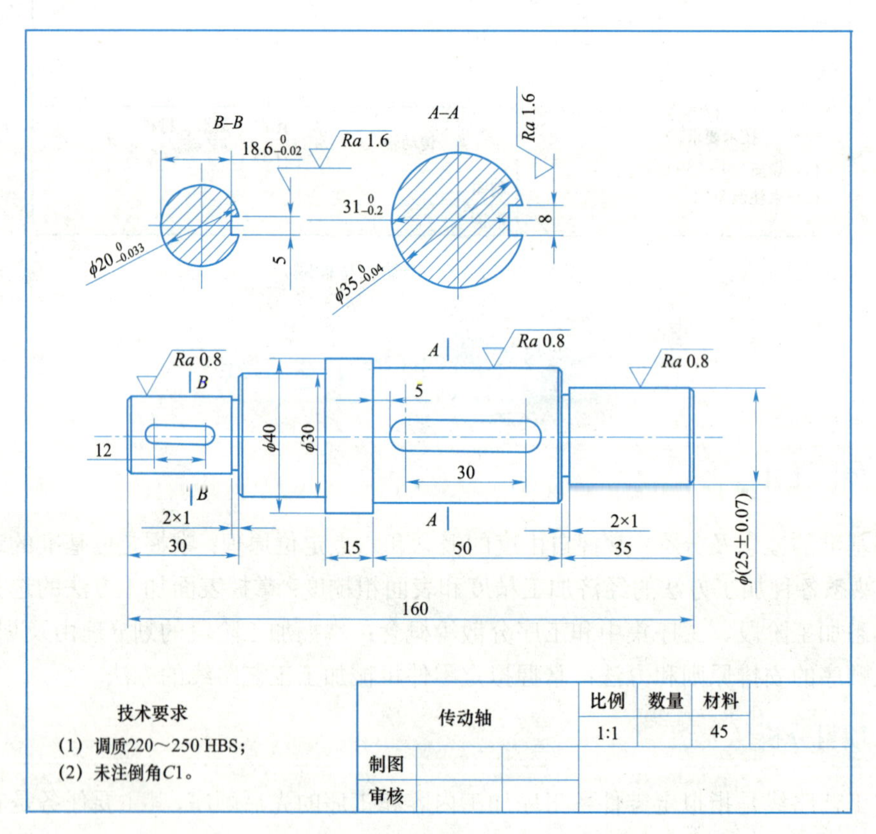

图 1–4–1–1 传动轴零件图

二、学习目标

（1）了解基准的概念及分类。

（2）熟悉自由度的概念。

（3）掌握六点定位原理。

（4）掌握定位基准的选择方法。

三、知识梳理

1. 基准的概念及分类

1）基准的概念

在零件图或实际的零件上，用来确定其他点、线、面位置时所依据的那些点、线、面，称为基准，如图 1–4–1–2 所示。

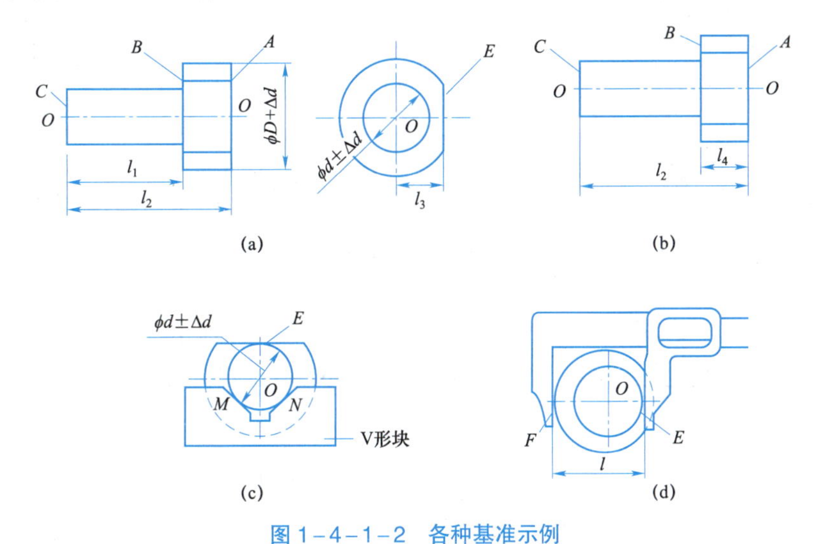

图 1–4–1–2　各种基准示例

（a）零件图上的设计基准；（b）工序图上的工序基准；（c）加工时的定位基准；（d）测量 E 面时的测量基准

2）基准的分类

（1）设计基准。

设计图样上所采用的基准称为设计基准。设计基准是根据零件（或产品）的工作条件和性能要求而确定的。在设计图样上，通常以设计基准为依据，标出一定的尺寸或相互位置要求。如图 1–4–1–3 所示的轴套零件，各外圆和孔的设计基准是零件的轴线，左端面Ⅰ是阶台端面Ⅱ和右端面Ⅲ的设计基准，孔 D 的轴线是外圆表面Ⅳ径向圆跳动的设计基准。

（2）工艺基准。

在加工、测量和装配过程等工艺过程中所使用的基准，称为工艺基准，又称制造基准。按其用途不同又可分为工序基准、定位基准、测量基准和装配基准。

① 工序基准。

在工序图上用来确定本工序所加工表面加工后的尺寸、形状、位置的基准称为工序基准。图 1–4–1–4 所示为某零件钻孔工序的工序简图，图 1–4–1–4（a）和图 1–4–1–4（b）分别选用端面 *M* 及 *N* 作为确定被加工孔轴线位置的工序基准。由于工序基准不同，工序尺寸也不同。

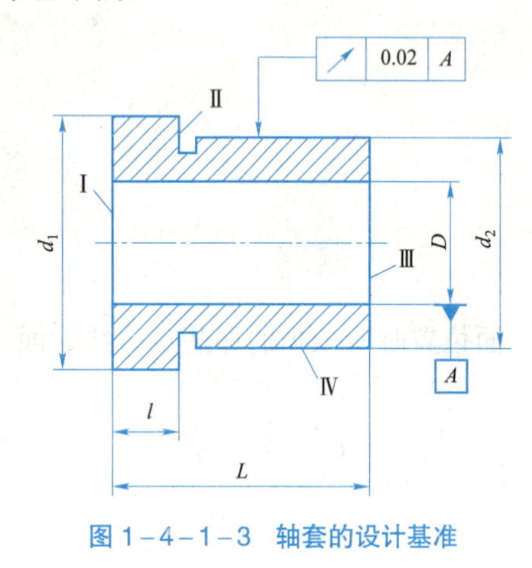

图 1–4–1–3　轴套的设计基准

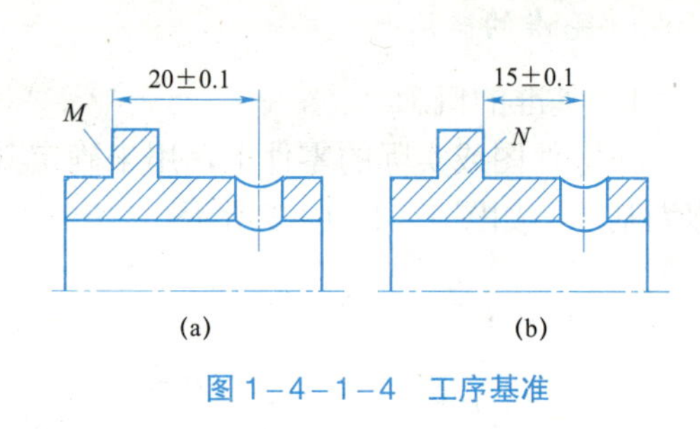

图 1–4–1–4　工序基准

② 定位基准。

定位基准是加工过程中，使工件相对机床或刀具占据正确位置所使用的基准。定位基准包括粗基准和精基准。在使用夹具时，其定位基准就是工件与夹具定位元件相接触的点、线、面。

图 1–4–1–5 所示为镗削某发动机机体轴承孔时的两种定位情形：当按图 1–4–1–5（a）所示定位时，表面 *B–B* 是定位基准；当按图 1–4–1–5（b）所示定位时，表面 *A–A* 是定位基准。

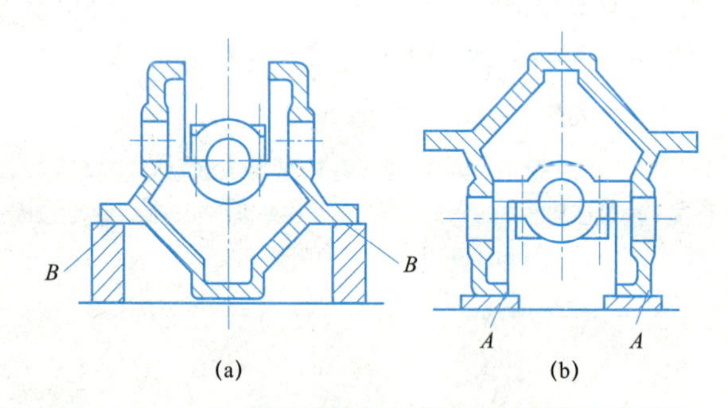

图 1–4–1–5　镗削发动机机体轴承孔时的定位基准

③ 测量基准。

测量时所采用的基准称为测量基准，它是以已加工表面的某些点、线、面作为测量尺寸的起始点。图 1–4–1–6 所示为测量被加工平面的位置，分别以小圆柱面的上素线 *A* 和大圆柱面的下素线 *B* 作为测量基准。选择测量基准与工序尺寸标注的方法关系密切，通常情况下测量基准与工序基准是重合的。

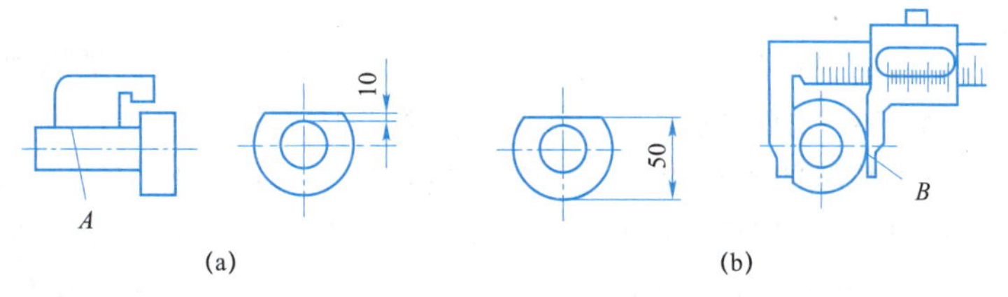

图 1-4-1-6　测量基准

④ 装配基准。

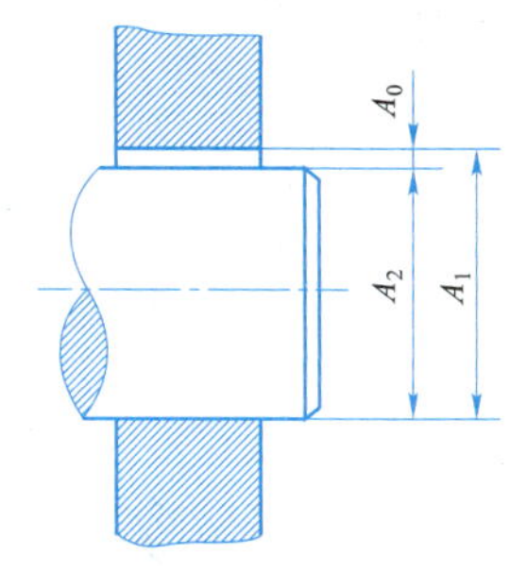

图 1-4-1-7　孔与轴的装配

装配基准是装配过程中用以确定零部件在产品中位置的基准。如图 1-4-1-7 所示的孔与轴的装配，孔 A_1 的中心线和轴 A_2 的中心线就是装配时的基准。

在分析基准时，必须注意以下几点：

（1）基准是制定工艺的依据，必然是客观存在的。当作为基准的是轮廓要素，如平面、圆柱面等时，容易直接接触到，也比较直观。但是若有些作为基准的是中心要素，如圆心、球心、对称轴线等，则无法触及，然而它们却也是客观存在的。

（2）当作为基准的要素无法触及时，通常由某些具体的表面来体现，这些表面称为基面。如轴的定位则可以外圆柱面为定位基面，这类定位基准的选择则转化为恰当地选择定位基面的问题。

（3）作为基准，可以是没有面积的点、线以及面积极小的面。但是工件上代表这种基准的基面总是有一定接触面积的。

（4）不仅表示尺寸关系的基准问题如上所述，表示位置精度的基准关系也是如此。

2. 定位的基本原理

1）自由度的概念

由刚体运动学可知，一个自由刚体，在空间有且仅有六个自由度，如图 1-4-1-8 所示［图 1-4-1-8（a）所示为矩形工件，图 1-4-1-8（b）所示为圆柱形工件］，它在空间的位置是任意的，即它既能沿 Ox、Oy、Oz 三个坐标轴移动，称为移动自由度，分别表示为 $\vec{x}$、$\vec{y}$、$\vec{z}$；又能绕 Ox、Oy、Oz 三个坐标轴转动，称为转动自由度，分别表示为 $\widehat{x}$、$\widehat{y}$、$\widehat{z}$。

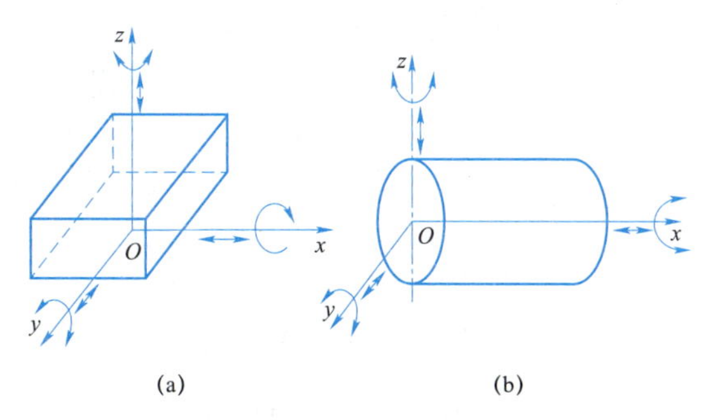

图 1-4-1-8　工件的六个自由度

2）六点定位原理

分析工件定位时，通常是用一个支承点限制工件的一个自由度。用合理设置的六个支承点，限制工件的六个自由度，使工件在夹具中的位置完全确定，这就是六点定位原理。

例如在如图 1-4-1-9 所示的矩形工件上铣削半封闭式矩形槽时，为保证加工尺寸 A，可在其底面设置三个不共线的支承点 1、2、3，如图 1-4-1-9（b）所示，限制工件的三个自由度；为了保证 B 尺寸，侧面设置两个支承点 4、5，限制两个自由度；为了保证 C 尺寸，端面设置一个支承点 6，限制一个自由度。于是工件的六个自由度全部被限制了，实现了六点定位。在具体的夹具中，支承点是由定位元件来体现的，如图 1-4-1-9（c）所示，即设置了六个支承钉。

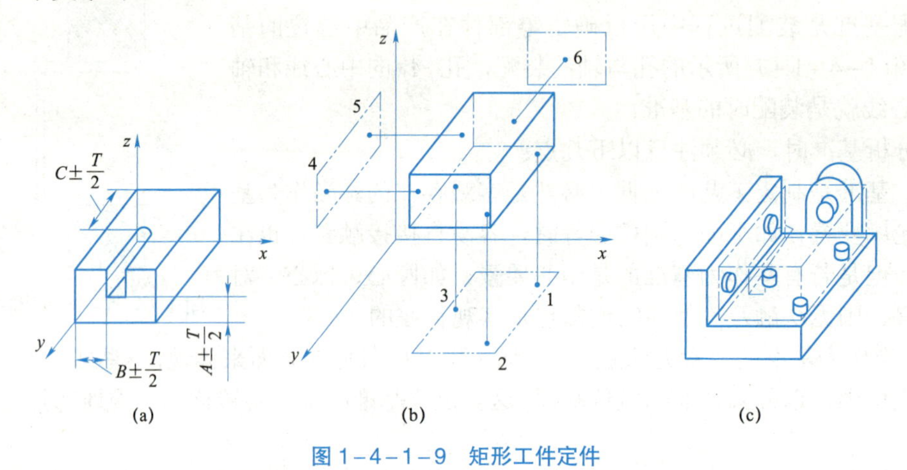

图 1-4-1-9　矩形工件定件

对于圆柱形工件，如图 1-4-1-10 所示，可在外圆柱表面上设置四个支承点 1、3、4、5，限制四个自由度；槽侧设置一个支承点 2，限制一个自由度；端面设置一个支承点 6，限制一个自由度，工件实现完全定位。为了在外圆柱面上设置四个支承点，一般采用 V 形块，如图 1-4-1-10（b）所示。

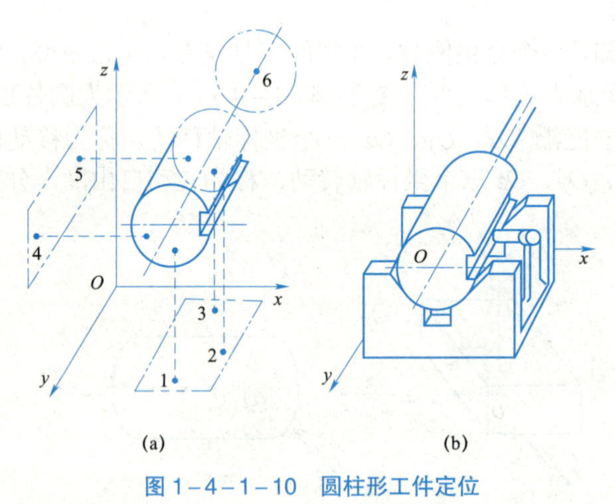

图 1-4-1-10　圆柱形工件定位

通过上述分析，说明了六点定位原理的几个主要问题：

（1）定位支承点是定位元件抽象而来的。在夹具的实际结构中，定位支承点是通过具体的定位元件来体现的，即支承点不一定用点或销的顶端，而常用面或线来代替。根据数学概念可知，两个点决定一条直线，三个点决定一个平面，即一条直线可以代替两个支承点，一个平面可代替三个支承点。在具体应用时，还可用窄长的平面（条形支承）代替直线，用较小的平面来替代点。

（2）定位支承点与工件定位基准面始终保持接触，才能起到限制自由度的作用。

（3）分析定位支承点的定位作用时，不考虑力的影响。工件的某一自由度被限制，是指工件在某个坐标方向有了确定的位置，并不是指工件在受到使其脱离定位支承点的外力时不能运动。若要使工件在外力作用下不能运动，则需靠夹紧装置来完成。

3）工件定位中的几种情况

（1）完全定位。完全定位是指不重复地限制了工件的六个自由度的定位。当工件在 x、y、z 三个坐标方向均有尺寸要求或位置精度要求时，一般采用这种定位方式，如图 1－4－1－11 所示。

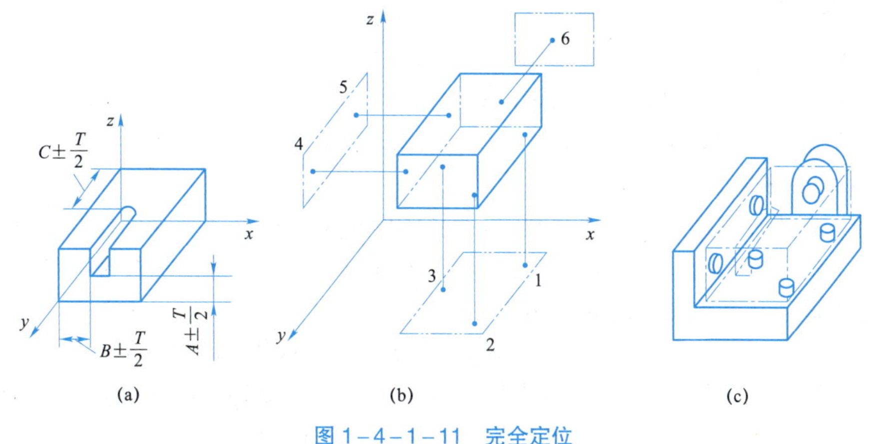

图 1－4－1－11　完全定位

（2）不完全定位。根据实际加工要求，并不需要限制工件全部自由度的定位。如图 1－4－1－12 所示的平面磨削，前、后、左、右位置略有变动，不影响加工质量。

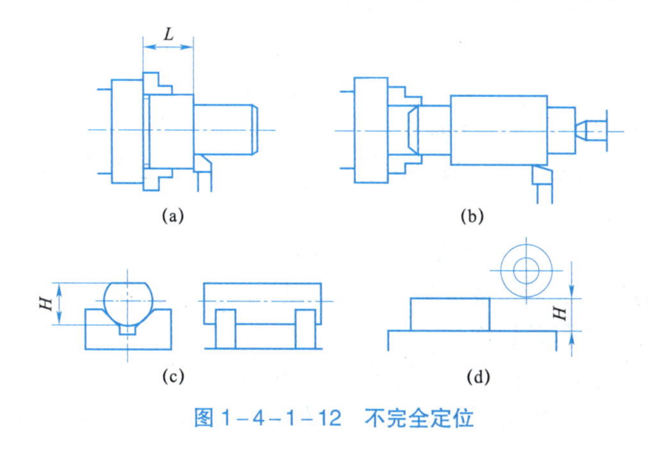

图 1－4－1－12　不完全定位

（3）欠定位。欠定位是指定位点少于应消除的自由度，工件定位不足的定位。因加工时无法加工出符合要求的产品，故欠定位是不允许的。如图 1－4－1－13 所示的欠定位，因缺少轴向定位，故无法保证所加工零件的轴向尺寸。

（4）过定位。过定位是指工件同一个自由度分别被几个支承点重复限制的定位。如图 1-4-1-14 所示平面长销的定位。

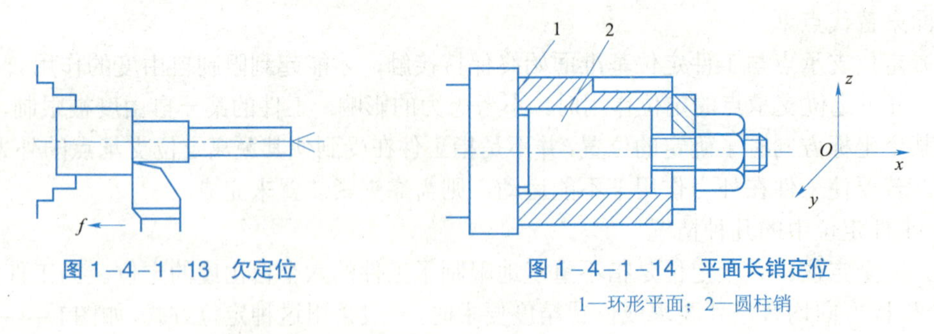

图 1-4-1-13　欠定位

图 1-4-1-14　平面长销定位

1—环形平面；2—圆柱销

3. 定位基准的选择

1）精基准的选择

重点考虑：如何减少误差，提高定位精度。

选择精基准时必须遵循以下原则：

（1）基准重合原则。

尽可能选用设计基准作为定位基准，以避免因定位基准与设计基准不重合而引起的定位误差，这就是基准重合原则。如果加工工序是最终工序，则所选择的定位基准应与设计基准重合；若是中间工序，则应尽可能采用工序基准作为定位基准。

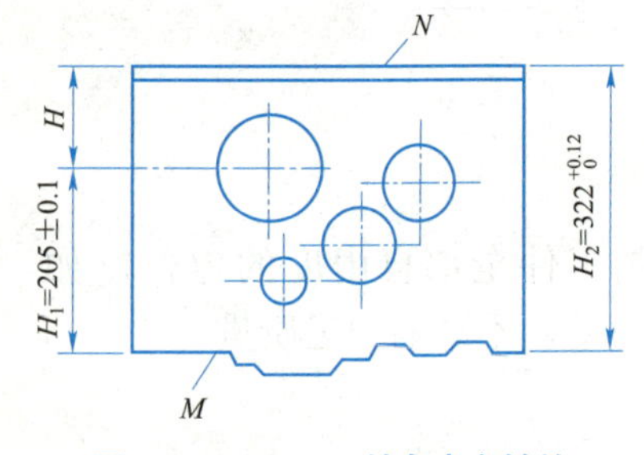

图 1-4-1-15　某车床主轴箱

如图 1-4-1-15 所示某车床主轴箱，设计要求车床主轴中心高为 $H_1=205\ mm\pm0.1\ mm$（主轴支承孔轴线至床头箱底面 M 的距离），设计基准是底面 M。

镗削主轴支承孔时，如果以底面 M 为定位基准，定位基准与设计基准重合，则镗孔时高度尺寸 H_1 的误差控制在 $\pm0.1\ mm$ 范围内即可。由于主轴箱底面 M 有凸缘不平整，批量生产时，为方便定位装夹，常以顶面 N 为定位基准镗孔，这时孔的高度尺寸为 H。由于定位基准与设计基准不重合，故主轴中心高 H_1 须由主轴箱高度 H_2 和 H 共同保证。此时，由于设计基准与定位基准不重合而产生了定位误差，故该误差数值可以通过工艺尺寸链来进行计算。

（2）基准统一原则。

在大多数工序中，都使用同一基准的原则，即选择同一定位基准来加工尽可能多的表面，以保证各加工表面的相互位置精度，避免产生因基准变换所引起的误差。此外，还可以简化夹具设计，减少工件搬动和翻转次数。

例如，加工较精密的阶台轴时，通常采用两中心孔作定位基准，这样在同一定位基准下加工的各档外圆表面及端面容易保证较高的位置精度，如圆跳动、同轴度、垂直度等。采用同一定位基准，还可以使各工序的夹具结构单一化，便于设计制造。

在实际生产中，经常使用的统一基准形式有以下几种：

① 轴类零件常使用两顶尖孔作统一基准；

② 箱体类零件常使用一面两孔（一个较大的平面和两个距离较远的销孔）作统一基准；

③ 盘套类零件常使用止口面（一端面和一短圆孔）作统一基准；

④ 套类零件用一长孔和一止推面作统一基准。

需要注意的是，采用统一基准原则常常会带来基准不重合问题。此时，需针对具体问题进行具体分析，根据实际情况选择精基准。

（3）互为基准原则。

对于零件上两个相互位置精度要求较高的表面，采取互为定位基准、反复进行加工的方法来保证达到精度要求。一般适用于精加工和光磨加工中。

例如：车床主轴前后支承轴颈与主轴锥孔间有严格的同轴度要求，常先以主轴锥孔为基准磨主轴前、后支承轴颈表面，然后再以前、后支承轴颈表面为基准磨主轴锥孔，最后达到图纸上规定的同轴度要求。

（4）自为基准原则。

以被加工表面本身作为定位基准进行精加工、光整加工，如浮动镗孔、拉孔、浮动铰孔、珩磨内孔等，可以使加工余量小而且均匀，易于获得较高的加工质量，但被加工表面的相互位置精度应由前道工序保证。

还有一些表面的精加工工序，要求加工余量小而均匀，常以加工表面自身作为基准，图 1－4－1－16 所示为在导轨磨床上磨床身导轨表面，被加工床身通过楔铁支承在工作台上，纵向移动工作台时，轻压在被加工导轨面上的百分表指针便给出了被加工导轨面相对于机床导轨的不平行度读数，根据此读数操作工人调整床身底部的楔铁，直至工作台纵向移动时百分表指针基本不动为止，然后即可对床身导轨表面进行磨削。

（5）便于装夹原则。

所选择的精基准，应能保证工件定位准确、可靠，并尽可能使夹具结构简单、操作方便。

2）粗基准的选择

粗基准影响：位置精度、各加工表面的余量大小。

重点考虑：如何保证各加工表面有足够余量，使不加工表面和加工表面间的尺寸、位置符合零件图要求。

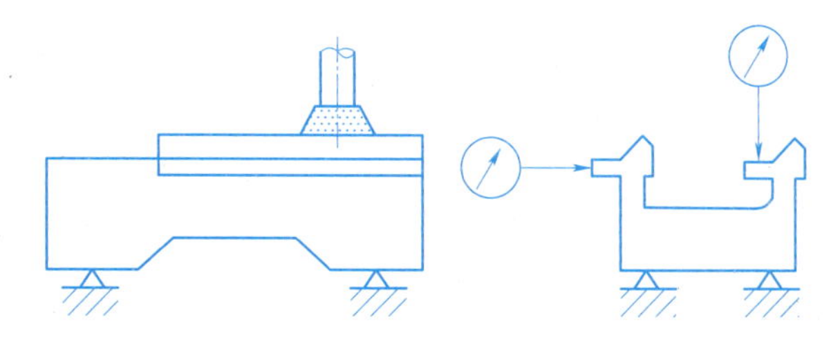

图 1－4－1－16　自为基准原则实例

选择粗基准时必须遵循以下原则：

（1）合理分配加工余量的原则。

① 应保证各加工表面都有足够的加工余量，如外圆加工以轴线为基准。

② 以加工余量小而均匀的重要表面为粗基准，以保证该表面加工余量分布均匀、表面质量高，如床身加工，先加工床腿再加工导轨面。

在床身零件中，导轨面是最重要的表面，它不仅精度要求高，而且要求导轨面具有均匀的金相组织和较高的耐磨性。由于在铸造床身时，导轨面是倒扣在砂箱的最底部浇铸成型的，导轨面材料质地致密，砂眼、气孔相对较少，因此要求加工床身时，导轨面的实际切除量要尽可能地小而均匀，故应选导轨面作粗基准加工床身底面，如图 1-4-1-17 所示。然后再以加工过的床身底面作精基准加工导轨面，此时从导轨面上去除的加工余量较小且均匀，如图 1-4-1-18 所示。

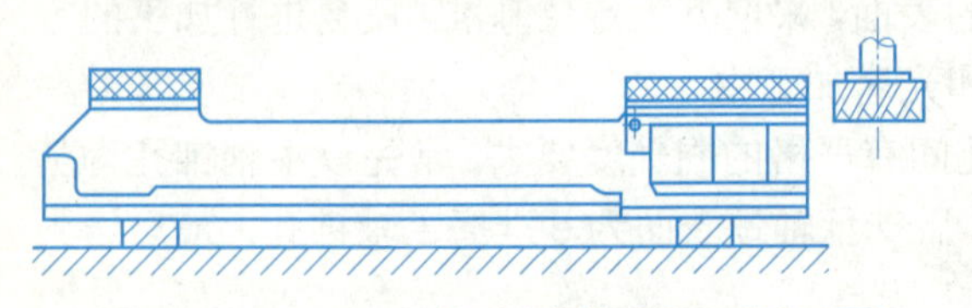

图 1-4-1-17　导轨面作粗基准加工床身底面　　图 1-4-1-18　床身底面作精基准加工导轨面

（2）保证零件加工表面相对于不加工表面具有一定位置精度的原则。

一般应以非加工面作为粗基准，这样可以保证不加工表面相对于加工表面具有较为精确的相对位置。当零件上有几个不加工表面时，应选择与加工面相对位置精度要求较高的不加工表面作为粗基准。

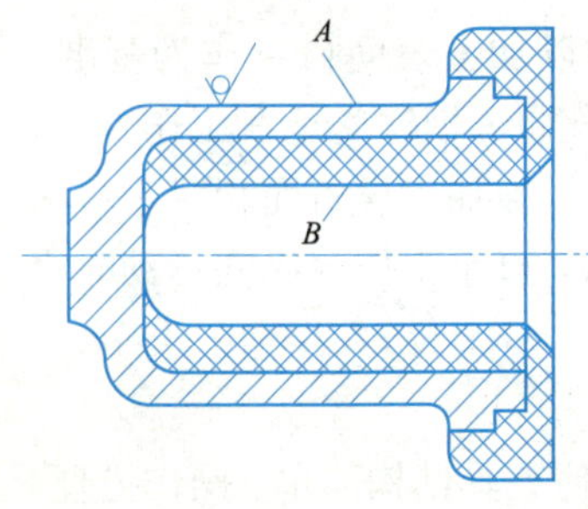

图 1-4-1-19　套筒法兰加工

如图 1-4-1-19 所示套筒法兰零件，表面为不加工表面，为保证镗孔后零件的壁厚均匀，应选择外圆表面 *A* 作粗基准镗孔、车外圆、车端面。

再如图 1-4-1-20（a）所示零件，为了保证壁厚均匀，粗基准选用不加工的内孔和内端面。若零件上有很多不加工表面，则应选择其中与加工表面有较高相互位置精度要求的表面作为粗基准，如图 1-4-1-20（b）所示的零件。

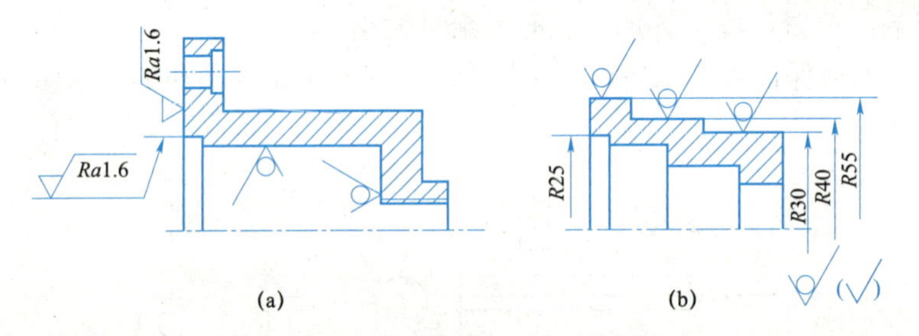

图 1-4-1-20　用不加工表面作粗基准

（3）便于装夹的原则。

选表面光洁的平面作粗基准，以保证定位准确、夹紧可靠。选作粗基准的平面应平整，应没有浇冒口或飞边等缺陷，以便定位可靠。

（4）粗基准一般不得重复使用的原则。

在同一尺寸方向上粗基准通常只允许使用一次，这是因为粗基准一般都很粗糙，重复使用同一粗基准所加工的两组表面之间位置误差会相当大，因此，粗基一般不得重复使用。

四、任务实施

由传动轴零件图可知，该传动轴零件外形总体尺寸为ϕ40 mm×160 mm，主要由外圆柱面、键槽、台阶面和端面等组成，三段外圆柱面和两段键槽的表面粗糙度要求及尺寸精度要求较高，应是重要加工表面，需要慎重选取加工这些表面时的定位基准。

对于轴类零件，一般选择重要的外圆面作为定位粗基准，以此定位加工两端面和中心孔，为后续工序准备精基准。而轴类零件的加工，多以轴两端的中心孔作为精基准。因为轴的设计基准是中心线，这样既符合基准重合原则，又符合基准统一原则，还能在一次装夹中最大限度地完成多个外圆及端面的加工，易于保证各轴颈间的同轴度以及端面的垂直度。当不能用两端中心孔定位（如带内孔的轴）时，可采用外圆表面或外圆表面和一端孔口作为精基准。

该零件的重要加工表面是三段外圆柱面和两段键槽，另还有端面、台阶面、倒角、越程槽等加工表面。三段外圆柱面和两段键槽的设计基准都是轴心线，故依据基准重合原则，选取传动轴的中心线作为精基准，即采用两端的中心孔作为精基准。加工时，可先采取“一夹一顶”的装夹方式进行粗加工，然后再采取“双顶尖”的装夹方式进行精加工。

传动轴零件的材料为 45 钢，形状比较规则，因此选取锻件作为其毛坯，并选取锻件的毛坯外圆作为粗基准。

五、任务评价

按表 1－4－1－1 对任务进行评价。

表 1－4－1－1　任务评价

序号	评价内容	评价标准	评价结果（是/否）
1	知识与技能	能解释基准的含义	□是　□否
		能解释自由度的含义	□是　□否
		能解释六点定位原理的含义	□是　□否
		能正确选择精基准	□是　□否
		能正确选择粗基准	□是　□否
2	职业素养	具有严谨求实的学习态度	□是　□否
		具有精益求精的工匠精神	□是　□否
		具有互帮互助的团队意识	□是　□否
3	总评	“是”与“否”在本次评价中所占百分比	“是”占____% “否”占____%

六、任务巩固

图 1-4-1-21 所示为某企业需要批量生产的轴承盖零件，该零件用于装配轴承，以支承传动轴运动。为了能准确地制定该零件的加工工艺方案，现在需要在详细识读该零件图技术要求的基础上选择该零件的定位基准。

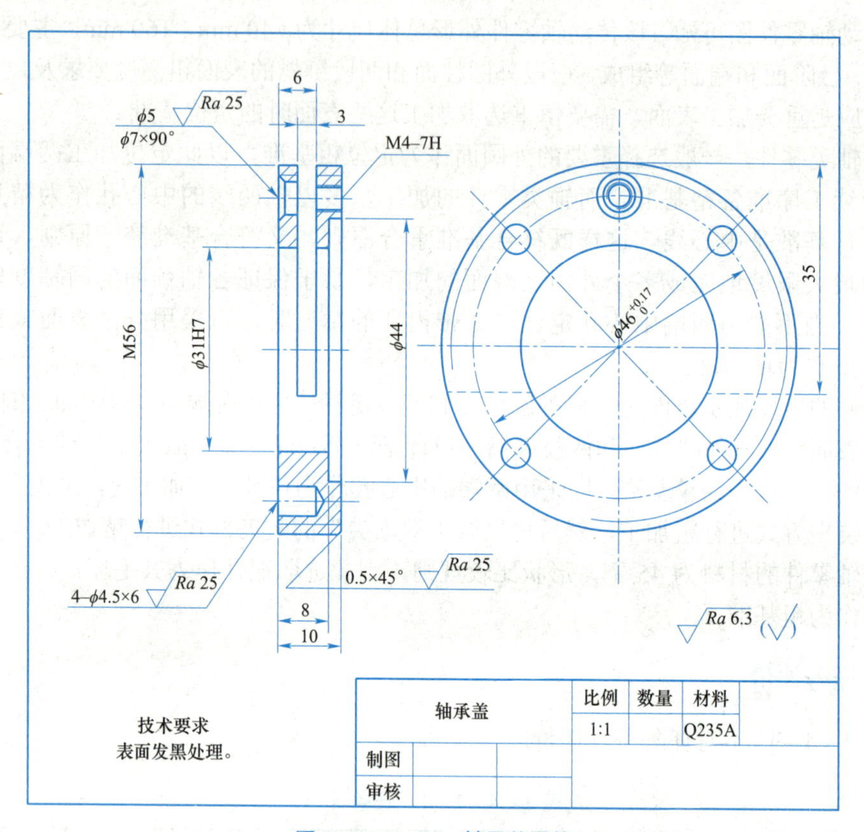

图 1-4-1-21　轴承盖零件

工作任务 1.4.2　确定轴承盖零件表面的加工方法

一、任务描述

图 1-4-2-1 所示为某企业需要批量生产的轴承盖零件，该零件用于装配轴承，以支承传动轴运动。为了能准确地制定该零件的加工工艺方案，现在需要在详细识读该零件图技术要求的基础上，分析该零件的机械加工过程并确定该零件表面的加工方法。

二、学习目标

（1）了解经济加工精度的概念。

（2）熟悉各种加工方法的经济加工精度和表面粗糙度。

（3）掌握表面加工方法的选择方法。

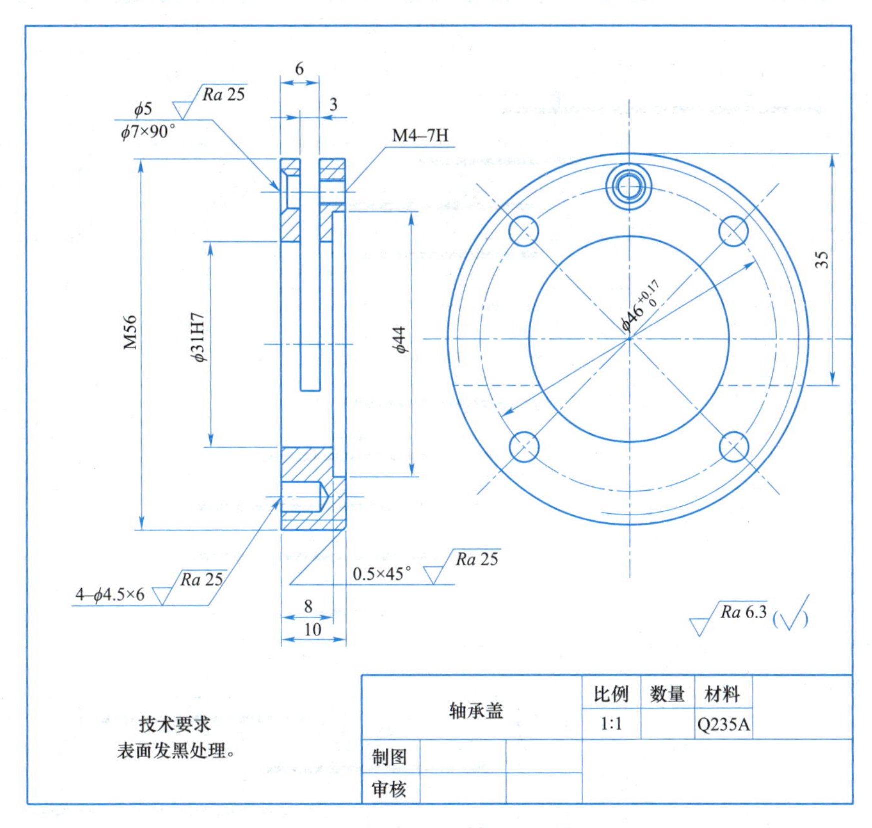

图 1–4–2–1　轴承盖零件

三、知识梳理

1. 各种加工方法的经济加工精度和表面粗糙度

不同的加工方法，如车、磨、刨、铣、钻、镗等，其选用各不相同，所能达到的精度和表面粗糙度也大不一样。即使是同一种加工方法，在不同的加工条件下所得到的精度和表面粗糙度也大不一样，这是因为在加工过程中，会有多种因素对精度和表面粗糙度产生影响，如工人的技术水平、切削用量、刀具的刃磨质量、机床的调整质量，等等。

表 1–4–2–1～表 1–4–2–2 所示为常见的加工方法能达到的经济精度或表面粗糙度值（表中数据摘自有关工艺手册）。

表 1-4-2-1　各种加工方法的大致加工精度

加工方法	公差等级（IT）																	
	01	0	1	2	3	4	5	6	7	8	9	10	11	12	13	14	15	16
研磨	■	■	■	■	■	■	■	■										
珩						■	■	■	■									
圆磨							■	■	■	■								
平磨							■	■	■	■								
金刚石车							■	■	■									
金刚石镗							■	■	■									
拉削							■	■	■	■								
铰孔								■	■	■	■	■						
车									■	■	■	■	■					
镗									■	■	■	■	■					
铣										■	■	■	■					
刨、插												■	■					
钻孔												■	■	■	■			
滚压、挤压								■	■	■	■	■						
冲压												■	■	■	■	■		
压铸													■	■	■	■		
粉末冶金成型								■	■	■								
粉末冶金烧结									■	■	■	■						
砂型铸造、气割																		■
锻造																	■	

表 1-4-2-2　各种加工方法所能达到的表面粗糙度　μm

加工方法	*Ra* 值	加工方法	*Ra* 值
车削外圆：粗车	＞10～80	刨削：粗刨	＞5～20
半精车	＞2.5～10	精刨	＞1.25～10
精车	＞1.25～10	细刨（光整加工）	＞0.16～1.25
细车	＞0.16～1.25	槽的表面	＞2.5～10

续表

加工方法	*Ra* 值
车削端面：粗车 半精车 精车 细车	＞5～20 ＞2.5～10 ＞1.25～10 ＞0.32～1.25
车削割槽和切断： 一次行程 二次行程	 ＞10～20 ＞2.5～10
镗孔：粗镗 半精镗 精镗 细镗（金刚镗床镗孔）	
钻孔	＞1.25～20
铰孔： 一次铰孔： 钢 黄铜 二次铰孔（精铰）： 铸铁 钢、轻合金 黄铜、青铜 细　铰： 钢 轻合金 黄铜，青铜	 ＞2.5～10 ＞1.25～10 ＞0.63～5 ＞0.63～2.5 ＞0.32～1.25 ＞0.16～1.25 ＞0.32～1.25 ＞0.08～0.32
扩孔：粗扩（有毛面） 精扩	＞5～20 ＞1.25～10
锪孔，倒角	＞1.25～5
铣削： 圆柱铣刀： 粗铣 精铣 细铣 端铣刀： 粗铣 精铣 细铣 高速铣削： 粗铣 精铣	 ＞2.5～20 ＞0.63～5 ＞0.32～1.25 ＞2.5～20 ＞0.32～5 ＞0.16～1.25 ＞0.63～2.5 ＞0.16～0.63

加工方法	*Ra* 值
插削 拉削：精拉 细拉 推削：精推 细推	＞2.5～20 ＞0.32～2.5 ＞0.08～0.32 ＞0.16～1.25 ＞0.02～0.63
螺纹加工： 用板牙、丝锥、自动张开板牙头 车工或梳刀车、铣 磨螺纹 研磨 搓丝模搓螺纹 滚丝模滚螺纹	 ＞0.63～5 ＞0.63～10 ＞0.16～1.25 ＞0.04～1.25 ＞0.63～2.5 ＞0.16～2.5
齿轮及花键加工： 粗滚 精滚 精插 精刨 拉 剃齿 磨齿 研齿	 ＞1.25～5 ＞0.63～2.5 ＞0.63～2.5 ＞0.63～5 ＞1.25～5 ＞0.16～1.25 ＞0.08～1.25 ＞0.16～0.63
外圆及内圆磨削： 半精磨（一次加工） 精磨 细磨 镜面磨削 平面磨削： 精磨 细磨 珩　磨： 粗珩（一次加工） 精珩 超精加工： 精 细 镜面的（两次加工） 抛光： 精抛光 细（镜面）抛光 砂带抛光 电抛光	 ＞0.63～10 ＞0.16～1.25 ＞0.08～1.25 ＞0.01～0.08 ＞0.16～5 ＞0.04～0.32 ＞0.16～1.25 ＞0.02～0.32 ＞0.08～1.25 ＞0.04～0.16 ＞0.01～0.04 ＞0.08～1.25 ＞0.02～0.16 ＞0.08～0.32 ＞0.01～2.5

外圆柱表面的加工精度见表 1-4-2-3。

表 1-4-2-3　外圆柱表面的加工精度

直径基本尺寸/mm	车					磨				研磨	用钢球或滚柱工具滚压			
	粗车	半精车或一次加工	精车			一次加工	粗磨	精磨						
	加工的公差等级/μm													
	IT 12～13	IT 12～13	IT11	IT10	IT8	IT7	IT8	IT7	IT6	IT5	IT10	IT8	IT7	IT6
1～3	100～140	120	60	40	14	10	14	10	6	4	40	14	10	6
>3～6	120～180	160	75	48	18	12	18	12	8	5	48	18	12	8
>6～10	150～220	200	90	58	22	15	22	15	9	6	58	22	15	9
>10～18	180～270	240	110	70	27	18	27	18	11	8	70	27	18	11
>18～30	210～330	280	130	84	33	21	33	21	13	9	84	33	21	13
>30～50	250～390	340	160	100	39	25	39	25	16	11	100	39	25	16
>50～80	300～460	400	190	120	46	30	46	30	19	13	120	46	30	19
>80～120	350～540	460	220	140	54	35	54	35	22	15	140	54	35	22
>120～180	400～630	530	250	160	63	40	63	40	25	18	160	63	40	25
>180～250	460～720	600	290	185	72	46	72	46	29	20	185	72	46	29
>250～315	520～810	680	320	210	81	52	81	52	32	23	210	81	52	32
>315～400	570～890	760	360	230	89	57	89	57	39	25	230	89	57	36
>400～500	630～970	850	400	250	97	63	97	63	40	27	250	97	63	40

2. 表面加工方法的选择

表面加工方法的选择，就是为零件上每一个有质量要求的表面选择一套合理的加工方法，应同时满足加工质量、生产率和经济性等方面的要求。选择时，应综合考虑以下因素：

（1）应根据加工表面的技术要求，确定加工方法和加工方案。一般可按表 1-4-2-4～表 1-4-2-6 选择较合理的加工方案。这种方案必须在保证零件达到图纸要求方面是稳定而可靠的，并在生产率和加工成本方面是最经济合理的。

在选择时，一般先根据表面精度和表面粗糙度要求选择最终加工方法，然后再确定精加工前期工序的加工方法。例如，加工一个精度等级为 IT6、表面粗糙度 Ra 为 0.2 μm 的钢质外圆表面，其最终工序选用精磨，则其前导工序可分别选为粗车、半精车和粗磨。主要表面的加工方案和加工工序选定之后，再选定次要表面的加工方案和加工工序。

（2）应选择相应的能获得经济精度和经济粗糙度的加工方法。

加工时，不要盲目采用高的加工精度和小的表面粗糙度的加工方法，以免增加生产成本，浪费设备资源。大批量生产时，应尽量采用高效率的先进工艺方法，如内孔与平面的拉削、同时加工几个表面的组合铣削或磨削等，这些方法都能大幅地提高生产率，取得很好的经济效果。但是在年产量不大的生产条件下，如盲目采用高效率的加工方法及专用设备，则会因设备利用率低，造成经济上的较大损失。

此外，任何一种加工方法可以获得的加工精度和表面质量均有一个相当大的范围，但只有在一定的精度范围内才是经济的，这种一定范围的加工精度即为该种加工方法的经济精度。在选择加工方法时，应根据工件的精度要求选择与经济精度相适应的加工方法。例如，对于 IT7 级精度、表面粗糙度为 0.4 μm 的外圆，通过精心车削虽也可以达到要求，但在经济上就不及磨削合理。表面加工方法的选择还要考虑现场的实际情况，如设备的精度状况、设备的负荷以及工艺装备和工人技术水平等。

（3）应考虑被加工材料的性质。由于获得同一加工精度及表面粗糙度的加工方法往往有若干种，故实际选择时还要结合零件的结构形状、尺寸大小以及材料和热处理的要求全面考虑。例如对于 IT7 级精度的孔，采用镗削、铰削、拉削和磨削均可达到加工要求。但箱体上的孔，一般不宜选择拉孔和磨孔，而常选择镗孔或铰孔；孔径大时选镗孔，孔径小时取铰孔。对于一些需经淬火的零件，热处理后应选磨孔；对于有色金属的零件，为避免磨削时堵塞砂轮，则应采用金刚镗或高速精细车削等。

（4）要考虑工件的结构和尺寸。例如，对于 IT7 级精度的孔，采用镗、铰、拉和磨削等都可达到要求。但箱体上的孔一般不宜采用拉或磨削，大孔时宜选择镗削，小孔时则宜选择铰孔。

（5）要考虑生产纲领，即根据生产类型选择加工方法，考虑生产效率和经济性问题。大批量生产时，应采用生产率高、质量稳定的专用设备和专用工艺装备加工；单件小批生产时，则只能采用通用设备和工艺装备以及一般的加工方法。例如，平面和孔可用拉削加工，轴类零件可采用半自动液压仿型车床加工，盘类或套类零件可用单能车床加工等。

（6）还应考虑本企业的现有设备情况和技术条件以及充分利用新工艺、新技术的可能性，应充分利用企业的现有设备和工艺手段，节约资源，发挥群众的创造性，挖掘企业潜力；同时应重视新技术、新工艺，设法提高企业的工艺水平。

（7）其他特殊要求。例如工件表面纹路要求、表面力学性能要求等。

表 1-4-2-4　外圆表面加工方法及适用范围

序号	加工方法	经济精度（IT）	表面粗糙度 Ra/μm	适用范围
1	粗车	11～13	25～6.3	适用于淬火钢以外的各种金属
2	粗车→半精车	8～10	6.3～3.2	
3	粗车→半精车→精车	6～9	1.6～0.8	
4	粗车→半精车→精车→滚压（或抛光）	6～8	0.2～0.025	
5	粗车→半精车→磨削	6～8	0.8～0.4	适于淬火钢、未淬火钢
6	粗车→半精车→粗磨→精磨	5～7	0.4～0.1	
7	粗车→半精车→粗磨→精磨→超精加工	5～6	0.1～0.012	

续表

序号	加工方法	经济精度（IT）	表面粗糙度 Ra/μm	适用范围
8	粗车→半精车→粗磨→精磨→研磨	5 级以上	＜0.1	适于淬火钢、未淬火钢
9	粗车→半精车→粗磨→精磨→超精磨（或镜面磨）	5 级以上	＜0.05	
10	粗车→半精车→精车→金刚石车	5～6	0.2～0.025	适于有色金属

表 1-4-2-5　内圆表面加工方法及适用范围

序号	加工方法	经济精度（IT）	表面粗糙度 Ra/μm	适用范围
1	钻	12～13	12.5	加工未淬火钢及铸铁的实心毛坯，也可用于加工有色金属（但表面粗糙度稍粗大），孔径＜ϕ15～ϕ20 mm
2	钻→铰	8～10	3.2～1.6	
3	钻→粗铰→精铰	7～8	1.6～0.8	
4	钻→扩	10～11	12.5～6.3	加工未淬火钢及铸铁的实心毛坯，也可用于加工有色金属（但表面粗糙度稍粗大），但孔径＞ϕ15～ϕ20 mm
5	钻→扩→粗铰→精铰	7～8	1.6～0.8	
6	钻→扩→铰	8～9	3.2～1.6	
7	钻→扩→机铰→手铰	6～7	0.4～0.1	
8	钻→（扩）→拉	7～9	1.6～0.1	大批量生产，精度视拉刀精度而定
9	粗镗（或扩孔）	11～13	12.5～6.3	毛坯有铸孔或锻孔的未淬火钢
10	粗镗（粗扩）→半精镗（精扩）	9～10	3.2～1.6	
11	扩（镗）→铰	9～10	3.2～1.6	
12	粗镗（扩）→半精镗（精扩）→精镗（铰）	7～8	1.6～0.8	
13	镗→拉	7～9	1.6～0.1	毛坯有铸孔或锻孔的铸件及锻件（未淬火）
14	粗镗（扩）→半精镗（精扩）→浮动镗刀块精镗	6～7	0.8～0.4	
15	粗镗→半精镗→磨孔	7～8	0.8～0.2	淬火钢或非淬火钢
16	粗镗（扩）→半精镗→粗磨→精磨	6～7	0.2～0.1	
17	粗镗→半精镗→精镗－金刚镗	6～7	0.4～0.05	有色金属加工
18	钻→（扩）→粗铰→精铰→珩磨	6～7	0.2～0.025	黑色金属高精度大孔的加工
	钻（扩）→拉→珩磨			
	粗镗→半精镗→精镗→珩磨			
19	粗镗→半精镗→精镗→研磨	6 级以上	0.1 以下	
20	钻（粗镗）→扩（半精镗）→精镗→金刚镗－脉冲滚压	6～7	0.1	有色金属及铸件上的小孔

表 1-4-2-6　平面加工方法及适用范围

序号	加工方法	经济精度（IT）	表面粗糙度 Ra/μm	适用范围
1	粗车	10～11	12.5～6.3	未淬硬钢、铸铁、有色金属端面加工
2	粗车→半精车	8～9	6.3～3.2	
3	粗车→半精车→精车	6～7	1.6～0.8	
4	粗车→半精车→磨削	7～9	0.8～0.2	钢、铸铁端面加工
5	粗刨（粗铣）	12～14	12.5～6.3	不淬硬的平面
6	粗刨（粗铣）→半精刨（半精铣）	11～12	6.3～1.6	
7	粗刨（粗铣）→精刨（精铣）	7～9	6.3～1.6	
8	粗刨（粗铣）→半精刨（半精铣）→精刨（精铣）	7～8	3.2～1.6	
9	粗铣→拉	6～9	0.8～0.2	大量生产未淬硬的小平面
10	粗刨（粗铣）→精刨（精铣）→宽刃刀精刨	6～7	0.8～0.2	未淬硬的钢件、铸铁件及有色金属件
11	粗刨（粗铣）→半精刨（半精铣）→精刨（精铣）→宽刃刀低速精刨	5	0.8～0.2	
12	粗刨（粗铣）→精刨（精铣）→刮研	5～6	0.8～0.1	淬硬或未淬硬的黑色金属工件
13	粗刨（粗铣）→半精刨（半精铣）→精刨（精铣）→刮研			
14	粗刨（粗铣）→精刨（精铣）→磨削	6～7	0.8～0.2	
15	粗刨（粗铣）→半精刨（半精铣）→精刨（精铣）→磨削	5～6	0.4～0.2	
16	粗铣→精铣→磨削→研磨	5 级以上	<0.1	

四、任务实施

1. 分析轴承盖的结构形状

如图 1-4-2-1 所示的轴承盖零件图由主视图和左视图两个视图构成，其中主视图采用了旋转剖视图。该零件外形为圆盘形，由多个同轴内孔和外圆组成。其最大外圆直径为 ϕ56 mm，厚度为 10 mm，内有直径为 ϕ31 mm 的通孔，在端面上沿直径 ϕ46 mm 的圆周上分布有四个直径为ϕ4.5 mm的不通孔和一个M4的螺纹通孔，在零件的上部开有深度35 mm、厚度3 mm的狭槽。

该零件的加工表面有孔、外圆、螺纹等回转面以及两端面、狭槽等。其中，主要的加工表面有M56外螺纹面、ϕ31 mm通孔、M4－7H螺纹孔、3 mm×35 mm狭槽、左右两端面等。

2. 选取各主要表面的加工方法

1）M56外螺纹面

采用车削方法加工螺纹，具体加工过程如下：粗车外圆至ϕ57 mm，精车外圆至ϕ56 mm，车螺纹M56×1.5－6g（采用芯轴精定位）。

2）ϕ31H7通孔

采用钻－扩－车的方法加工ϕ31H7通孔，具体方法如下：钻孔ϕ20 mm，扩至ϕ29 mm，精车ϕ31 mm通孔。

3）M4－7H螺纹孔

采用钻－锪－攻丝的方法加工M4－7H螺纹孔，具体方法如下：钻M4底孔ϕ3.3 mm；锪ϕ5 mm孔，深5 mm；锪ϕ7×90°孔；攻螺纹M4－7H。

4）3 mm×35 mm狭槽

采用铣削的方法加工3 mm×35 mm窄槽，即采用细齿锯片铣刀铣削3 mm×35 mm窄槽。

5）左右两端面

采用车削的方法加工轴承盖的两端面，具体方法如下：车端面，切断长11 mm；掉头车右端面至总厚10 mm。

五、任务评价

按表1－4－2－7对任务进行评价。

表1－4－2－7　任务评价

序号	评价内容	评价标准	评价结果（是/否）
1	知识与技能	能分析零件的结构特点	□是　□否
		能分析零件的尺寸精度与形位公差	□是　□否
		能分析零件的表面粗糙度要求	□是　□否
		能确定零件的主要加工表面	□是　□否
		能选择主要加工表面的加工方法	□是　□否
2	职业素养	具有严谨求实的学习态度	□是　□否
		具有精益求精的工匠精神	□是　□否
		具有互帮互助的团队意识	□是　□否
3	总评	“是”与“否”在本次评价中所占百分比	“是”占____% “否”占____%

六、任务巩固

图 1–4–2–2 所示为某企业需要批量生产的外盖零件，该零件与其他零件相配，用于装配零件。为了能准确地制定该零件的加工工艺方案，现在需要在详细识读该零件图技术要求的基础上，分析该零件的机械加工过程并确定该零件表面的加工方法。

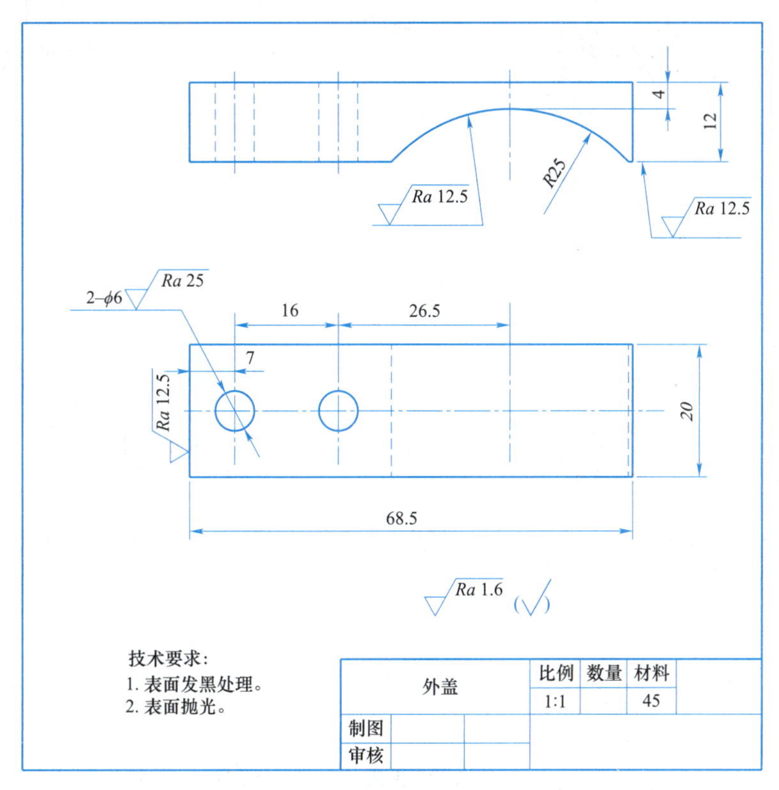

图 1–4–2–2　外盖零件

工作任务 1.4.3　拟定外盖零件的工艺路线

一、任务描述

图 1–4–3–1 所示为某企业需要批量生产的外盖零件，该零件与其他零件相配，用于装配零件。为了能准确地制定该零件的加工工艺方案，现在需要在详细识读该零件图技术要求的基础上，拟定该零件加工工艺路线。

二、学习目标

（1）掌握加工阶段、工序集中、工序分散等概念。

（2）熟悉划分加工阶段的理由及其划分方法。

（3）掌握加工顺序的安排原则和方法。

（4）掌握拟定零件机械加工工艺路线的方法。

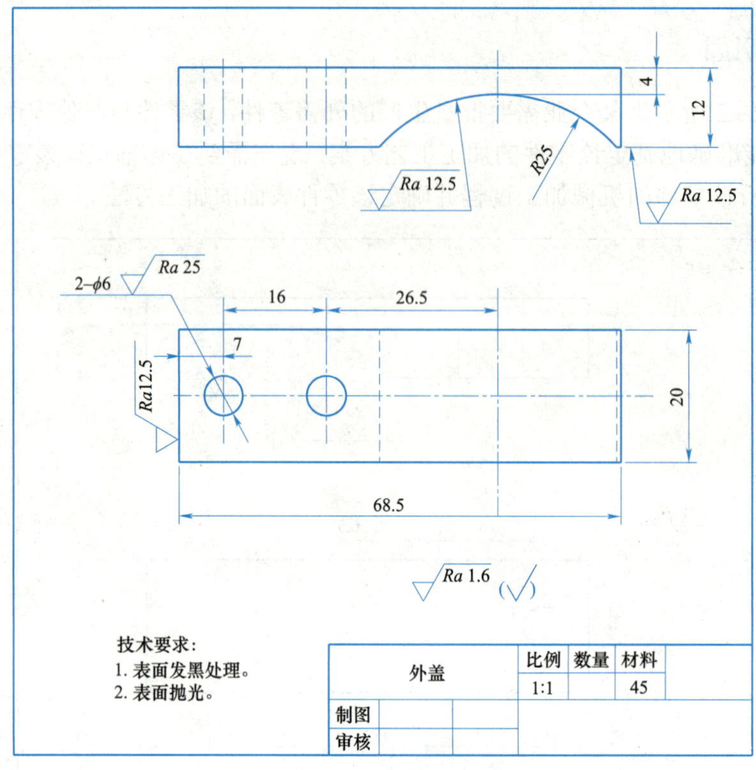

图 1-4-3-1　外盖零件

三、知识梳理

1. 加工阶段的划分

为了保证零件的加工质量和合理地使用设备、人力，零件往往不可能在一个工序内完成全部加工工作，而必须对整个加工过程进行适当的划分，一般划分为粗加工、半精加工和精加工三大阶段。另外，对零件上精度和表面粗糙度要求特别高的表面还应在精加工后增加光整加工，称为光整加工阶段。

1）粗加工阶段

粗加工阶段的任务是高效地切除各加工表面的大部分余量，使毛坯在形状和尺寸上接近成品。

2）半精加工阶段

半精加工阶段的任务是消除粗加工留下的误差，为主要表面的精加工做准备，并完成一些次要表面的加工。

3）精加工阶段

精加工阶段的任务是从工件上切除少量余量，保证各主要表面达到图纸规定的质量要求。

4）光整加工阶段

进一步提高尺寸精度和降低表面粗糙度数值（尺寸精度达到 IT6 级以上，*Ra*<1.6 μm），

提高表面层的物理力学性能。

2. 划分加工阶段的作用

1）有利于消除或减小变形对加工精度的影响

粗加工阶段中切除的金属余量大，产生的切削力和切削热也大，所需夹紧力较大，因此工件产生的内应力和由此而引起的变形较大，不可能达到较高的精度。在粗加工后再进行半精加工、精加工，则可逐步释放内应力，修正工件的变形，提高各表面的加工精度和减小表面粗糙度值，最终达到图样规定的要求。

2）有利于合理组织生产和安排工艺

实际生产中，不应机械地进行加工阶段的划分。对于毛坯质量好、加工余量小、刚性好并预先进行消除内应力热处理的工件，当加工精度要求不很高时，不一定要划分加工阶段，可将粗加工、半精加工，甚至包括精加工合并在一道工序中完成，而且各加工阶段也没有严格的区分界限，一些表面可能在粗加工阶段中就完成，一些表面的最终加工可以在半精加工阶段完成。

3）有利于合理使用设备

粗加工阶段可选用功率大、刚性好但精度不高的机床，充分发挥机床设备的潜力，提高生产率；精加工阶段则应选用精度高的机床，以保证加工质量。由于精加工切削力和切削热小，机床磨损相应较小，故利于长期保持设备的精度。这样既充分发挥了机床各自的性能特点，又避免了以粗干精，有效延长了高精度机床的使用寿命。

4）便于及时发现毛坯缺陷

由于粗加工切除了各表面的大部分余量，毛坯的缺陷如气孔、砂眼、余量不足等可及早被发现，及时修补或报废，从而避免继续加工而造成的浪费。

5）避免损伤已加工表面

将精加工安排在最后，可以保护精加工表面在加工过程中少受损伤或不受损伤。

6）便于安排必要的热处理工序

划分阶段后，在适当的时机于机械加工过程中插入热处理，可使冷、热工序配合得更好，避免因热处理带来的变形。

值得指出的是，加工阶段的划分不是绝对的。例如，对那些加工质量不高、刚性较好、毛坯精度较高、加工余量小的工件，也可不划分或少划分加工阶段；对于一些刚性好的重型零件，由于装夹、运输费时也常在一次装夹中完成粗、精加工，为了弥补不划分加工阶段引起的缺陷，可在粗加工之后松开工件，让工件的变形得到恢复，稍留间隔后用较小的夹紧力重新夹紧工件再进行精加工。

3. 工序的集中与分散

在制定工艺过程中，为了便于组织生产、安排计划和均衡机床的负荷，常将工艺过程划分为若干个工序。划分工序时有两个不同的原则，即工序集中和工序分散。

1）工序集中

工序集中即每道工序加工内容很多，工艺路线短。工序集中又可分为：采用技术措施集中的机械集中，如采用多刀、多刃、多轴或数控机床加工等；采用人为组织措施集中的组织集中，如普通车床的顺序加工等。工序集中具有以下特点：

（1）采用高效率专用设备和工艺设备，提高生产率，减少机床数量和生产面积。

（2）减少了工序的装夹次数。工件在一次装夹中可加工多个表面，有利于保证这些表面之间的相互位置精度。减少装夹次数也可减少装夹所造成的误差。

（3）减少工序数目，缩短了工艺路线，也简化了生产计划和组织工作。

（4）专用设备和工艺装备较复杂，生产准备周期长，更换产品较困难。

2）工序分散

工序分散即每道工序的加工内容很少，甚至一道工序只含一个工步，工艺路线很长。其主要特点如下：

（1）设备和工艺装备比较简单，调整比较容易。

（2）工艺路线长，设备和工人数量多，生产占地面积大。

（3）可采用最合理的切削用量，减少基本时间。

（4）容易变换产品。

工序集中与工序分散各有特点（见表 1-4-3-1），应根据生产类型、零件的结构和技术要求、现有生产条件等综合分析后选用。当生产批量小时，为简化生产计划，多将工序适当集中，使各通用机床完成更多表面的加工，以减少工序数目；当生产批量大时，可采用工序集中，也可采用工序分散。由于工序集中的优点较多，以及数控机床、柔性制造单元和柔性制造系统等的发展，现在生产多趋于工序集中。

表 1-4-3-1　工序集中与工序分散的特点

类型	特点
工序集中	（1）采用高效率的专用设备和工艺装备，生产效率高； （2）减少了装夹次数，易于保证各表面间的相互位置精度，还能缩短辅助时间； （3）工序数目少，机床数量、操作工人数量和生产面积都可减少，节省人力、物力，还可简化生产计划和组织工作； （4）工序集中通常需要采用专用设备和工艺装备，使得投资大，设备和工艺装备的调整、维修较为困难，生产准备工作量大，转换新产品较麻烦
工序分散	（1）设备和工艺装备简单、调整方便、工人便于掌握，容易适应产品的变换； （2）可以采用最合理的切削用量，减少基本时间； （3）对操作工人的技术水平要求较低； （4）设备和工艺装备数量多、操作工人多、生产占地面积大

3）工序集中与工序分散的选择

工序集中与工序分散各有利弊，应根据企业的生产规模、产品的生产类型、现有的生产条件、零件的结构特点和技术要求、各工序的生产节拍，进行综合分析后选定。

一般来说，单件小批生产采用组织集中，以便简化生产组织工作；大批大量生产可采用较复杂的机械集中；对于结构简单的产品，可采用工序分散的原则；批量生产应尽可能采用高效机床，使工序适当集中。对于重型零件，为了减少装卸运输工作量，工序应适当集中；而对于刚性较差且精度高的精密工件，则工序应适当分散。随着科学技术的进步，先进制造技术的发展趋势倾向于工序集中。

4. 加工顺序的安排

（1）机械加工工序的安排原则，如表 1-4-3-2 所示。

表 1-4-3-2　机械加工工序的安排原则

序号	安排原则	内容
1	先基准面后其他表面	先把基准面加工出来，再以基准面定位来加工其他表面，以保证加工质量
2	先粗加工后精加工	即粗加工在前，精加工在后，粗、精分开
3	主要表面后次要表面	如主要表面是指装配表面、工作表面，次要表面是指键槽、连接用的光孔等
4	先加工平面后加工孔	平面轮廓尺寸较大，平面定位安装稳定，通常均以平面定位来加工孔

（2）热处理工序及表面处理工序的安排。

根据热处理的目的，安排热处理在加工过程中的位置，如表 1-4-3-3 所示。

表 1-4-3-3　各种热处理的安排

序号	类型	定义	作用与应用
1	退火	将钢加热到一定的温度，保温一段时间，随后由炉中缓慢冷却的一种热处理工序	作用：消除内应力，提高强度和韧性，降低硬度，改善切削加工性。 应用：高碳钢采用退火，以降低硬度，放在粗加工前、毛坯制造出来以后
2	正火	将钢加热到一定温度，保温一段时间后从炉中取出，在空气中冷却的一种热处理工序	作用：提高钢的强度和硬度，使工件具有合适的硬度，改善切削加工性。 应用：低碳钢采用正火，以提高硬度，放在粗加工前、毛坯制造出来以后
3	回火	将淬火后的钢加热到一定的温度，保温一段时间，然后置于空气或水中冷却的一种热处理方法	作用：稳定组织、消除内应力、降低脆性。 应用：主要应用于各类高碳钢的工具、刃具、量具、模具、滚动轴承、渗碳及表面淬火的零件、弹簧、发条、锻模、冲击工具、连杆、螺栓、齿轮及轴类零件等
4	调质处理	淬火加高温回火的双重热处理方法	作用：获得细致均匀的组织，提高零件的综合机械性能。 应用：安排在粗加工后、半精加工前，常用于中碳钢和合金钢
5	时效处理	时效处理，指金属或合金工件（如低碳钢等）经固溶处理，从高温淬火或经过一定程度的冷加工变形后，在较高的温度或室温放置，保持其形状、尺寸、性能随时间而变化的热处理工艺	作用：是消除毛坯制造和机械加工中产生的内应力。 应用：一般安排在毛坯制造出来和粗加工后，常用于大而复杂的铸件
6	淬火	将钢加热到一定的温度，保温一段时间，然后在冷却介质中迅速冷却，以获得高硬度组织的一种热处理工艺	作用：提高零件的硬度。 应用：一般安排在磨削前
7	渗碳处理	为增加钢件表层的含碳量和形成一定的碳浓度梯度，将钢件在渗碳介质中加热并保温，使碳原子渗入表层的化学热处理工艺	作用：提高工件表面的硬度和耐磨性。 应用：可安排在半精加工之前或之后进行

续表

序号	类型	定义	作用与应用
8	镀铬、镀锌、发蓝等	（1）通过电解或化学方法在金属或某些非金属上镀上一层铬的方法，称为镀铬。 （2）镀锌是指在金属、合金或者其他材料的表面镀一层锌，以起到美观、防锈等作用的表面处理技术。 （3）发蓝是指将钢材或钢件在空气－水蒸气或化学药物中加热到适当温度使其表面形成一层蓝色或黑色氧化膜的工艺，也称发黑	作用：为提高工件表面耐磨性、耐蚀性安排的热处理工序以及以装饰为目的而安排的热处理工序等。 应用：一般都安排在工艺过程最后阶段进行

（3）检验工序的安排。

为保证零件制造质量，防止产生废品，需在下列场合安排检验工序：

① 粗加工全部结束之后；

② 送往外车间加工的前后；

③ 工时较长和重要工序的前后；

④ 最终加工之后。

除了安排几何尺寸检验工序之外，有的零件还要安排探伤、密封、称重和平衡等检验工序。

（4）其他工序的安排。

① 零件表层或内腔的毛刺对机器装配质量影响甚大，切削加工之后，应安排去毛刺工序。

② 零件在进入装配之前，一般都应安排清洗工序。工件内孔、箱体内腔易存留切屑，研磨、珩磨等光整加工工序之后，微小磨粒易附着在工件表面上，要注意清洗。

③ 在用磁力夹紧工件的工序之后，要安排去磁工序，不让带有剩磁的工件进入装配线。

四、任务实施

1. 分析外盖零件结构特点

如图 1－4－3－2 所示外盖零件，该零件的加工表面有：上下两平面、$R25$ mm 圆弧面、前后两平面（宽 20 mm）、左右端面（长 68.5 mm）、两个$\phi 6$ mm 的通孔。此外，该零件还必须经过抛光、发黑处理。

2. 划分加工阶段、安排加工顺序

外盖零件的尺寸精度与表面粗糙度要求都不高，故将外盖零件主要表面的加工划分为粗加工、精加工两个阶段。

根据外盖零件的结构特点，首先安排磨削上下两平面，然后铣 $R25$ mm 圆弧面和左右端面，钻两个$\phi 6$ mm 通孔，最后再钳工去毛刺，抛光、发黑等。此外，适当安排热处理工序

和检验工序。

3. 拟定外盖零件加工工艺路线

依据上述分析，初步拟定外盖零件的机械加工工艺路线，如表 1－4－3－4 所示。

表 1－4－3－4　外盖零件加工工艺路线

工序号	工序名称	工序内容	加工设备、工艺装备等
1	外协	石蜡浇铸成型	
2	热	退火处理	
3	磨	磨 12 mm 上下两平面，允许磨成 $12_{-0.30}^{0}$ mm，允许留有黑斑	M7120、游标卡尺 0～150
4	铣	铣浇口，铣 $R25$ mm 圆弧，铣左端面至 68.5 mm 长	X50B、可转位面铣刀 50
5	钳	钻孔 2－ϕ6 mm，去毛刺	Z512、钻头ϕ6、专用钻夹具
6	抛	抛光	
7	热	发黑	

五、任务评价

按表 1－4－3－5 对任务进行评价。

表 1－4－3－5　任务评价

序号	评价内容	评价标准	评价结果（是/否）
1	知识与技能	能分析零件结构特点	□是　□否
		能分析零件的技术要求	□是　□否
		能确定零件的重要加工表面	□是　□否
		能确定零件的加工工艺	□是　□否
		能划分零件的加工阶段	□是　□否
		能安排加工顺序	□是　□否
		能拟定零件加工工艺路线	□是　□否
2	职业素养	具有严谨求实的学习态度	□是　□否
		具有精益求精的工匠精神	□是　□否
		具有互帮互助的团队意识	□是　□否
3	总评	“是”与“否”在本次评价中所占百分比	“是”占____% “否”占____%

六、任务巩固

图 1－4－3－2 所示为某企业需要批量生产的轴套零件。为了能准确地制定该零件的加工工艺方案，现在需要在详细识读该零件图技术要求的基础上，分析该零件的机械加工过程并拟定其加工工艺路线。

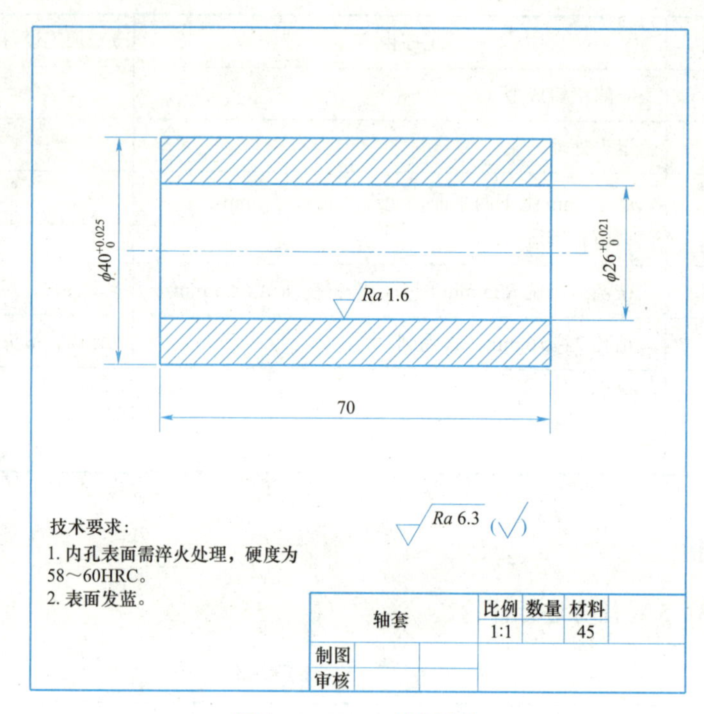

图 1－4－3－2　轴套零件

工作项目 1.5　设计加工工序

一、项目概述

掌握机械加工质量的分析方法；了解加工误差、加工余量、工序余量等概念的含义；了解加工余量的影响因素；掌握零件加工余量的确定方法；了解工序尺寸、定位误差的含义；掌握基准重合时工序尺寸的计算方法；熟悉工艺尺寸链的概念；掌握工艺尺寸链的解析方法。

二、项目分析

工序是组成工艺过程的基本单元，也是制订生产计划、进行经济核算的基本单元。设计零件的加工工序时，需要掌握零件加工余量的确定方法；掌握零件工序尺寸及公差的计算方法；掌握工艺尺寸链的计算方法，即需要熟练地完成以下三项工作任务：

（1）确定零件的加工余量。

（2）确定零件的工序尺寸及公差。

（3）解析零件的工艺尺寸链。

工作任务 1.5.1 确定轴套零件的加工余量

一、任务描述

图 1－5－1－1 所示为某企业需要批量生产的轴套零件。为了能准确地制定该零件的加工工艺方案，现在需要在详细识读该零件图技术要求的基础上，分析该零件的机械加工过程并确定该零件的加工余量。

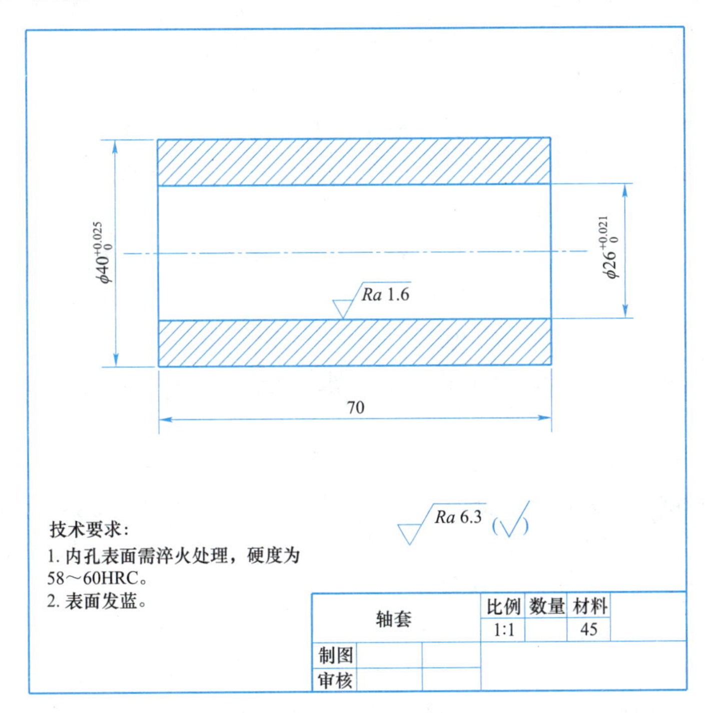

图 1－5－1－1 轴套零件

二、学习目标

（1）掌握机械加工质量的分析方法。
（2）了解加工误差、加工余量、工序余量等概念的含义。
（3）了解加工余量的影响因素。
（4）掌握零件加工余量的确定方法。

三、知识梳理

1. 机械加工质量的分析

零件的加工质量不仅与机械产品的质量密切相关，而且对产品的工作性能和使用寿命具有很大的影响。机械零件的加工质量有两大指标：一是机械加工误差（机械加工精度）；二是机械加工表面质量。

1）机械加工误差产生的原因

（1）加工原理误差。

加工原理误差是指采用了近似的刀刃轮廓或近似的传动关系进行加工而产生的误差。例如，加工渐开线齿轮用的齿轮滚刀，为使滚刀制造方便，采用了阿基米德基本蜗杆或法向直廓基本蜗杆代替渐开线基本蜗杆，使齿轮渐开线齿形产生了误差。

（2）工艺系统的几何误差。

零件的机械加工是在由机床、刀具、夹具和工件组成的工艺系统内完成的。工艺系统中各组成环的实际几何参数和位置，相对于理想几何参数和位置发生偏离而引起的误差，统称为工艺系统几何误差。

例如，主轴的轴向窜动对工件的内、外圆加工没有影响，但会影响加工端面与内、外圆的垂直度误差。主轴每旋转一周，就要沿轴向窜动一次，向前窜的半周中形成右螺旋面，向后窜的半周中形成左螺旋面，最后切出端面凸轮一样的形状。还有诸如机床的导轨误差，刀具的制造、磨损和安装误差，夹具的定位、夹紧、安装和对刀误差等都将影响零件的加工误差。

（3）工艺系统受力变形引起的误差。

工艺系统在切削力、夹紧力、重力和惯性力等作用下会产生变形，从而破坏了已调整好的工艺系统各组成部分的相互位置关系，导致加工误差的产生，并影响加工过程的稳定性。

（4）工艺系统受热变形引起的误差。

引起工艺系统热变形的热源大致可分为两类：内部热源和外部热源。内部热源包括切削热和摩擦热；外部热源包括环境温度和辐射热。切削热和摩擦热是工艺系统的主要热源。工艺系统受各种热源的影响，其温度会逐渐升高，从而发生变形并产生加工误差。

（5）工件应力引起的误差。

铸、锻、焊等毛坯在生产过程中，由于工件各部分的厚薄及冷却速度不均匀而产生应力。此外，工件在进行切削加工时，也会产生内部应力。当工件的这些应力恢复平衡状态时，将使工件发生变形，进而产生加工误差。

（6）测量误差。

在工序调整及加工过程中测量工件时，由于测量方法、量具精度等因素对测量结果准确性的影响而产生的误差，称为测量误差。测量误差的存在也将使工件产生加工误差。

2）减少加工误差的措施

（1）直接减少原始误差法。

直接减少原始误差法即在查明影响加工精度的主要原始误差因素之后，设法对其直接进行消除或减少。

（2）误差补偿法。

误差补偿法是人为地制造一种误差，去抵消工艺系统固有的原始误差，或者利用一种原始误差去抵消另一种原始误差，从而达到提高加工精度的目的。

（3）误差转移法。

误差转移法实质是转移工艺系统的集合误差、受力变形和热变形等。

（4）误差分组法。

误差分组法实质是用提高测量精度的手段来弥补加工精度的不足，从而达到较高的精度要求。

（5）就地加工法。

在加工和装配中，有些精度问题牵涉到很多零部件间的相互关系，相当复杂，此时若采用就地加工法即可解决这些难题。

（6）误差平均法。

误差平均法是利用有密切联系的表面之间的相互比较和相互修正，或者利用互为基准进行加工，以达到很高的加工精度。

2. 加工余量的基本概念

加工余量是指加工过程中从加工表面切除的金属层厚度。加工余量分为工序余量和加工总余量。

1）工序余量

工序余量是指相邻两工序的工序尺寸之差，即某一表面在一道工序中切除的金属层厚度，如图 1-5-1-2 所示。

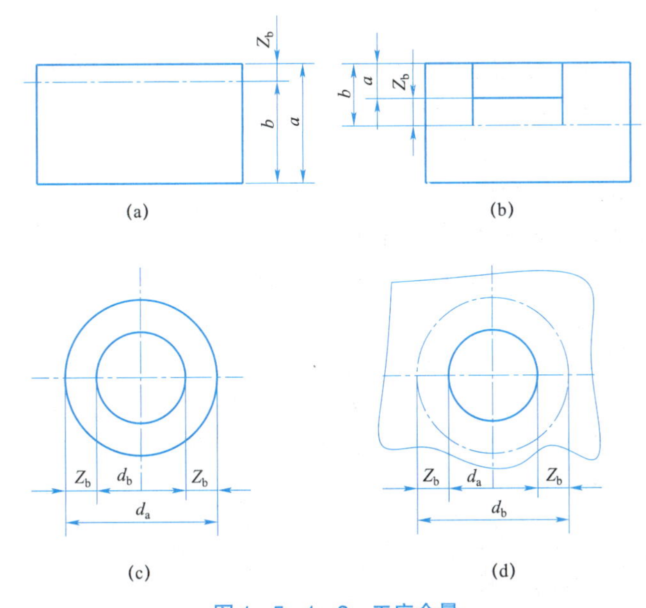

图 1-5-1-2 工序余量

（a）外表面；（b）内表面；（c）轴；（d）孔

（1）工序余量的计算。

计算工序余量 Z 时，对于平面类非对称表面，应取单边余量（如图 1-5-1-2 中的 a、b）：

对于外表面：

$$Z_b = a - b \quad (1)$$

对于内表面：

$$Z_b = b - a \quad (2)$$

式中：Z_b——本工序的工序余量；

a——前道工序的工序尺寸；

b——本工序的工序尺寸。

旋转表面的工序余量则是对称的双边余量（如图 1-5-1-2 中的 c、d）：

对于被包容面：

$$2Z_b = d_a - d_b \quad (3)$$

对于包容面：

$$2Z_b = d_b - d_a \quad (4)$$

式中：Z_b——直径上的加工余量；

d_a——前道工序的加工直径；

d_b——本工序的加工直径。

当加工某个表面的工序是分几个工步时，则相邻两工步尺寸之差就是工步余量，它是某工步在加工表面上切除的金属层厚度。

（2）工序基本余量、最大余量、最小余量及余量公差。

由于毛坯制造和各个工序尺寸都存在误差，故加工余量也是个变动量。当工序尺寸用基本尺寸计算时，所得到的加工余量称为基本余量或公称余量。

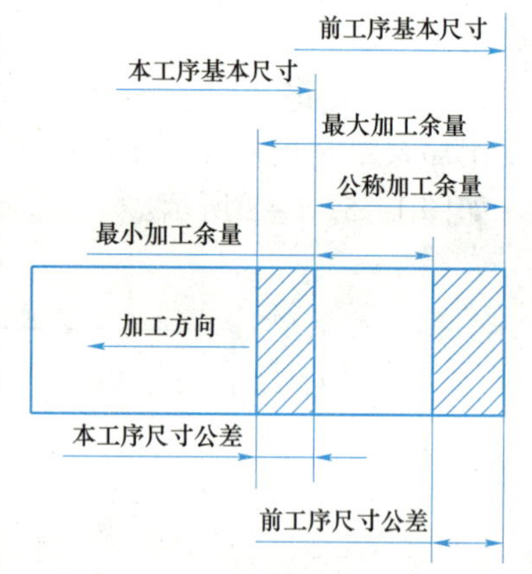

图 1-5-1-3　工序余量与工序尺寸间的关系

图 1-5-1-3 所示为工序余量与工序尺寸间的关系。

保证该工序加工表面的精度和质量所需切除的最小金属层厚度称为最小余量 Z_{min}，该工序余量的最大值则称为最大余量 Z_{max}。

工序余量和工序尺寸及公差的关系式如下：

$$Z = Z_{min} + T_a \quad (5)$$

$$Z_{max} = Z + T_b = Z_{min} + T_a + T_b \quad (6)$$

由此可知，

$$T_z = Z_{max} - Z_{min} = (Z_{min} + Ta + T_b) - Z_{min} = T_a + T_b \quad (7)$$

式中：T_a——前道工序尺寸的公差；

T_b——本工序尺寸的公差；

T_z——本工序的余量公差。

即余量公差等于前道工序与本工序的尺寸公差之和。

为了便于加工，工序尺寸公差都按“入体原则”标注，即被包容面（轴类）的工序尺寸公差取上偏差为零；包容面（孔类）的工序尺寸公差取下偏差为零；而孔中心距及毛坯尺寸公差按双向布置上、下偏差。

2）加工总余量

工件由毛坯到成品的整个加工过程中某一表面被切除金属层的总厚度，称为加工总余量，即

$$Z_{总}= Z_1 + Z_2 + \cdots + Z_n \tag{8}$$

式中：$Z_{总}$ ——加工总余量；

Z_1，Z_2，…，Z_n——各道工序余量。

加工总余量也是个变动值，其值及公差一般可从有关手册中查得或凭经验确定。图 1–5–1–4 所示为内孔和外圆表面经多次加工时，加工总余量、工序余量与加工尺寸的分布。

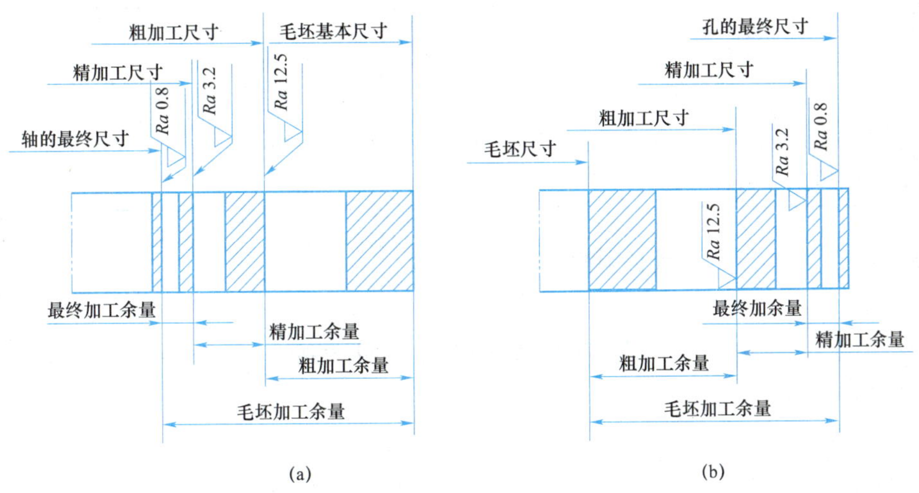

图 1–5–1–4　加工余量和加工尺寸分布图

（a）外圆；（b）内孔

3. 影响加工余量的因素

各工序所留的最小加工余量，应该保证前工序所产生的形位误差和表面层缺陷被相邻后续工序切除，这是确定工序最小余量的基本要求。

影响加工余量的因素是多方面的，主要有：

（1）前道工序的表面粗糙度 Ra 和表面层缺陷层厚度 D_a（参见表 1–5–1–1）；

（2）前道工序的尺寸公差 T_a；

（3）前道工序的形位误差 ρ_a，如工件表面的弯曲、工件的空间位置误差等；

（4）本工序的安装误差 ε_b。

表 1–5–1–1　表面层缺陷层厚度 D_a　　μm

加工方法	D_a	加工方法	D_a	加工方法	D_a
闭式模锻	500	粗扩孔	40～60	精刨	25～40
冷拉	80～100	精扩孔	30～40	粗插	50～60
热轧	150	粗铰	25～30	精插	35～50
高精度碾压	300	精铰	10～20	粗铣	40～60

续表

加工方法	D_a	加工方法	D_a	加工方法	D_a
金属模锻造	100	粗镗	30～50	精铣	25～40
粗车内外圆	40～60	精镗	25～40	拉	10～20
精车内外圆	30～40	磨外圆	15～25	切断	60
粗车端面	40～60	磨内孔	20～30	研磨	3～5
粗车端面	30～40	磨端面	15～35	超级光磨	0.2～0.3
钻	40～60	磨平面	20～30	抛光	2～5
		粗刨	40～50		
注：各种毛坯的表面粗糙度值 *Ra* 的数值（μm）如下：闭式模锻 50～100，冷拉 12.5～50，热轧 100～150，高精度碾压 50～100，金属型铸造 100～150。					

因此，本工序的加工余量必须满足：

对称余量：

$$Z \geqslant 2(Ra + D_a) + T_a + 2|\rho_a + \varepsilon_b| \tag{9}$$

单边余量：

$$Z \geqslant Ra + D_a + T_a + |\rho_a + \varepsilon_b| \tag{10}$$

4. 加工余量的确定

加工余量的大小对工件的加工质量、生产率和生产成本均有较大影响。加工余量过大，不仅会增加机械加工的劳动量、降低生产率，而且增加了材料、刀具和电力的消耗，提高了加工成本；加工余量过小，则既不能消除前道工序的各种表面缺陷和误差，又不能补偿本工序加工时工件的安装误差，造成废品。因此，应合理地确定加工余量。

确定加工余量的基本原则：在保证加工质量的前提下，加工余量越小越好。

在实际工作中，确定加工余量的方法有以下三种：

1）查表法

根据有关手册提供的加工余量数据，再结合本厂生产实际情况加以修正后确定加工余量。这是各工厂广泛采用的方法，其常以生产实践和试验研究的资料制成的表格（表 1–5–1–2～表 1–5–1–12）为依据，应用时再结合加工实际情况进行修正。

2）经验估计法

根据工艺人员本身积累的经验确定加工余量。一般为了防止余量过小而产生废品，所估计的余量总是偏大，常用于单件、小批量生产。

3）分析计算法

根据理论公式和一定的试验资料，对影响加工余量的各因素进行分析、计算来确定加工余量。这种方法较合理，但需要全面可靠的试验资料，计算也较复杂。一般只在材料十分贵重或少数大批、大量生产的工厂中采用。

表 1-5-1-2　扩孔、镗孔、铰孔余量　　mm

直径	扩或镗	粗铰	精铰
3～6		0.1	0.04
>6～10	0.8～1.0	0.15～0.15	0.05
>10～18	1.0～1.5	0.1～0.15	0.05
>18～30	1.5～2.0	0.15～0.2	0.06
>30～50	1.5～2.0	0.2～0.3	0.08
>50～80	1.5～2.0	0.3～0.5	0.10
>80～120	1.5～2.0	0.5～0.7	0.15
>120～180	1.5～2.0	0.5～0.7	0.2
>180～260	2.0～3.0	0.5～0.7	0.2
>260～360	2.0～3.0	0.5～0.7	0.2

表 1-5-1-3　磨孔余量　　mm

孔的直径	热处理状态	孔的长度				
		≤50	>50～100	>100～200	>200～300	>300～500
≤10	未淬硬 淬　硬	0.2 0.2				
>10～18	未淬硬 淬　硬	0.2 0.3	0.3 0.4			
>18～30	未淬硬 淬　硬	0.3 0.3	0.3 0.4	0.4 0.4		
>30～50	未淬硬 淬　硬	0.3 0.4	0.3 0.4	0.4 0.4	0.4 0.5	
>50～80	未淬硬 淬　硬	0.4 0.4	0.4 0.5	0.4 0.5	0.4 0.5	
>80～120	未淬硬 淬　硬	0.5 0.5	0.5 0.5	0.5 0.6	0.5 0.6	0.6 0.7
>120～180	未淬硬 淬　硬	0.6 0.6	0.6 0.6	0.6 0.6	0.6 0.6	0.6 0.7
>180～260	未淬硬 淬　硬	0.6 0.7	0.6 0.7	0.7 0.7	0.7 0.7	0.7 0.8
>260～360	未淬硬 淬　硬	0.7 0.7	0.7 0.8	0.7 0.8	0.8 0.8	0.8 0.9
>360～500	未淬硬 淬　硬	0.8 0.8	0.8 0.8	0. 8 0.8	0.8 0.9	0.8 0.9

表 1-5-1-4　轴的机械加工余量（外旋转表面）

mm

基本尺寸	表面加工方法	轴的长度					
		≤120	>120～200	>260～500	>500～800	>800～1 250	>1 250～2 000
		直径上的余量（分子是用中心孔安装时，分母是用夹盘安装时）					
		车削提高精度的轧钢件					
≤30	粗车和一次车	1.2/1.1	1.7/—				
	精车	0.25/0.25	0.3/—				
	细车	0.12/0.12	0.15/—				
>30～50	粗车和一次车	1.2/1.1	1.5/1.4	2.2/—			
	精车	0.3/0.25	0.3/0.25	0.35/—			
	细车	0.15/0.12	0.16/0.13	0.20/—			
>50～80	粗车和一次车	1.5/1.1	1.7/1.5	2.3/21.	3.1/—		
	精车	0.25/0.20	0.3/0.25	0.3/0.3	0.4/—		
	细车	0.14/0.12	0.15/0.13	0.17/0.16	0.25/—		
>80～120	粗车和一次车	1.6/1.2	1.7/1.3	2.0/1.7	2.5/2.3	3.3/—	
	精车	0.25/0.25	0.3/0.25	0.3/0.3	0.3/0.3	0.35/—	
	细车	0.14/0.13	0.15/0.13	0.16/0.15	0.17/0.17	0.20/—	
车削一般精度的轧钢件							
≤30	粗车和一次车	1.3/1.1	1.7/—				
	半精车	0.45/0.45	0.50/—				
	精车	0.25/0.20	0.25/—				
	细车	0.13/0.12	0.15/—				
>30～50	粗车和一次车	1.3/1.1	1.6/1.4	2.2/—			
	半精车	0.45/0.45	0.45/0.45	0.45/—			
	精车	0.25/0.20	0.25/0.25	0.30/—			
	细车	0.13/0.12	0.14/0.13	0.16/—			
>50～80	粗车和一次车	1.5/1.1	1.7/1.5	2.3/2.1	3.1/—		
	半精车	0.45/0.45	0.50/0.45	0.50/0.50	0.55/—		
	精车	0.25/0.20	0.30/0.25	0.30/0.30	0.35/—		
	细车	0.13/0.12	0.14/0.13	0.18/0.16	0.20/—		

续表

基本尺寸	表面加工方法	轴的长度					
		≤120	＞120～200	＞260～500	＞500～800	＞800～1 250	＞1 250～2 000
		直径上的余量（分子是用中心孔安装时，分母是用夹盘安装时）					
		车削一般精度的轧钢件					
＞80～120	粗车和一次车	1.8/1.2	1.9/1.3	2.1/1.7	2.6/2.3	3.4/—	
	半精车	0.50/0.45	0.50/0.45	0.50/0.50	0.50/0.50	0.55/—	
	精车	0.26/0.25	0.25/0.25	0.30/0.25	0.30/0.30	0.35/—	
	细车	0.15/0.12	0.16/0.13	0.16/0.14	0.18/0.17	0.20/—	
＞120～180	粗车和一次车	2.0/1.3	2.1/1.4	2.3/1.8	2.7/2.3	3.5/3.2	4.8/—
	半精车	0.50/0.45	0.50/0.45	0.50/0.50	0.50/0.50	0.60/0.55	0.65/—
	精车	0.30/0.25	0.30/0.25	0.30/0.25	0.30/0.30	0.35/0.30	0.40/—
	细车	0.16/0.13	0.16/0.13	0.17/0.15	0.18/0.17	0.21/0.20	0.27/—
＞180～260	粗车和一次车	2.3/1.4	2.4/1.5	2.6/1.8	2.9/2.4	3.6/3.2	5.0/4.6
	半精车	0.50/0.45	0.50/0.45	0.50/0.50	0.55/0.50	0.60/0.55	0.65/0.65
	精车	0.30/0.25	0.30/0.25	0.30/0.25	0.30/0.30	0.35/0.35	0.40/0.40
	细车	0.17/0.13	0.17/0.14	0.18/0.15	0.19/0.17	0.22/0.20	0.27/0.26
模锻毛坯的车削							
≤18	粗车和一次车	1.5/1.4	1.9/				
	精车	0.25/0.25	0.30/				
	细车	0.14/0.14	0.15/				
＞18～30	粗车和一次车	1.6/1.5	2.0/1.8	2.3/—			
	精车	0.25/0.25	0.30/0.25	0.3/—			
	细车	0.14/0.14	0.15/0.14	0.16/—			
＞30～50	粗车和一次车	1.8/1.7	2.3/2.0	3.0/2.7	3.5/—		
	精车	0.30/0.25	0.30/0.30	0.30/0.30	0.35/—		
	细车	0.15/0.15	0.16/0.15	0.19/0.17	0.21/—		
＞50～80	粗车和一次车	2.2/2.0	2.9/2.6	3.4/2.9	4.2/3.6	5.0/—	
	精车	0.30/0.30	0.30/0.30	0.35/0.30	0.40/0.35	0.45/—	
	细车	0.16/0.16	0.18/0.17	0.20/0.18	0.22/0.20	0.26/—	

续表

基本尺寸	表面加工方法	轴的长度					
		≤120	>120~200	>260~500	>500~800	>800~1 250	>1 250~2 000
		直径上的余量（分子是用中心孔安装时，分母是用夹盘安装时）					
		车削一般精度的轧钢件					
>80~120	粗车和一次车	2.6/2.3	3.3/3.0	4.3/3.8	5.2/4.5	6.3/5.2	8.2/—
	精车	0.30/0.30	0.30/0.30	0.40/0.35	0.45/0.40	0.50/0.45	0.60/—
	细车	0.17/0.17	0.19/0.18	0.23/0.21	0.26/0.24	0.30/0.26	0.38/—
>80~120	粗车和一次车	3.2/2.8	4.6/4.2	5.0/4.5	6.2/5.6	7.5/6.7	
	精车	0.35/0.30	0.40/0.30	0.45/0.40	0.50/0.45	0.60/0.55	
	细车	0.20/0.20	0.24/0.22	0.25/0.23	0.30/0.27	0.35/0.32	
磨削							
≤30	热处理后粗磨	0.30	0.60				
	精车后粗磨	0.10	0.10				
	粗磨后精磨	0.06	0.06				
>30~50	热处理后粗磨	0.25	0.50	0.85			
	精车后粗磨	0.10	0.10	0.10			
	粗磨后精磨	0.06	0.06	0.06			

表 1-5-1-5　铣平面的加工余量　　mm

零件厚度	荒铣后粗铣						粗铣后的半精铣					
	宽度≤200			宽度>200~400			宽度≤200			宽度>200~400		
	加工表面不同长度下的加工余量											
	≤100	>100~250	>250~400	≤100	>100~250	>250~400	≤100	>100~250	>250~400	≤100	>100~250	>250~400
>6~30	1.0	1.2	1.5	1.2	1.5	1.7	0.7	1.0	1.0	1.0	1.0	1.0
>30~50	1.0	1.5	1.7	1.5	1.5	2.0	1.0	1.0	1.2	1.0	1.2	1.2
>50	1.5	1.7	2.0	1.7	2.0	2.5	1.0	1.3	1.5	1.3	1.5	1.5

表 1-5-1-6　磨平面的加工余量

mm

零件厚度	第一种					
	经热处理及未经热处理零件的终磨					
	宽度≤200			宽度＞200～400		
	加工表面不同长度下的加工余量					
	≤100	＞100～250	＞250～400	≤100	＞100～250	＞250～400
＞6～30	0.3	0.3	0.5	0.3	0.5	0.5
＞30～50	0.5	0.5	0.5	0.5	0.5	0.5
＞50	0.5	0.5	0.5	0.5	0.5	0.5

零件厚度	第二种											
	热处理后											
	粗磨						半精磨					
	宽度≤200			宽度＞200～400			宽度≤200			宽度＞200～400		
	加工表面不同长度下的加工余量											
	≤100	＞100～250	＞250～400	≤100	＞100～250	＞250～400	≤100	＞100～250	＞250～400	≤100	＞100～250	＞250～400
＞6～30	0.2	0.2	0.3	0.2	0.3	0.3	0.1	0.1	0.2	0.1	0.2	0.2
＞30～50	0.3	0.3	0.3	0.3	0.3	0.3	0.2	0.2	0.2	0.2	0.2	0.2
＞50	0.3	0.3	0.3	0.3	0.3	0.3	0.2	0.2	0.2	0.2	0.2	0.2

表 1-5-1-7　端面的加工余量

mm

零件长度（全长）	粗车后的精车端面			磨削	
	余量（按端面最大直径取）				
	≤30	＞30～120	＞120～260	≤120	＞120～260
≤10	0.5	0.6	1.0	0.2	0.3
＞10～18	0.5	0.7	1.0	0.2	0.3
＞18～50	0.6	1.0	1.2	0.2	0.3
＞50～80	0.7	1.0	1.3	0.3	0.4
＞80～120	1.0	1.0	1.3	0.3	0.5
＞120～180	1.0	1.3	1.5	0.3	0.5

表 1-5-1-8　调质件预留加工余量

mm

直径	长度			
	＜500	500～1 000	1 000～1 800	＞1 800
10～20	2.0～2.5	2.5～3.0		
22～45	2.5～3.0	3.0～3.5	3.5～4.0	
48～70	2.5～3.0	3.0～3.5	4.0～4.5	5.0～6.0
75～100	3.0～3.5	3.0～3.5	5.0～5.5	6.0～7.0

表 1-5-1-9　不渗碳局部加工余量

mm

设计要求渗碳深度	不渗碳表面每面的留余量
0.2～0.4	1.1＋淬火时留余量
0.4～0.7	1.4＋淬火时留余量
0.7～1.1	1.8＋淬火时留余量
1.1～1.5	2.2＋淬火时留余量
1.5～2.0	2.7＋淬火时留余量

表 1-5-1-10　轴、套、环类零件内孔热处理后的磨削余量

mm

孔径公称尺寸	＜10	11～18	19～30	31～50	51～80	81～120	121～180	181～200	261～360	361～500
一般孔余量	0.20～0.30	0.25～0.35	0.30～0.45	0.35～0.50	0.40～0.60	0.50～0.75	0.60～0.90	0.65～1.00	0.80～1.00	0.85～1.30
复杂孔余量	0.25～0.40	0.35～0.45	0.40～0.50	0.50～0.65	0.60～0.80	0.70～1.00	0.80～1.20	0.90～1.35	1.05～1.50	1.15～1.75

注：1. 碳素钢工件一般均用水或水—油淬，孔变形较大，应选用上限；薄壁零件（外径/内径＜2）应取上限；

2. 合金钢薄壁零件（外径/内径＜1.25）应取上限；

3. 合金钢零件渗碳后采用二次淬火者应取上限；

4. 同一工件上有大小不同的孔时，应以大孔计算；

5. “一般孔”指零件形状简单，对称，孔是光滑圆孔或花键孔；“复杂孔”指零件形状复杂，不对称，薄壁，孔形不规则；

6. 外径/内径＜1.5 的高频淬火件，内孔留余量应减少 40%～50%，外圆加大 30%～40%。

表 1-5-1-11　渗碳零件磨削余量

mm

公称渗碳深度	0.3	0.5	0.9	1.3	1.7
放磨量	0.15～0.20	0.20～0.25	0.25～0.30	0.35～0.40	0.45～0.50
实际工艺渗碳深度	0.4～0.6	0.7～1.0	1.0～1.4	1.5～1.9	2.0～2.5

表 1-5-1-12　轴、杆类零件外圆热处理后的磨削余量　　mm

直径或厚度	长度										
	≤50	51～100	101～200	201～300	301～450	451～600	601～800	801～1 000	1 001～1 300	1 301～1 600	1 601～2 000
≤5	0.25～0.45	0.45～0.55	0.55～0.65								
6～10	0.30～0.40	0.40～0.50	0.50～0.60	0.55～0.65							
11～20	0.25～0.35	0.35～0.45	0.45～0.55	0.50～0.60	0.55～0.65						
21～30	0.30～0.40	0.30～0.40	0.35～0.45	0.40～0.50	0.45～0.55	0.50～0.60	0.55～0.65				
31～50	0.35～0.45	0.35～0.45	0.35～0.45	0.40～0.50	0.40～0.50	0.40～0.50	0.50～0.60	0.6～0.7			
51～80	0.40～0.50	0.40～0.50	0.40～0.50	0.40～0.50	0.40～0.50	0.40～0.50	0.50～0.60	0.55～0.65	0.60～0.70	0.70～0.80	0.85～1.00
81～120	0.50～0.60	0.50～0.60	0.50～0.60	0.50～0.60	0.50～0.60	0.50～0.60	0.60～0.70	0.65～0.70	0.65～0.80	0.75～0.90	0.85～1.00
121～180	0.60～0.70	0.60～0.70	0.60～0.70	0.60～0.70	0.60～0.70						
181～260	0.70～0.90	0.70～0.90	0.70～0.90	0.70～0.90							

注：1. 粗磨后需人工时效的零件应较上表增加 50%；
2. 此表为断面均匀/全部淬火的零件的余量，特别零件另行协商解决；
3. 全长三分之一以下局部淬火者可取下限，淬火长度大于三分之一按全长处理；
4. ϕ80 mm 以上短实心轴可取下限；
5. 高频淬火可取下限。

四、任务实施

1. 分析零件技术要求

由图 1-5-1-1 的轴套零件图可知，该零件为简单的套类零件，总体外形为长 70 mm，直径ϕ40 mm。重要的加工尺寸为$\phi40_{0}^{+0.025}$ mm 和$\phi26_{0}^{+0.021}$ mm，孔的表面粗糙度为 1.6 μm，另需要淬火和表面发蓝。

2. 确定加工方案

查相关手册可知，$\phi 40^{+0.025}_{0}$ mm 和 $\phi 26^{+0.021}_{0}$ mm 两个尺寸的公差等级均为 IT7 级；孔的表面粗糙度为 1.6 μm，需要磨削；另外，还需安排热处理工序。最终，查相关表格后，确定 $\phi 40^{+0.025}_{0}$ mm 孔的加工方案为：锻造→粗镗→精镗→热处理→磨削。

3. 确定各加工工序的经济精度和加工余量

查表 1－4－2－1 各种加工方法的大致加工精度，得到：粗镗 IT11 级、半精镗 IT9 级、磨削 IT7 级。

再分别查表 1－5－1－2 扩孔、镗孔、铰孔余量和表 1－5－1－3 磨孔余量（mm），得到：粗镗、半精镗的加工余量为 1.5～2.0 mm，淬火后孔的磨削余量为 0.4 mm，决定取粗镗、半精镗加工余量为 1.8 mm，磨削余量为 0.4 mm。

需要说明的是，由于粗镗前的孔是锻造而成，不是用钻头加工的，故还需查相关手册的《自由锻件机械加工余量计算公式》来确定锻件毛坯孔的加工余量。

五、任务评价

按表 1－5－1－13 对任务进行评价。

表 1－5－1－13　任务评价

序号	评价内容	评价标准	评价结果（是/否）
1	知识与技能	能解释零件技术要求的含义	□是　□否
		能分析零件的尺寸精度与形位公差	□是　□否
		能分析零件的表面粗糙度要求	□是　□否
		能确定零件的重要加工表面	□是　□否
		能确定重要表面的加工方案	□是　□否
		能确定重要表面的加工余量	□是　□否
2	职业素养	具有严谨求实的学习态度	□是　□否
		具有精益求精的工匠精神	□是　□否
		具有互帮互助的团队意识	□是　□否
3	总评	“是”与“否”在本次评价中所占百分比	“是”占____% “否”占____%

六、任务巩固

图 1－5－1－5 所示为某主轴箱体零件上的主轴孔示意图。为了能准确地制定该主轴孔的加工工艺方案，现在需要在详细识读该零件图技术要求的基础上，分析该主轴孔的机械加工过程并确定相关的加工余量。

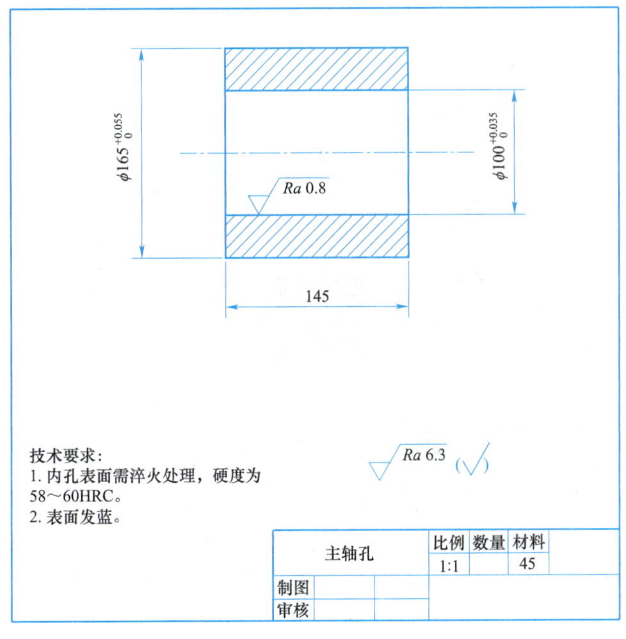

图 1-5-1-5　主轴孔

工作任务 1.5.2　确定主轴孔的工序尺寸及公差

一、任务描述

图 1-5-2-1 所示为某主轴箱体零件上的主轴孔示意图，该孔的设计尺寸为 $\phi100_{0}^{+0.035}$ mm，表面粗糙度为 Ra0.8 μm。经分析比较后，确定其加工工艺路线为：毛坯→粗镗→半精镗→精镗→浮动镗。为编制其加工工艺方案，现在需要确定该孔的工序尺寸及公差。

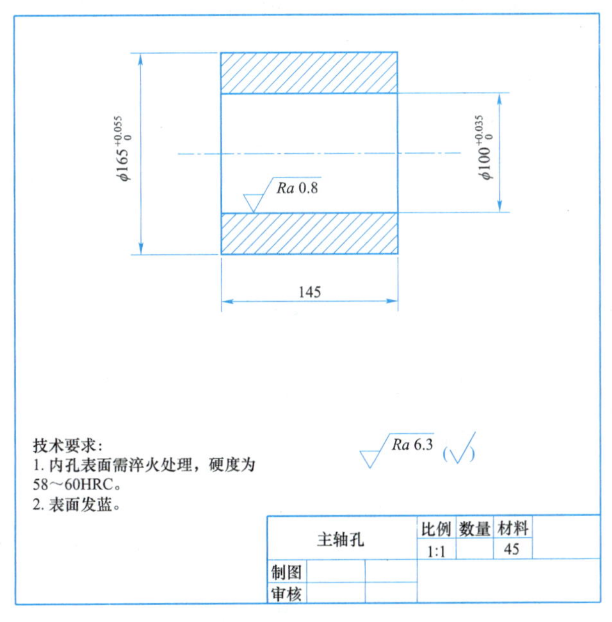

图 1-5-2-1　主轴孔

二、学习目标

（1）了解工序尺寸、定位误差的含义。

（2）掌握基准重合时工序尺寸的计算方法。

三、知识梳理

工序尺寸及其公差的确定与工序余量的大小和工序基准的选择有关。工件上的设计尺寸一般都要经过几道工序的加工才能得到，每道工序所应保证的尺寸称为工序尺寸。编制工艺规程的一个重要工作就是要确定每道工序的工序尺寸及公差。在确定工序尺寸及公差时，存在工序基准与设计基准重合和不重合两种情况。这里只介绍工序基准与设计基准重合时工序尺寸及其公差的确定方法，工序基准与设计基准不重合的情况将在后续的工艺尺寸链里进行介绍。

1. 基准重合时工序尺寸的计算

当工序基准、定位基准或测量基准与设计基准重合，表面多次加工时，工序尺寸及其公差的计算相对来说比较简单。其计算顺序是：先确定各工序的加工方法，然后确定该加工方法所要求的加工余量及其所能达到的精度，再由最后一道工序逐个向前推算，即由零件图上的设计尺寸开始，一直推算到毛坯图上的尺寸。工序尺寸的公差都按各工序的经济精度确定，并按“入体原则”确定上、下偏差。

图 1–5–2–2 所示为加工外表面时各工序尺寸之间的关系，其中 D_5 为最终工序尺寸。由图示关系可知：对于外表面，本工序的工序尺寸加上本工序的加工余量，即为前工序的工序尺寸。计算方法如下：

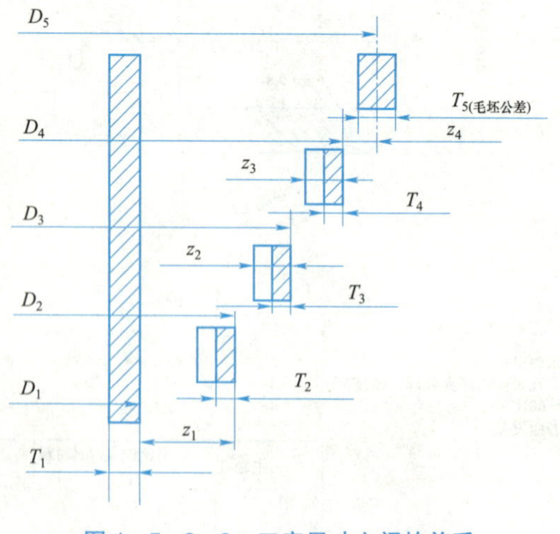

图 1–5–2–2　工序尺寸之间的关系

$$D_2 = D_1 + z_1$$

$$D_3 = D_2 + z_2 = D_1 + z_1 + z_2$$

$$D_4 = D_3 + z_3 = D_1 + z_1 + z_2 + z_3$$

$$D_5 = D_4 + z_4 = D_1 + z_1 + z_2 + z_3 + z_4$$

确定工序尺寸时，应注意内、外表面的区别和单面余量与双面余量的区分。

四、任务实施

从图 1-5-2-1 所示的主轴孔零件图可知，该主轴孔的设计尺寸为 $\phi 100^{+0.035}_{0}$ mm，表面粗糙度为 $Ra0.8$ μm。该主轴孔的设计基准为主轴孔的轴线，而加工方案为：毛坯→粗镗→半精镗→精镗→浮动镗，即采用镗削加工该孔，分为毛坯、粗镗、半精镗、精镗和浮动镗五道工序。因为镗削时的定位基准和测量基准均为主轴孔的轴线，故符合基准重合原则。下面计算该孔的工序尺寸及公差。

（1）根据各工序的加工特点，查表得到各工序的加工余量分别为 8 mm、5 mm、2.4 mm、0.5 mm、0.1 mm（参见表 1-5-2-1 第 2 列）。

（2）确定各工序的尺寸公差及表面粗糙度。先查表确定各工序的经济加工精度，分别为未注公差、H13、H11、H9、H7（参见表 1-5-2-1 第 3 列）；再查表确定各工序的表面粗糙度，分别为未注、$Ra12.5$ μm、$Ra6.3$ μm、$Ra1.6$ μm、$Ra0.8$ μm（参见表 1-5-2-1 第 6 列）。

（3）根据查得的余量计算各工序的工序尺寸（参见表 1-5-2-1 第 4 列）。

（4）确定各工序尺寸的上下偏差。按“单向入体”原则，对于孔，基本尺寸值为公差带的下偏差，上偏差取正值。对于毛坯，尺寸偏差应取双向对称偏差（参见表 1-5-2-1 第 5 列）。

表 1-5-2-1　工序尺寸及公差的计算

工序名称	工序余量/mm	工序的经济精度/mm	工序基本尺寸/mm	工序尺寸及公差/mm	表面粗糙度/μm
浮动镗	0.1	H7 ($^{+0.035}_{0}$)	100	$\phi 100^{+0.035}_{0}$	$Ra0.8$
精镗	0.5	H9 ($^{+0.087}_{0}$)	100−0.1=99.9	$\phi 99.9^{+0.087}_{0}$	$Ra1.6$
半精镗	2.4	H11 ($^{+0.22}_{0}$)	99.9−0.5=99.4	$\phi 99.4^{+0.22}_{0}$	$Ra6.3$
粗镗	5	H13 ($^{+0.54}_{0}$)	99.4−2.4=97	$\phi 97^{+0.54}_{0}$	$Ra12.5$
毛坯	8	±1.2	97−5=92	$\phi 92 \pm \phi 1.2$	—

五、任务评价

按表 1-5-2-2 对任务进行评价。

表 1-5-2-2 任务评价

序号	评价内容	评价标准	评价结果（是/否）
1	知识与技能	能解释零件技术要求的含义	□是 □否
		能分析零件的尺寸精度与形位公差	□是 □否
		能确定零件的重要加工表面	□是 □否
		能确定零件的加工工艺	□是 □否
		能确定各工序的加工余量	□是 □否
		能确定各工序的经济精度和经济粗糙度	□是 □否
		能计算各工序的基本尺寸	□是 □否
		能确定各工序尺寸的上下偏差	□是 □否
2	职业素养	具有严谨求实的学习态度	□是 □否
		具有精益求精的工匠精神	□是 □否
		具有互帮互助的团队意识	□是 □否
3	总评	“是”与“否”在本次评价中所占百分比	“是”占_____% “否”占_____%

六、任务巩固

图 1-5-2-3 所示为某企业需要批量加工的凸台零件，现需以 A 面为定位基准加工 B 面。经分析比较后，确定其加工工艺路线为：毛坯→粗刨→半精铣→精磨。为编制其加工工艺方案，现在需要确定该表面 B 的工序尺寸及公差。

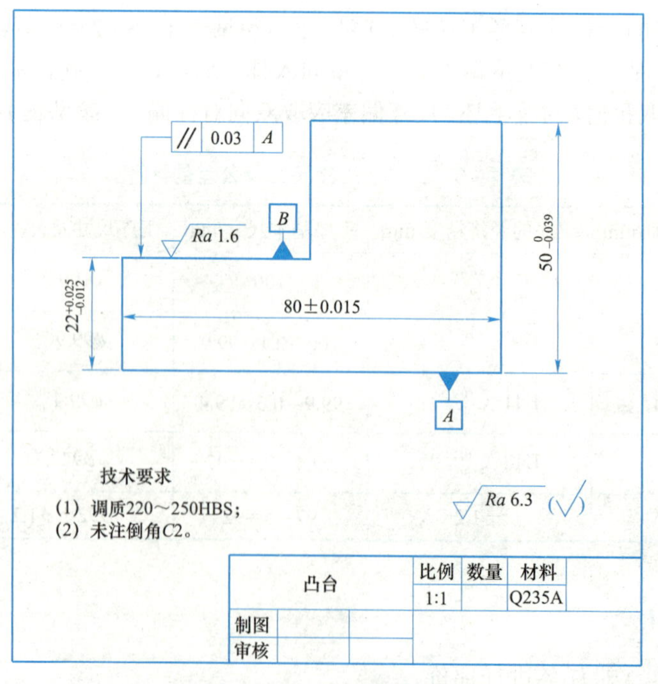

图 1-5-2-3 凸台零件

工作任务 1.5.3　解析衬套零件的工艺尺寸链

一、任务描述

如图 1－5－3－1 所示衬套零件，在车床上已加工好外圆、内孔及各表面。现需在铣床上以端面 A 定位铣出表面 C，保证尺寸 $26_{-0.061}^{0}$ mm，试计算铣此缺口时的工序尺寸。

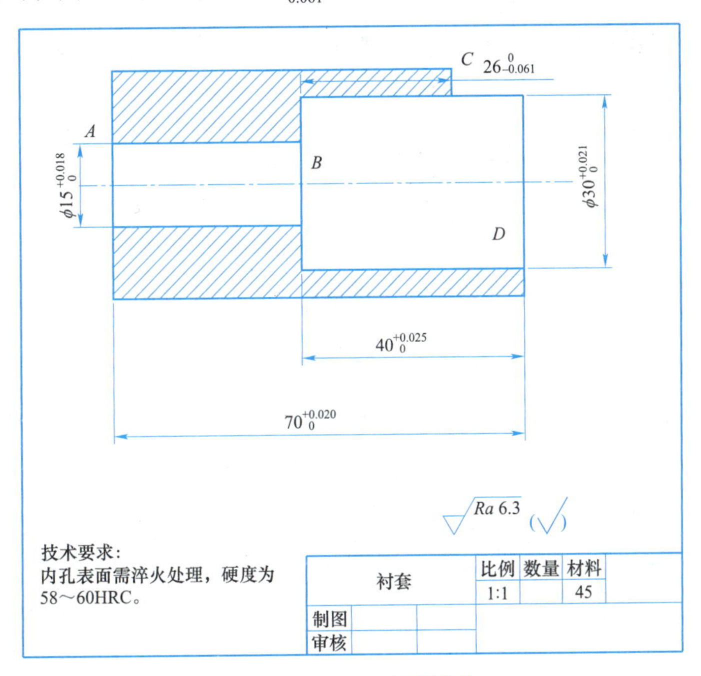

图 1－5－3－1　衬套零件

二、学习目标

（1）掌握工艺尺寸链的概念。
（2）掌握工艺尺寸链的计算方法。
（3）掌握工艺尺寸链问题的解决方法。

三、知识梳理

加工过程中，工件的尺寸是不断变化的，由毛坯尺寸到工序尺寸，最后达到满足零件性能要求的设计尺寸。一方面，由于加工的需要，在工序图以及工艺卡上要标注一些专供加工用的工艺尺寸，工艺尺寸往往不是直接采用零件图上的尺寸，而是需要另行计算；另一方面，当零件加工时，有时需要多次转换基准，因而引起工序基准、定位基准或测量基准与设计基准不重合。这时，需要利用工艺尺寸链原理来进行工序尺寸及其公差的计算。

1. 工艺尺寸链的基本概念

零件图上所标注的尺寸公差是零件加工最终所要求达到的尺寸要求，工艺过程中许多中间工序的尺寸公差必须在设计工艺过程中予以确定。工序尺寸及其公差一般都是通过解算工艺尺寸链确定的，为掌握工艺尺寸链计算规律，这里先介绍尺寸链的概念及尺寸链的计算方法，然后就工序尺寸及其公差的确定方法进行论述。

1）尺寸链的定义

在工件加工和机器装配过程中，由相互联系的尺寸，按一定顺序排列成的封闭尺寸组，称为尺寸链。尺寸链示例如图 1-5-3-2 所示。

图 1-5-3-2 所示工件如先以 A 面定位加工 C 面，得尺寸 A_1，然后再以 A 面定位用调整法加工台阶面 B，得尺寸 A_2，要求保证 B 面与 C 面间尺寸 A_0。A_1、A_2 和 A_0 这三个尺寸构成了一个封闭尺寸组，即一个尺寸链。

2）工艺尺寸链的组成

工艺尺寸链中的每一个尺寸称为尺寸链的环，工艺尺寸链由一系列的环组成。环又分为封闭环和组成环。

尺寸链中最终间接获得或间接保证精度的那个环，称为封闭环。每个尺寸链中必有一个，且只有一个封闭环。如图 1-5-3-2 所示尺寸链中，A_0 是间接得到的尺寸，它就是图示尺寸链的封闭环。

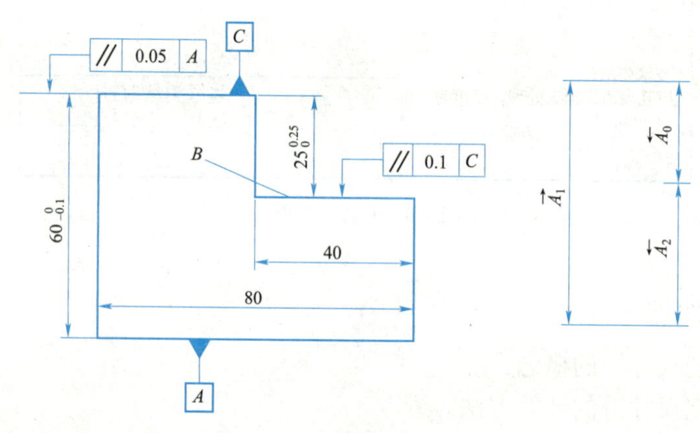

图 1-5-3-2　尺寸链示例

除封闭环以外的其他环都称为组成环。组成环又分为增环和减环，称为组成环。如图 1-5-3-2 所示尺寸链中，A_1 与 A_2 都是通过加工直接得到的尺寸，A_1、A_2 都是尺寸链的组成环。

（1）增环：在尺寸链中，自身增大或减小，会使封闭环随之增大或减小的组成环，称为增环。常在字母上面用右侧箭头表示增环。

（2）减环：在尺寸链中，自身增大或减小，会使封闭环反而随之减小或增大的组成环，称为减环。常在字母上面用左侧箭头表示减环。

（3）增减环的确定：用箭头方法确定，即凡是箭头方向与封闭环箭头方向相反的组成环为增环，相同的组成环为减环。在图 1-5-3-2 所示尺寸链中，A_1 是增环，A_2 是减环。

工艺尺寸链一般用工艺尺寸链图表示。建立工艺尺寸链时，应首先对工艺过程和工艺尺寸进行分析，确定间接保证精度的尺寸，并将其定为封闭环，然后再从封闭环出发，按照零件表面尺寸间的联系，用首尾相接的单向箭头顺序表示各组成环，这种尺寸图就是尺寸链图。根据上述定义，利用尺寸链图即可迅速判断组成环的性质，凡与封闭环箭头方向相同的环即为减环，而凡与封闭环箭头方向相反的环即为增环。

3）尺寸链的分类

（1）按尺寸链在空间分布的位置关系分，如图 1-5-3-3 所示，可以分为线性尺寸链、平面尺寸链和空间尺寸链。尺寸链中各环不在同一平面或彼此平行的平面内的尺寸链称为空间尺寸链。

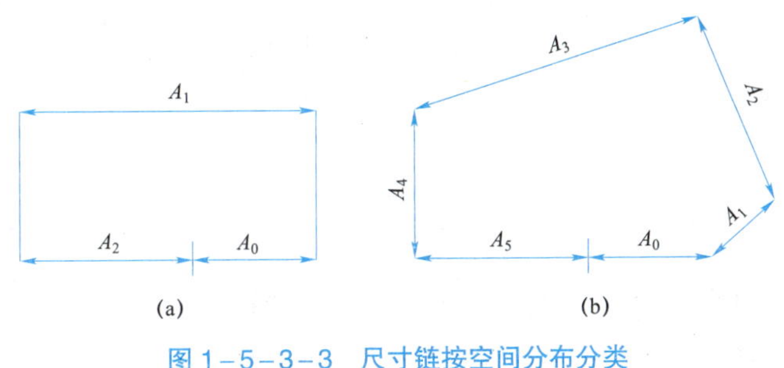

图 1-5-3-3　尺寸链按空间分布分类

（a）线性尺寸链；（b）平面尺寸链

（2）按尺寸链的应用范围分，可以分为工艺尺寸链和装配尺寸链。

工艺尺寸链是在加工过程中，工件上各相关的工艺尺寸所组成的尺寸链。装配尺寸链是在机器设计和装配过程中，各相关的零部件相互联系的尺寸所组成的尺寸链，如图 1-5-3-4 所示。

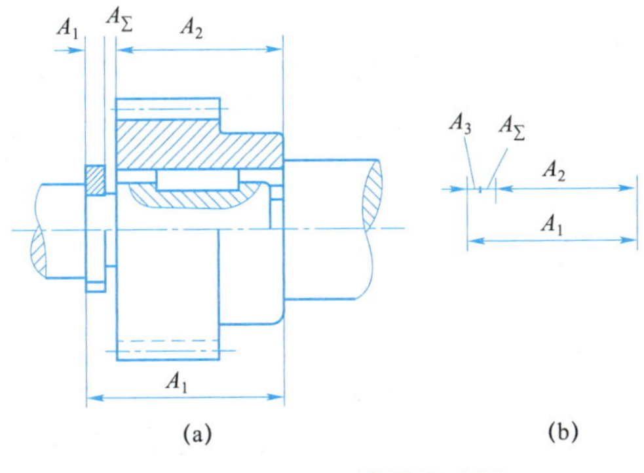

图 1-5-3-4　装配尺寸链

（3）按尺寸链各环的几何特征分，可以分为长度尺寸链和角度尺寸链。

尺寸链中各环均为长度量的尺寸链称为长度尺寸链。同样地，尺寸链中各环均为角度量的尺寸链称为角度尺寸链。

（4）按尺寸链之间的相互关系分，可以分为独立尺寸链和并联尺寸链。

所有的组成环和封闭环只从属于一个尺寸链的尺寸链称为独立尺寸链；而两个或两个以上的尺寸链，通过公共环将它们联系起来并联而成的尺寸链称为并联尺寸链。

2. 尺寸链的计算

尺寸链计算有正计算、反计算和中间计算等三种类型。已知组成环求封闭环的计算方式称作正计算；已知封闭环求各组成环称作反计算；已知封闭环及部分组成环，求其余的一个或几个组成环，称为中间计算。

尺寸链的计算方法有极值法与统计法（或概率法）两种。

1）极值法解尺寸链的计算公式

用极值法解尺寸链是从尺寸链各环均处于极值条件来求解封闭环尺寸与组成环尺寸之间关系的。它是按综合误差最不利的情况，即各增环均为最大（最小）极限尺寸、各减环均为最小（最大）极限尺寸，来计算封闭环极限尺寸的。该方法的优点是简便、可靠；其缺点是当封闭环公差最小、组成环数目较多时，会使组成环的公差过于严格。

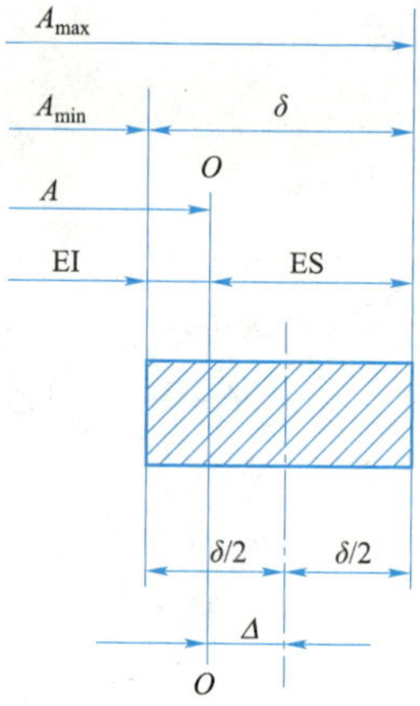

机械制造中的尺寸公差通常用基本尺寸（A）、上偏差(ES)、下偏差(EI)表示，还可以用最大极限尺寸(A_{max}）与最小极限尺寸（A_{min}）或基本尺寸（A）、中间偏差（Δ）与公差（δ）表示，它们之间的关系参见图 1-5-3-5。需要注意的是，本书后面所介绍的基本计算公式分别采用 $B_s(A_\Sigma)$ 与 $B_x(A_\Sigma)$ 表示封闭环的上偏差和下偏差。

图 1-5-3-5 基本尺寸、极限偏差、公差与中间偏差

（1）封闭环的基本尺寸。

封闭环的基本尺寸等于组成环环尺寸的代数和，即

$$A_\Sigma = \sum_{i=1}^{m} \overrightarrow{A_i} - \sum_{j=m+1}^{n-1} \overleftarrow{A_j} \tag{1}$$

式中，A_Σ——封闭环的尺寸；

$\overrightarrow{A_i}$——增环的基本尺寸；

$\overleftarrow{A_j}$——减环的基本尺寸；

m——增环的环数；

n——包括封闭环在内的尺寸链的总环数。

（2）封闭环的极限尺寸。

封闭环的最大极限尺寸等于所有增环的最大极限尺寸之和减去所有减环的最小极限尺寸之和；封闭环的最小极限尺寸等于所有增环的最小极限尺寸之和减去所有减环的最大极限尺寸之和。故极值法也称为极大极小法，即

$$A_{\Sigma max} = \sum_{i=1}^{m} \overrightarrow{A}_{i\,max} - \sum_{j=m+1}^{n-1} \overleftarrow{A}_{j\,min} \tag{2}$$

$$A_{\Sigma min} = \sum_{i=1}^{m} \overrightarrow{A}_{i\,min} - \sum_{j=m+1}^{n-1} \overleftarrow{A}_{j\,max} \tag{3}$$

（3）封闭环的上偏差 $B_s(A_\Sigma)$ 与下偏差 $B_x(A_\Sigma)$。

封闭环的上偏差等于所有增环的上偏差之和减去所有减环的下偏差之和，即

$$B_s(A_\Sigma)=\sum_{i=1}^{m}B_s(\overrightarrow{A_i})-\sum_{j=m+1}^{n-i}B_x(\overleftarrow{A_j}) \tag{4}$$

封闭环的下偏差等于所有增环的下偏差之和减去所有减环的上偏差之和，即

$$B_x(A_\Sigma)=\sum_{i=1}^{m}B_x(\overrightarrow{A_i})-\sum_{j=m+1}^{n-i}B_s(\overleftarrow{A_j}) \tag{5}$$

（4）封闭环的公差 $T(A_\Sigma)$。

封闭环的公差等于所有组成环公差之和，即

$$T(A_\Sigma)=\sum_{i=1}^{n-i}T(A_i) \tag{6}$$

具体计算过程请参照后面的实例。

2）统计法（概率法）解直线尺寸链基本计算公式

用统计法解尺寸链则是运用概率论理论来求解封闭环尺寸与组成环尺寸之间的关系的。该方法能克服极值法的缺点，主要用于环数较多以及大批量自动化生产中。

机械制造中的尺寸分布多数为正态分布，但也有非正态分布，非正态分布又有对称分布与不对称分布。统计法解算尺寸链的基本计算公式除可应用极限法解直线尺寸链的那些基本公式外，还有封闭环中间偏差、封闭环公差等公式，在此就不再详细介绍了，有兴趣的读者可查阅相关资料。

3. 几种工艺尺寸链的分析与计算

1）定位基准与设计基准不重合时的尺寸换算

如图 1-5-3-6 所示工件，如先以 A 面定位加工 C 面，得尺寸 A_1；然后再以 A 面定位用调整法加工台阶面 B，得尺寸 A_2，要求保证 B 面与 C 面间尺寸 A_0。试求工序尺寸 A_2。

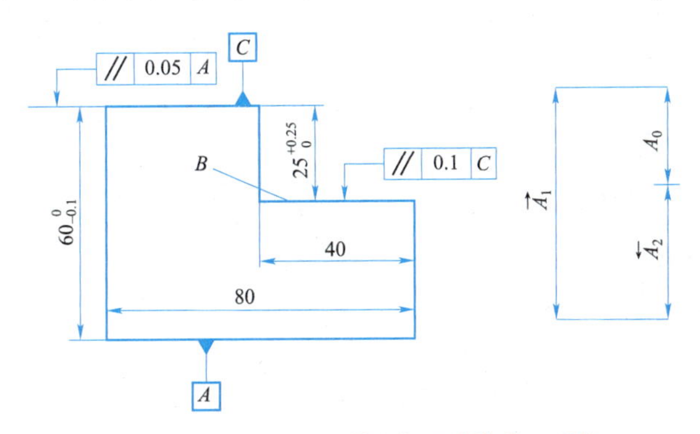

图 1-5-3-6　定位基准与设计基准不重合

由图 1-5-3-6 中的尺寸链可知，A_0 为封闭环，A_1 为增环，A_2 为减环。其中，A_0 为 $25^{+0.25}_{0}$ mm，A_1 为 $60^{0}_{-0.1}$ mm。下面，依据前面所介绍的基本公式进行计算。

（1）封闭环的基本尺寸。

封闭环的基本尺寸等于组成环环尺寸的代数和，即

$$A_{\Sigma}=\sum_{i=1}^{m}\overrightarrow{A_i}-\sum_{j=m+1}^{n-1}\overleftarrow{A_j}$$

于是，$A_0=A_1-A_2$，故 $25=60-A_2$，$A_2=35$ mm。

（2）封闭环的上偏差。

封闭环的上偏差等于所有增环的上偏差之和减去所有减环的下偏差之和，即

$$B_s\left(A_{\Sigma}\right)=\sum_{i=1}^{m}B_s\left(\overrightarrow{A_i}\right)-\sum_{j=m+1}^{n-i}B_x\left(\overleftarrow{A_j}\right)$$

于是，$B_s(A_0)=+0.25=0-B_x(A_2),B_x(A_2)=-0.25$ mm。

（3）封闭环的下偏差。

封闭环的下偏差等于所有增环的下偏差之和减去所有减环的上偏差之和，即

$$B_x\left(A_{\Sigma}\right)=\sum_{i=1}^{m}B_x\left(\overrightarrow{A_i}\right)-\sum_{j=m+1}^{n-i}B_s\left(\overleftarrow{A_j}\right)$$

于是，$B_x(A_0)=0=-0.1-B_s(A_2), B_s(A_2)=-0.1$ mm。

（4）封闭环的公差 $T\left(A_{\Sigma}\right)$。

封闭环的公差等于所有组成环公差之和，即

$$T\left(A_{\Sigma}\right)=\sum_{i=1}^{n-i}T\left(A_i\right)$$

此时，工序尺寸 A_2 的公差为 $-0.1-(-0.25)=0.15$，于是

$$T(A_0)=0.25=0.1+0.15$$

计算正确。

因此，工序尺寸 A_2 为 $35_{-0.25}^{-0.10}$ mm，按入体原则标注为 $A_2=34.9_{-0.015}^{0}$ mm。

2）设计基准与测量基准不重合时的尺寸换算

一批如图 1-5-3-7 所示轴套零件，在车床上已加工好外圆、内孔及端面，现需在铣床上铣右端缺口，并保证尺寸 $5_{-0.06}^{0}$ mm 及 26 mm±0.2 mm，求采用调整法加工时控制尺寸 H、A 及其偏差并画出尺寸链图。

该题需要确定两个尺寸 H、A，故需要绘制如图 1-5-3-8 和图 1-5-3-9 所示的两个尺寸链图。

（1）水平方向尺寸 A 的计算。

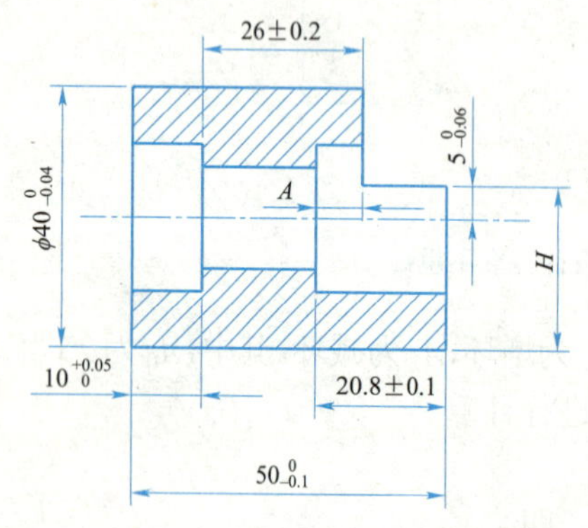

图 1-5-3-7　设计基准与测量基准不重合

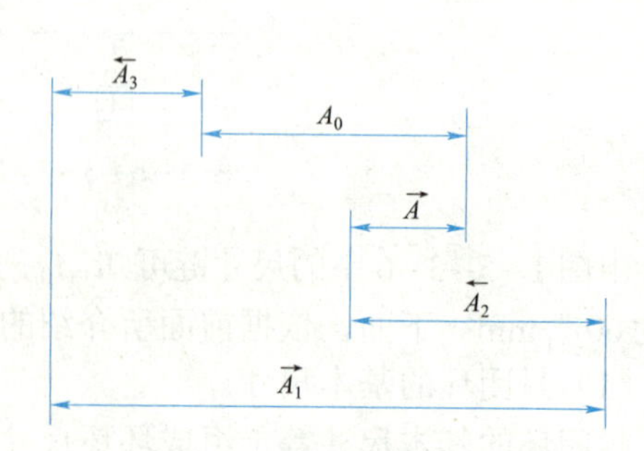

图 1-5-3-8　水平尺寸链

因要间接保证尺寸26 mm±0.2 mm，故该尺寸为封闭环A_0。由图1–5–3–8中的箭头方向，可知A、A_1为增环，A_2、A_3为减环。其中，A_3为$10^{+0.05}_{0}$ mm，A_2为20.8 mm±0.1 mm，A_1为$50^{0}_{-0.1}$ mm。

下面，依据前面所介绍的基本公式进行计算。

① 封闭环的基本尺寸：封闭环的基本尺寸等于组成环各尺寸的代数和，即

$$A_{\Sigma}=\sum_{i=1}^{m}\overrightarrow{A_i}-\sum_{j=m+1}^{n-1}\overleftarrow{A_j}$$

于是，$A_0=A+A_1-A_2+A_3$，故$26=A+50-10+20.8$，$A=6.8$ mm。

② 封闭环的上偏差：封闭环的上偏差等于所有增环的上偏差之和减去所有减环的下偏差之和，即

$$B_s(A_{\Sigma})=\sum_{i=1}^{m}B_s(\overrightarrow{A_i})-\sum_{j=m+1}^{n-i}B_x(\overleftarrow{A_j})$$

于是，$B_s(A_0)=+0.2=B_s(A)+0-(-0.1+0)$, $B_s(A)=+0.1$ mm。

③ 封闭环的下偏差：封闭环的下偏差等于所有增环的下偏差之和减去所有减环的上偏差之和，即

$$B_x(A_{\Sigma})=\sum_{i=1}^{m}B_x(\overrightarrow{A_i})-\sum_{j=m+1}^{n-i}B_s(\overleftarrow{A_j})$$

于是，$B_x(A_0)=-0.2=B_x(A)+(-0.1)-(0.1+0.05)$,$B_x(A)=+0.05$ mm。

④ 封闭环的公差：封闭环的公差等于所有组成环公差之和，即

$$T(A_{\Sigma})=\sum_{i=1}^{n-i}T(A_i)$$

此时，封闭环A_0的公差为0.4 mm，尺寸A的公差为0.05 mm，于是

$$T(A_0)=0.4=0.05+0.2+0.1+0.05$$

计算正确。

因此，尺寸A为$6.8^{+0.1}_{+0.05}$ mm，按入体原则标注为$A=6.9^{0}_{-0.05}$ mm。

（2）垂直方向尺寸H的计算。

因要间接保证尺寸$5^{0}_{-0.06}$ mm，故该尺寸为封闭环H_0。由图1–5–3–9中的箭头方向，可知H为增环，H_1为减环。其中，H_1为$\phi 20^{0}_{-0.02}$ mm。

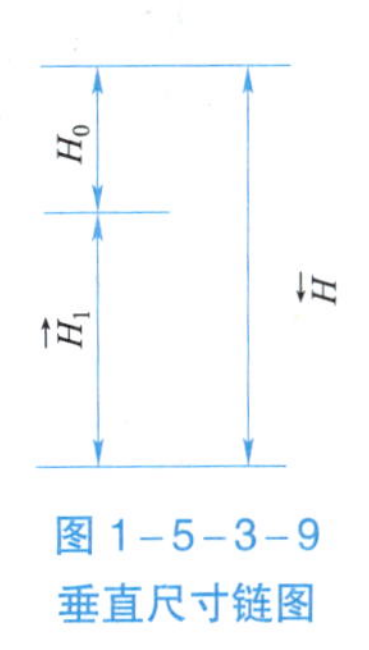

图1–5–3–9
垂直尺寸链图

下面，依据前面所介绍的基本公式进行计算。

① 封闭环的基本尺寸：封闭环的基本尺寸等于组成环各尺寸的代数和，即

$$A_{\Sigma}=\sum_{i=1}^{m}\overrightarrow{A_i}-\sum_{j=m+1}^{n-1}\overleftarrow{A_j}$$

于是，$H_0=H-H_1$，故$5=H-20$，$H=25$ mm。

② 封闭环的上偏差：封闭环的上偏差等于所有增环的上偏差之和减去所有减环的下偏差之和，即

$$B_s(A_{\Sigma})=\sum_{i=1}^{m}B_s(\overrightarrow{A_i})-\sum_{j=m+1}^{n-i}B_x(\overleftarrow{A_j})$$

于是，$B_s(H_0)=0=B_s(H)-(-0.02)$， $B_s(H)=-0.02$ mm。

③ 封闭环的下偏差：封闭环的下偏差等于所有增环的下偏差之和减去所有减环的上偏差之和，即

$$B_x\left(A_\Sigma\right)=\sum_{i=1}^{m}B_x\left(\overrightarrow{A_i}\right)-\sum_{j=m+1}^{n-i}B_s\left(\overleftarrow{A_j}\right)$$

于是，$B_x(H_0)=-0.06=B_x(H)-0$， $B_x(H)=-0.06$ mm。

④ 封闭环的公差：封闭环的公差等于所有组成环公差之和，即

$$T\left(A_\Sigma\right)=\sum_{i=1}^{n-i}T\left(A_i\right)$$

此时，封闭环 H_0 的公差为 0.06 mm，尺寸 H 的公差为 0.04 mm，于是

$$T(H_0)=0.06=0.04+0.02$$

计算正确。

因此，尺寸 H 为 $25_{-0.06}^{-0.02}$ mm，按入体原则标注为 $H=24.98_{-0.04}^{\ 0}$ mm 。

3）多次加工工艺尺寸的尺寸链计算

如图 1-5-3-10 所示轴套零件的轴向尺寸，其外圆、内孔及端面均已加工。

试求：(1）当以 A 面定位钻直径为ϕ 10 mm 孔时的工序尺寸 K 及其偏差（要求画出尺寸链图）;

(2）当以 B 面定位钻直径为ϕ 10 mm 孔时的工序尺寸 L 及其偏差。

该题需要确定两个尺寸 K、L，故需要绘制如图 1-5-3-11 和图 1-5-3-12 所示的两个尺寸链图。

(1）以 A 面定位的尺寸 K 的计算。

因要间接保证ϕ 10 mm 孔的位置尺寸 25 mm±0.1 mm，故该尺寸为封闭环 K_0。由图 1-5-3-11 中的箭头方向，可知 K_1 为增环，K 为减环。其中，K_1 为 $50_{-0.05}^{\ 0}$ mm。

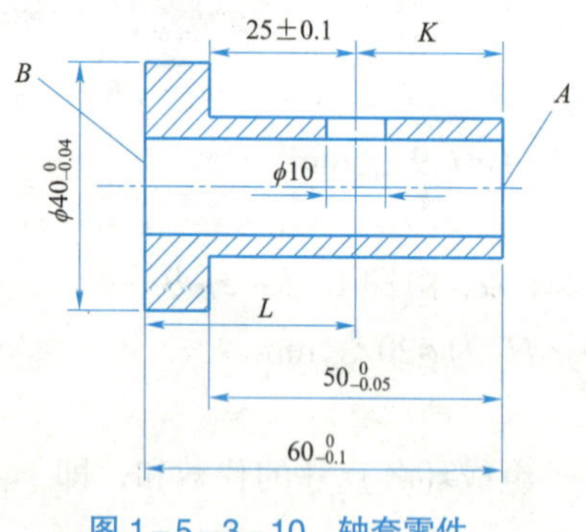

图 1-5-3-10 轴套零件

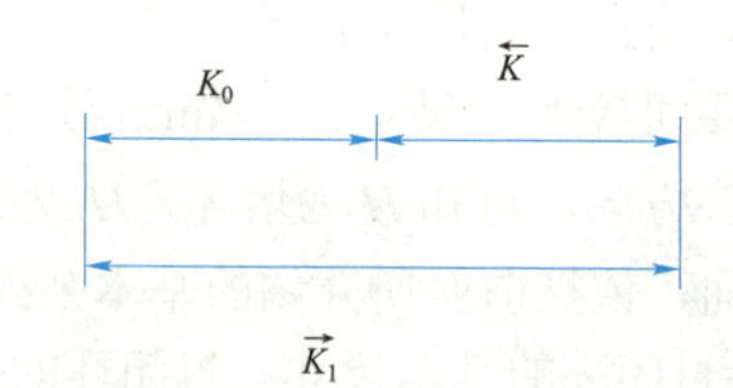

图 1-5-3-11 以 A 面定位尺寸链

下面，依据前面所介绍的基本公式进行计算。

① 封闭环的基本尺寸：封闭环的基本尺寸等于组成环各尺寸的代数和，即

$$A_\Sigma=\sum_{i=1}^{m}\overrightarrow{A_i}-\sum_{j=m+1}^{n-1}\overleftarrow{A_j}$$

于是，$K_0=K_1-K$，故 $25=A+50-K$，$K=25$ mm。

② 封闭环的上偏差：封闭环的上偏差等于所有增环的上偏差之和减去所有减环的下偏差之和，即

$$B_s(A_\Sigma)=\sum_{i=1}^{m}B_s(\overrightarrow{A_i})-\sum_{j=m+1}^{n-i}B_x(\overleftarrow{A_j})$$

于是，$B_s(K_0)=0.1=0-B_x(K), B_x(K)=-0.10$ mm。

③ 封闭环的下偏差：封闭环的下偏差等于所有增环的下偏差之和减去所有减环的上偏差之和，即

$$B_x(A_\Sigma)=\sum_{i=1}^{m}B_x(\overrightarrow{A_i})-\sum_{j=m+1}^{n-i}B_s(\overleftarrow{A_j})$$

于是，$B_x(K_0)=-0.1=-0.05-B_s(K), B_s(K)=0.05$ mm。

④ 封闭环的公差：封闭环的公差等于所有组成环公差之和，即

$$T(A_\Sigma)=\sum_{i=1}^{n-i}T(A_i)$$

此时，封闭环 K_0 的公差为 0.2 mm，尺寸 K 的公差为 0.15 mm，于是

$$T(A_0)=0.2=0.15+0.05$$

计算正确。

因此，尺寸 K 为 $25^{+0.05}_{-0.10}$ mm。

（2）以 B 面定位的尺寸 L 的计算。

因要间接保证ϕ10 mm 孔的位置尺寸 25 mm±0.1 mm，故该尺寸为封闭环 L_0。由图 1-5-3-12 中的箭头方向，可知 L、L_2 为增环，L_1 为减环。其中，L_2 为 $50^{\ 0}_{-0.05}$ mm，L_1 为 $60^{\ 0}_{-0.1}$ mm。

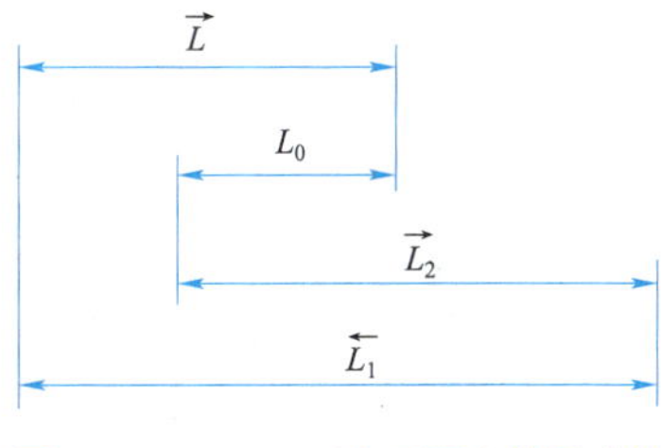

图 1-5-3-12　以 B 面定位尺寸链

下面，依据前面所介绍的基本公式进行计算。

① 封闭环的基本尺寸：封闭环的基本尺寸等于组成环各尺寸的代数和，即

$$A_\Sigma=\sum_{i=1}^{m}\overrightarrow{A_i}-\sum_{j=m+1}^{n-1}\overleftarrow{A_j}$$

于是，$L_0=L+L_2-L_1$，故 $25=L+50-60$，$L=35$ mm。

② 封闭环的上偏差：封闭环的上偏差等于所有增环的上偏差之和减去所有减环的下偏差之和，即

$$B_s(A_\Sigma)=\sum_{i=1}^{m}B_s(\overrightarrow{A_i})-\sum_{j=m+1}^{n-i}B_x(\overleftarrow{A_j})$$

于是，$B_s(L_0)=0.1=B_s(L)+0-(-0.1), B_s(L)=0$ mm。

③ 封闭环的下偏差：封闭环的下偏差等于所有增环的下偏差之和减去所有减环的上偏差之和，即

$$B_x(A_\Sigma)=\sum_{i=1}^{m}B_x(\overrightarrow{A_i})-\sum_{j=m+1}^{n-i}B_s(\overleftarrow{A_j})$$

于是，$B_x(L_0)=-0.1=B_x(L)+(-0.05)-0, B_s(K)=-0.05$ mm。

④ 封闭环的公差：封闭环的公差等于所有组成环公差之和，即

$$T(A_\Sigma)=\sum_{i=1}^{n-i}T(A_i)$$

此时，封闭环 L_0 的公差为 0.2 mm，尺寸 L 的公差为 0.05 mm，于是

$$T(A_0)=0.2=0.05++0.1+0.05$$

计算正确。

因此，尺寸 L 为 $35_{-0.05}^{0}$ mm。

四、任务实施

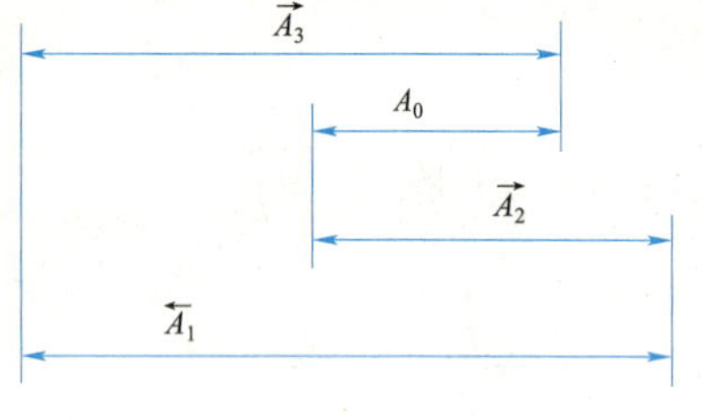

图 1-5-3-13 尺寸链图

加工如图 1-5-3-1 所示衬套零件时，以端面 A 定位铣出表面 C，保证尺寸 $26_{-0.061}^{0}$ mm，故 $26_{-0.061}^{0}$ mm 为封闭环，其尺寸链如图 1-5-3-13 所示，由 A_0、A_1、A_2、A_3 等四个环组成，其中 A_0（$26_{0}^{+0.021}$ mm）为封闭环，A_1、A_2、A_3 均为组成环。

由图 1-5-3-13 中的箭头方向，可知 A_2、A_3 为增环，A_1 为减环。其中，A_3 为铣此缺口时的工序尺寸，需要通过计算确定。A_1、A_2 的尺寸分别为 $70_{0}^{+0.020}$ mm 和 $40_{0}^{+0.025}$ mm。下面，依据前面所介绍的基本公式进行计算。

（1）封闭环的基本尺寸。

封闭环的基本尺寸等于组成环各尺寸的代数和，即

$$A_{\Sigma}=\sum_{i=1}^{m}\overrightarrow{A_i}-\sum_{j=m+1}^{n-1}\overleftarrow{A_j}$$

于是，$A_0=A_2+A_3-A_1$，故 $26=40+A_3-70$，$A_3=56$ mm。

（2）封闭环的上偏差。

封闭环的上偏差等于所有增环的上偏差之和减去所有减环的下偏差之和，即

$$B_s(A_{\Sigma})=\sum_{i=1}^{m}B_s(\overrightarrow{A_i})-\sum_{j=m+1}^{n-i}B_x(\overleftarrow{A_j})$$

于是，$B_s(A_0)=0=0.025+B_s(A_3)-0$，$B_s(A_3)=-0.025$ mm。

（3）封闭环的下偏差。

封闭环的下偏差等于所有增环的下偏差之和减去所有减环的上偏差之和，即

$$B_x(A_{\Sigma})=\sum_{i=1}^{m}B_x(\overrightarrow{A_i})-\sum_{j=m+1}^{n-i}B_s(\overleftarrow{A_j})$$

于是，$B_x(A_0)=-0.061=0+B_x(A_3)-0.020$，$B_x(A_3)=-0.041$ mm。

（4）封闭环的公差 $T(A_{\Sigma})$。

封闭环的公差等于所有组成环公差之和，即

$$T(A_{\Sigma})=\sum_{i=1}^{n-i}T(A_i)$$

此时，工序尺寸 A_3 的公差为 $-0.025-(-0.041)=0.016$，于是

$$T(A_0)=0.061=0.025+0.020+0.016$$

计算正确。

因此，铣此缺口时的工序尺寸为$56_{-0.041}^{-0.025}$ mm，按入体原则标注为$A_3=55.975_{-0.016}^{\ 0}$ mm。

五、任务评价

按表 1–5–3–1 对任务进行评价。

表 1–5–3–1　任务评价

序号	评价内容	评价标准	评价结果（是/否）
1	知识与技能	能解释零件技术要求的含义	□是　□否
		能分析零件的尺寸精度与形位公差	□是　□否
		能确定零件的加工工艺	□是　□否
		能解释工艺尺寸链的含义	□是　□否
		能绘制工艺尺寸链图形	□是　□否
		能解决工艺尺寸链的计算问题	□是　□否
2	职业素养	具有严谨求实的学习态度	□是　□否
		具有精益求精的工匠精神	□是　□否
		具有互帮互助的团队意识	□是　□否
3	总评	“是”与“否”在本次评价中所占百分比	“是”占____% “否”占____%

六、任务巩固

如图 1–5–3–14 所示的套筒零件，两端面已加工完毕。加工底面 *C* 时，需要以 *A* 面定位进行加工，并保证尺寸$20_{-0.39}^{\ 0}$ mm。试计算加工底面 *C* 时的工序尺寸。

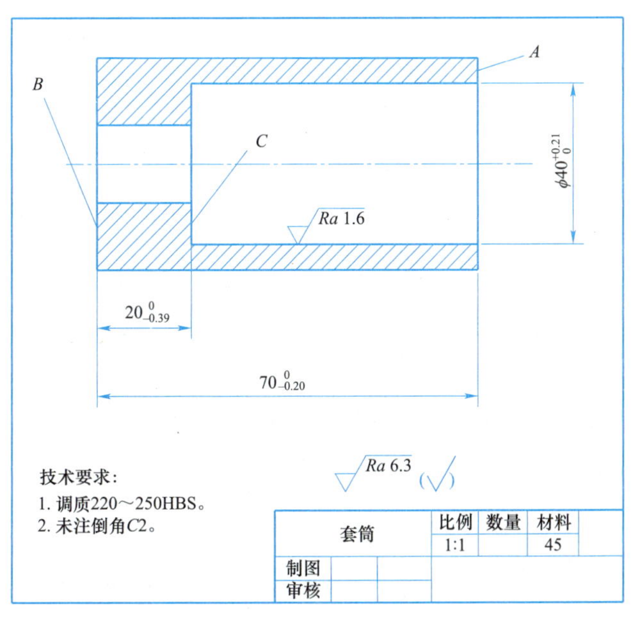

图 1–5–3–14　套筒零件

工作领域 2　机床及工艺装备的选择与维护

一、工作目标

知识目标	能力目标	素质目标
（1）熟悉常用普通机床或数控机床的型号含义及应用特点。 （2）掌握常用夹具、刀具、量具等的结构及应用特点。 （3）掌握常用定位元件的结构特点与应用场合。 （4）掌握零件定位形式的确定方法。 （5）熟悉基本夹紧机构的结构特点与应用场合。 （6）掌握零件装夹方案的确定方法。 （7）熟悉加工机床与工艺装备的应用特点。 （8）掌握正确选择加工机床与工艺装备的方法。 （9）掌握正确维护加工机床与工艺装备的方法	（1）能解释机床的概念及机床型号的含义。 （2）能解释常用加工机床的结构及应用特点。 （3）能解释常用夹具、刀具、量具等的结构及应用特点。 （4）能正确确定零件的定位形式。 （5）能解释基本夹紧机构的结构特点与应用场合。 （6）能正确确定零件的装夹方案。 （7）能正确选择加工机床和工艺装备。 （8）能解释保养与维护加工机床及工艺装备的目的。 （9）能说明加工机床及工艺装备保养与维护的基本要求。 （10）能确定保养与维护加工机床的方案。 （11）能确定保养与维护工艺装备的方案	（1）具备机械加工工艺员的职业素养。 （2）具有严谨求实的工作态度。 （3）具有团队协同合作的能力。 （4）塑造含创新、严谨、精益求精内涵的工匠精神。 （5）具备遵规守纪、乐于奉献、爱岗敬业、奋发图强的职业道德

二、工作内容

工作项目	工作任务
2.1　认识机床与工艺装备	2.1.1　解释 CK6136E 机床型号含义
	2.1.2　分析后盖钻夹具的结构特点
2.2　确定工件的装夹形式	2.2.1　选择套筒零件的定位形式
	2.2.2　确定拨叉零件的装夹方案
2.3　选择与维护机床及工艺装备	2.3.1　选择导向板零件的加工机床与工艺装备
	2.3.2　保养与维护立式加工中心机床

工作项目 2.1　认识机床与工艺装备

一、项目概述

了解机床的概念及分类；熟悉机床型号的编制方法；掌握常用普通机床和数控机床的结构及应用特点；了解工艺系统、工艺装备等的概念；掌握常用夹具、刀具和量具等的结构及应用特点。

二、项目分析

机床是指制造机器的机器，亦称工作母机或工具机。现代机械制造中，加工精度要求和表面粗糙度要求较高的零件，一般都需要在机床上用切削的方法进行最终加工。而工艺装备是指在制造过程中所使用的各种工具的总称，包括夹具、刀具、量具、模具、辅具、工位器具等。工艺装备不仅是制造产品所必需的，而且作为劳动资料对于保证产品质量、提高生产效率和实现安全文明生产都有重要作用。可见，机床和工艺装备在国民经济现代化的建设中都起着重大作用。

完成本项目需要了解机床、工艺系统、工艺装备等的概念及分类；熟悉机床型号的编制方法；掌握常用机床、夹具、刀具、量具等的结构及应用特点，即需要熟练地完成以下两项工作任务：

（1）解释常用普通机床或数控机床的型号含义及应用特点。

（2）分析常用夹具、刀具和量具等的结构及应用特点。

工作任务 2.1.1　解释 CK6136E 机床型号含义

一、任务描述

图 2－1－1－1 所示为某企业机械加工车间所使用的 CK6136E 机床，为了深入了解该机床产品的性能特点，以便于更好地发挥其作用，现在需要详细分析该机床的型号含义及应用特点。

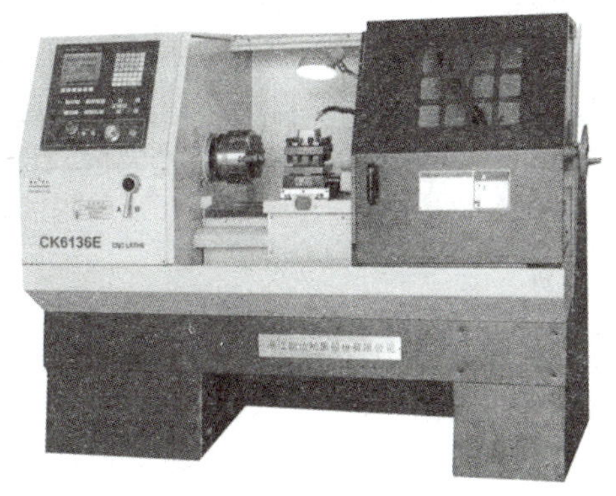

图 2－1－1－1　CK6136E 机床

二、学习目标

（1）了解机床的概念及分类。
（2）掌握机床型号的编制方法。
（3）了解常用普通机床的结构及应用特点。
（4）了解数控机床的结构及应用特点。

三、知识梳理

1. 机床的分类

机床主要是按加工方法和所用刀具进行分类的，根据国家制定的机床型号编制方法，机床分为12大类，即车床、铣床、钻床、镗床、磨床、齿轮加工机床、螺纹加工机床、刨床、插床、拉床、锯床及其他机床。

除了上述基本分类方法外，还有其他分类方法：

（1）按照万能性程度，机床可分为：

① 通用机床。工艺范围很宽，可完成多种类型零件不同工序的加工，如卧式车床、万能外圆磨床及摇臂钻床等。

② 专门化机床。工艺范围较窄，它是为加工某种零件或某种工序而专门设计和制造的，如铲齿车床、丝杠铣床等。

③ 专用机床。工艺范围最窄，它一般是为某特定零件的特定工序而设计、制造的，如大量生产的汽车零件所用的各种钻、镗组合机床。

（2）按照机床的工作精度，可分为普通精度机床、精密机床和高精度机床。

（3）按照重量和尺寸，可分为仪表机床、中型机床（一般机床）、大型机床（质量大于10吨）、重型机床（质量在30 t以上）和超重型机床（质量在100 t以上）。

（4）按照机床主要器官的数目，可分为单轴、多轴、单刀和多刀机床等。

（5）按照自动化程度不同，可分为普通、半自动和自动机床。

自动机床具有完整的自动工作循环，包括自动装卸工件及连续地自动加工出工件。半自动机床也有完整的自动工作循环，但装卸工件还需人工完成，因此不能连续地加工。

2. 机床型号的编制

1）金属切削机床型号的表示方法

机床的型号是由基本部分和辅助部分组成的，中间用“/”隔开，读作“之”，基本部分需统一管理，辅助部分纳入型号与否由生产厂家自定，其型号构成如图2-1-1-2所示（按2008年颁布的标准GB/T 15375—2008《金属切削机床型号编制方法》）。

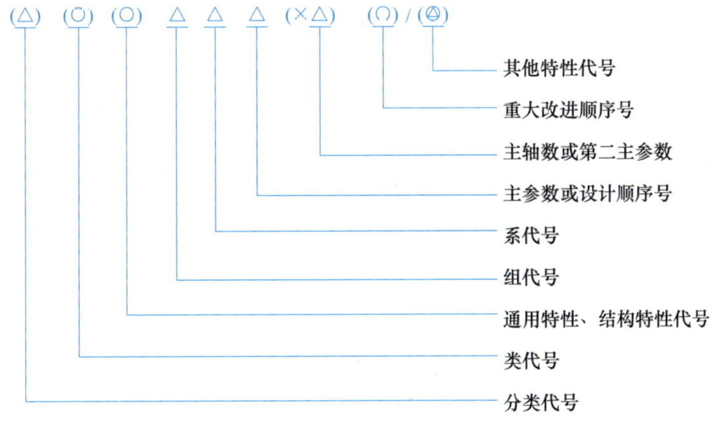

注：△-数字；○-大写汉语拼音或英文子母；括号中为可选项，当无内容时不表示，有内容时则不带括号。

图 2-1-1-2　金属切削机床的型号编制

2）机床的类别代号

型号中机床的类别代号用机床名称的相应汉语拼音第一个字母表示，见表 2-1-1-1。分类代号只有磨床才有，书写于类别代号之前。

表 2-1-1-1　机床的类别代号

类别	车床	钻床	镗床	磨床			齿轮加工机床	螺纹加工机床	铣床	刨床	拉床	电加工机床	切断机床	其他机床
代号	C	Z	T	M	2M	3M	Y	S	X	B	L	D	G	Q
读音	车	钻	镗	磨	2 磨	3 磨	牙	丝	铣	刨	拉	电	割	其

3）机床特性代号

（1）通用特性代号。

当某型机床除普通形式外，还具有其他各种通用特性，则须在类别代号后加以相应的特性代号。通用的特性代号如表 2-1-1-2 所示。

表 2-1-1-2　通用的特性代号

通用特性	代号	通用特性	代号
高精度	G	仿形	F
精密	M	轻型	Q
自动	Z	加重型	C
半自动	B	万能	W
数字程序控制	K	简式	J
自动换刀	H	柔性加工单元	R

（2）结构特性代号。

为了区别主参数相同而结构不同的机床，在型号中用汉语拼音字母区分。这些字母是根据各类机床的情况分别规定的，在不同型号中意义可以不一样。当有通用特性代号时，结构特性代号应排在通用特性代号之后。凡通用特性代号已用的字母及字母“I”“O”均不能作为结构特性代号。

4）机床的组别和系别代号

它用二位阿拉伯数字表示，第一位数字表示组别，第二位数字表示型别。每类机床按用途、性能、结构分为若干组（如车床分为 10 组，用“0～9”表示），每组又分为若干型。目前，我国机床分为 12 类 50 组 443 型。

5）主要参数代号

代表机床规格大小的一种参数，用阿拉伯数字表示，常用主参数的折算值（1/10 或 1/100 或 1/1）来表示。主参数表示机床的规格大小，反映机床的加工能力。

6）机床重大改进序号

当机床的性能和结构有重大改进时，按其设计改进的次序分别用字母“A、B、C、…”表示，附在机床型号的末尾，以示区别。如 MG1432A 即为 MG1432 型磨床的第一次重大改进。

3. 车床

车床是主要用车刀对旋转的工件进行车削加工的机床。在车床上还可用钻头、扩孔钻、铰刀、丝锥、板牙和滚花工具等进行相应的加工。

1）车床的结构

图 2-1-1-3 所示为 CA6140 卧式车床，该车床由主轴箱、刀架、滑板、尾座、床身、溜板箱、进给箱、挂轮箱等部件组成。

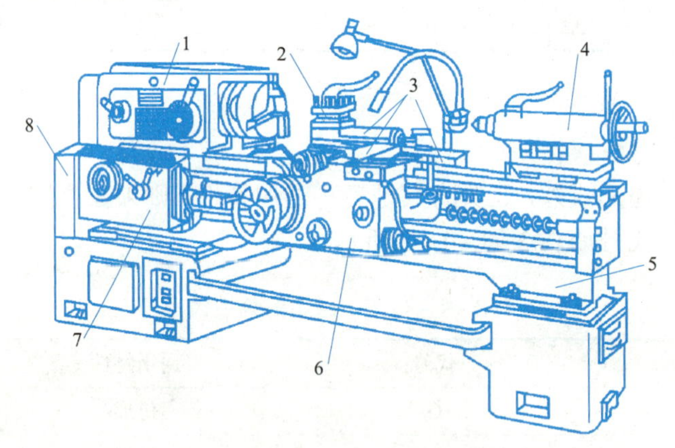

图 2-1-1-3 CA6140 卧式车床

1—主轴箱；2—刀架；3—滑板；4—尾座；5—床身；6—溜板箱；7—进给箱；8—挂轮箱

2）车床的类型

按用途和结构的不同，车床主要分为卧式车床和落地车床、立式车床、转塔车床、单轴自动车床、多轴自动和半自动车床、仿形车床及多刀车床和各种专门化车床，如凸轮轴车床、曲轴车床、车轮车床、铲齿车床。在所有车床中，以卧式车床应用最为广泛。卧式车床加工尺寸公差等级可达 IT8～IT7，表面粗糙度 Ra 值可达 1.6 μm。此外，随着计算机技术的飞速发展，数控车床、车削加工中心等数控机床也得到了广泛的应用。

3）车床的加工特点

车削是在车床上利用工件相对于刀具旋转对工件进行切削的方法。车削是最基本、最常见的切削加工方法。大部分具有回转表面的工件都可以用车床进行切削，如内外圆柱面、内外圆锥面、端面、沟槽、螺纹和回转成形面等。车削工艺具有以下特点：

（1）车削工艺效率高。

车削具有比磨削更高的效率，车削往往采用大切削深度、高的工件转速，其金属切除率通常是磨削的数倍。车削时一次装夹可完成多种表面，而磨削则需要多次安装，因此其辅助时间短且表面之间位置精度高。

（2）设备投入低。

在需要量相同时车床投资明显优于磨床，其辅助系统也低。对于小批量而言车削无须特殊设备，而大批量、高精度零件则需要刚性好、定位精度和重复定位精度高的数控机床。

（3）适合小批量柔性要求。

车床本身就是一种范围广的柔性加工设备，车床操控简便且车削、装夹快速，与磨削相比硬车削能更好地适应柔性化要求。

（4）硬车削可使零件获得良好的整体精度。

车削中的大部分热量被切削液带走，不会产生像磨削一样的表面烧伤和裂纹，具有优良的表面质量和精确的圆度，能保证表面之间较高的位置精度。

4. 铣床

铣床主要指用铣刀对工件多种表面进行加工的机床。通常铣刀以旋转运动为主运动，工件和铣刀的移动为进给运动。铣床除能铣削平面、沟槽、轮齿、螺纹和花键轴外，还能加工比较复杂的型面。铣床的生产效率较刨床高，得到了较为广泛的应用。

1）铣床的结构

图 2-1-1-4 所示为 X6132 卧式铣床，该铣床由床身、主轴、横梁、挂架、工作台、

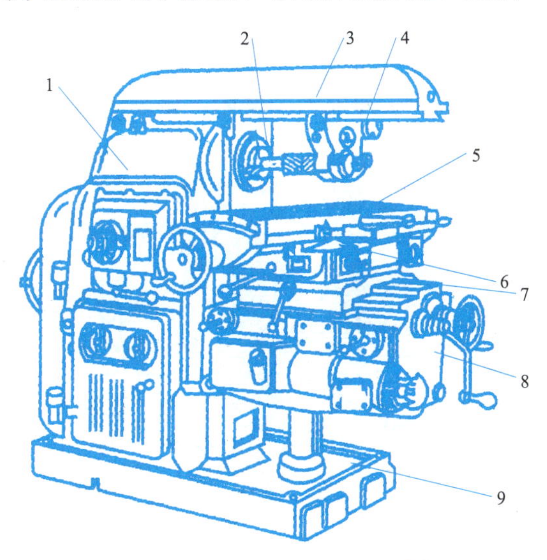

图 2-1-1-4　X6132 卧式铣床

1—床身；2—主轴；3—横梁；4—挂架；5—工作台；6—转台；7—转向溜板；8—升降台；9—底座

转台、转向溜板、升降台、底座等部件组成。铣床的常用附件有机床用平口虎钳、回转工作台、万能分度头、立铣头与万能铣头等。

2）铣床的类型

铣床的主要类型有升降台式铣床、床身式铣床、龙门铣床、工具铣床、仿形铣床以及数控铣床等。其中，卧式铣床又可分为万能升降台铣床和卧式升降台铣床。

3）铣床的加工特点

铣削加工具有以下特点：

（1）采用多刃刀具加工，刀刃轮替切削，刀具冷却效果好，耐用度高。

（2）铣削加工生产效率高、加工范围广。在普通铣床上使用各种不同的铣刀可以完成平面（平行面、垂直面、斜面）、台阶、沟槽（直角沟槽、V 形槽、T 形槽、燕尾槽等特形槽）、特形面等加工任务，当与分度头等铣床附件配合运用时，还可以完成花键轴、螺旋轴和齿式离合器等工件的铣削。

（3）铣削加工具有较高的加工精度。其经济加工精度一般为 IT9～IT7，表面粗糙度 *Ra* 值一般为 12.5～1.6 μm。精细铣削精度可达 IT5，表面粗糙度 *Ra* 值可达到 0.20 μm。

正因为铣削加工具有以上特点，故它特别适合模具等形状复杂的组合体零件的加工，在模具制造等行业中占有非常重要的地位。随着数控技术的快速发展，铣削加工在机械加工中的作用越来越重要，尤其是在各种特形曲面的加工中，有着其他加工方法无法比拟的优势。目前，在五坐标数控铣削加工中心上，甚至可以高效率地连续完成整件艺术品的复制加工。

5. 磨床

磨床是利用磨具对工件表面进行磨削加工的机床。磨床能加工硬度较高的材料，如淬硬钢、硬质合金等；也能加工脆性材料，如玻璃、花岗石。磨床能做高精度和表面粗糙度很小的磨削，也能进行高效率的磨削，如强力磨削等。大多数的磨床是使用高速旋转的砂轮进行磨削加工的，少数的是使用油石、砂带等其他磨具和游离磨料进行加工的，如珩磨机、超精加工机床、砂带磨床、研磨机和抛光机等。

1）磨床的结构

图 2-1-1-5 所示为 M1432B 型万能外圆磨床，该磨床由床身、头架、横向进给手轮、

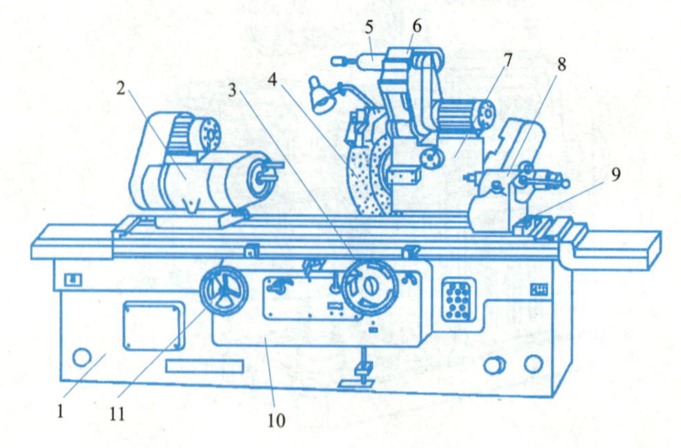

图 2-1-1-5　M1432B 型万能外圆磨床

1—床身；2—头架；3—横向进给手轮；4—砂轮；5—内圆磨具；6—内圆磨头；7—砂轮架；8—尾座；9—工作台；10—挡块；11—纵向进给手轮

砂轮、内圆磨具、内圆磨头、砂轮架、尾座、工作台、挡块和纵向进给手轮等部件组成。

2）磨床的类型

磨床具有以下类型：

（1）外圆磨床：普通型的基型系列，主要用于磨削圆柱形和圆锥形外表面的磨床。

（2）内圆磨床：普通型的基型系列，主要用于磨削圆柱形和圆锥形内表面的磨床。

此外，还有兼具内外圆磨的磨床。

（3）坐标磨床：具有精密坐标定位装置的内圆磨床。

（4）无心磨床：工件采用无心夹持，一般支承在导轮和托架之间，由导轮驱动工件旋转，主要用于磨削圆柱形表面的磨床，例如轴承等。

（5）平面磨床：主要用于磨削工件平面的磨床。

（6）砂带磨床：用快速运动的砂带进行磨削的磨床。

（7）珩磨机：主要用于加工各种圆柱形孔（包括光孔、轴向或径向间断表面孔、通孔、盲孔和多台阶孔），还能加工圆锥孔、椭圆形孔和余摆线孔等。

（8）研磨机：用于研磨工件平面或圆柱形内、外表面的磨床。

（9）导轨磨床：主要用于磨削机床导轨面的磨床。

（10）工具磨床：用于磨削工具的磨床。

（11）多用磨床：用于磨削圆柱、圆锥形内、外表面或平面，并能用随动装置及附件磨削多种工件的磨床。

（12）专用磨床：从事对某类零件进行磨削的专用机床。按其加工对象又可分为花键轴磨床、曲轴磨床、凸轮磨床、齿轮磨床、螺纹磨床和曲线磨床等。

（13）端面磨床：用于磨削齿轮端面的磨床。

3）磨床的加工特点

（1）切削刃（磨粒）不规则。切削刃的形状和分布均处于不规则的随机状态，其形状、大小各异。

（2）磨削的切削过程复杂。各个磨粒的切削厚度各不相同，磨削过程就是利用分布在砂轮表面上的磨粒，在高速旋转条件下，对工件表面进行切削（一些比较凸出和比较锋利且切入工件较深、切削厚度较大的磨粒）、刻划（凸出高度较小和比较钝的磨粒，切削厚度很小）及抛光（更钝、更低的磨粒，不能切入工件）的综合作用。

（3）磨削速度高、切削厚度小。

磨削时砂轮的圆周速度可达 35～50 m/s，约为车削和铣削速度的 10 倍以上，又由于磨粒通常为负前角，不能保证有足够的后角，因而磨削时磨粒会对工件表面产生严重的挤压变形，使磨削区产生大量的磨削热，再加上砂轮本身的导热性差，热量传不出去，所以磨削区形成瞬时高温，一般可达 800～1 000℃。

（4）可以得到较高的加工精度（IT5～IT6）和较小的加工表面粗糙度值（Ra0.8～0.2 μm）。

（5）磨削时由于切削区温度很高，所以要使用大量的切削液，以有效降低切削温度；切削液还能冲走砂轮表面的切屑，防止堵塞砂轮。在磨削钢件时，常用的切削液是苏打水或乳化液；磨削铝件时，一般用煤油，但应加少量防锈剂。

（6）可以加工高硬度材料。磨削可以加工一些高硬度的材料，如淬火钢、高强度合金、陶瓷材料等，这些材料用一般的金属切削刀具是很难加工甚至是无法加工的。

（7）砂轮的自锐性。砂轮的自锐性，使得磨粒总能以锐利的“刀刃”对工件连续进行切削，这是一般刀具所不具备的特点，所以能磨削高硬度工件，即使在工件和磨粒硬度十分接近时也能进行磨削（如碳化硅砂轮磨硬质合金、陶瓷等）。

（8）径向切削力 F_p 大。磨削时由于磨粒大多以负前角进行切削，故径向磨削力较大，一般 F_p=（2～3）F_c（切向磨削力）。工件材料的塑性越小，F_p/F_c 越大，这是磨削力的特点，其将使工艺系统发生弹性变形，故在最后几次光磨中可以减少磨削深度，直至火花消失为止。

6. 钻床

钻床是具有广泛用途的通用性机床，主要用来加工一些尺寸不是很大、精度要求不是很高、外形较复杂的孔。钻床的加工方法如图 2-1-1-6 所示，可对零件进行钻孔、扩孔、铰孔、锪平面和攻螺纹等加工。在钻床上配有工艺装备时可以进行镗孔，在钻床上配万能工作台还能进行钻孔、扩孔和铰孔等。加工时，刀具一面旋转做主运动，一面沿其轴线移动做进给运动。加工前，须调整机床，使刀具轴线对准被加工孔的中心线，在加工过程中工件是固定不动的。

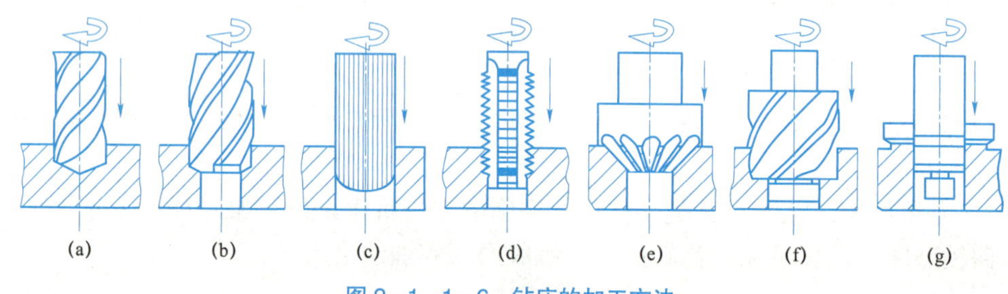

图 2-1-1-6　钻床的加工方法

1）钻床的结构

图 2-1-1-7 所示为立式钻床，该钻床是由变速箱 4、进给箱 3、立柱 5、工作台 1 和底座 6 等部件组成的。主轴 2 的旋转运动是由电动机经变速箱 4 传动的。加工时，工件直接或通过夹具安装在工作台上，主轴既旋转又做轴向进给运动。进给箱 3 和工作台 1 可沿立柱 5 的导轨调整上下位置，以适应加工不同高度的工件。

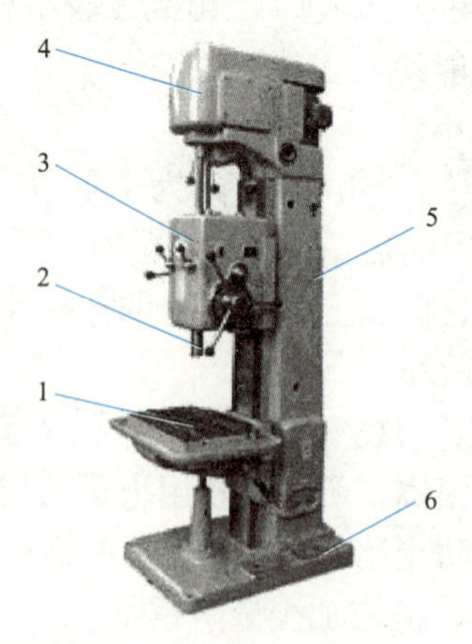

图 2-1-1-7　立式钻床

1—工作台；2—主轴；3—进给箱；4—变速箱；5—立柱；6—底座

2）钻床的类型

钻床按结构的不同可分为立式钻床、摇臂钻床、深孔钻床等。图 2-1-1-8 所示为摇臂钻床，该钻床是由外立柱 3、内立柱 2、摇臂 4、主轴箱 5、主轴 6 和底座 1 等组成的。

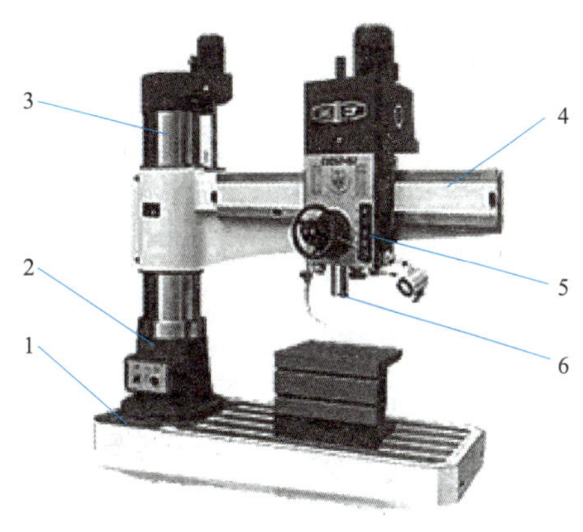

图 2-1-1-8 摇臂钻床

1—底座；2—内立柱；3—外立柱

4—摇臂；5—主轴箱；6—主轴

3）钻床的加工特点

（1）摩擦严重，需要较大的钻削力。

（2）产生的热量多，而且传导、散热困难，切削温度较高。

（3）钻头的高速旋转和较高的切削温度易造成钻头磨损严重。

（4）钻削时的挤压和摩擦容易产生孔壁的“冷作硬化”现象，给下道工序增加困难。

（5）钻头细而长，钻孔容易产生振动。

（6）加工精度低，尺寸精度为 IT12，表面粗糙度一般为 2.5～5 nm，故只能加工要求不高的孔或作为孔的粗加工。

7. 数控机床

数控机床是数字控制机床的简称，是一种装有程序控制系统的自动化机床。数控机床较好地解决了复杂、精密、小批量、多品种的零件加工问题，是一种柔性、高效能的自动化机床，代表了现代机床控制技术的发展方向，是一种典型的机电一体化产品。

1）数控机床的结构

数控机床的原理如图 2-1-1-9 所示，它主要由程序输入装置、数控系统、伺服系统、位置检测反馈装置和机床运动部件组成。

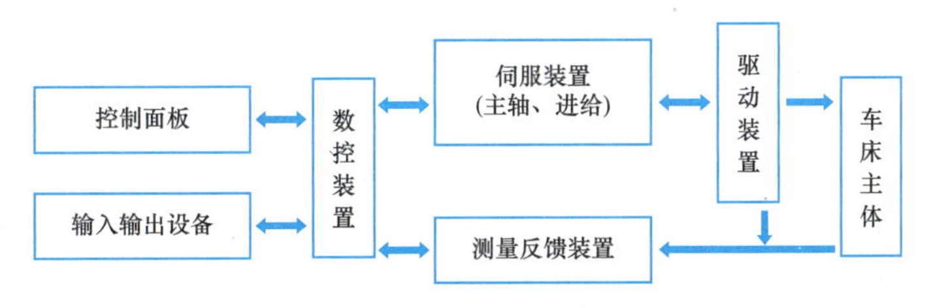

图 2-1-1-9 数控机床的原理

2）数控机床的类型

（1）按运动轨迹分类。

按运动轨迹可分为点位控制的数控机床、直线控制的数控机床、轮廓控制的数控机床（连续控制数控机床）。其中轮廓控制的数控机床（连续控制数控机床）又可分为两坐标联动加工、两轴半联动加工、三坐标联动加工、四坐标联动加工和五坐标联动加工等。

（2）按伺服系统的类型分类。

按伺服系统的类型可分为开环控制的数控机床、半闭环控制的数控机床和闭环控制的数控机床等。

（3）按工艺方法分类。

按工艺方法可分为金属切削类机床、金属成形类和特种加工类数控机床两类。前者如数控车床（图 2－1－1－10）、数控钻床、数控铣床（图 2－1－1－11）、数控磨床、数控镗床、加工中心等，后者如数控弯管机、数控线切割机、数控电火花成形机、数控激光切割机等。

图 2－1－1－10　数控车床

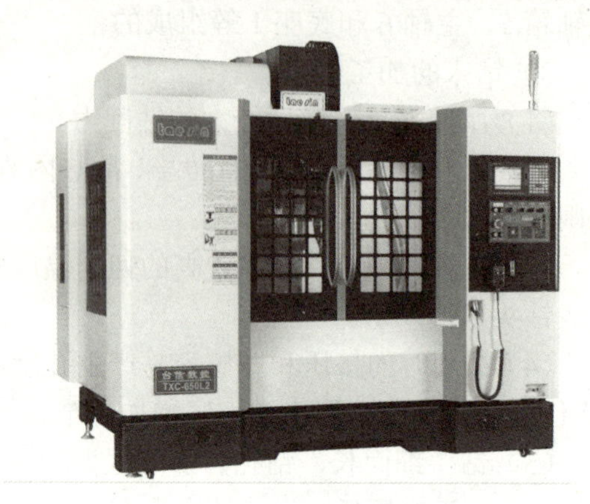

图 2－1－1－11　数控铣床

（4）按功能水平分类。

按功能水平可分为经济型（低档）数控机床（简易数控机床）、普及型（中档）数控机床（全功能数控机床）、高档型数控机床。

四、任务实施

1. CK6136E 机床型号的含义

图 2－1－1－12 所示为 CK6136E 机床型号的详细含义。

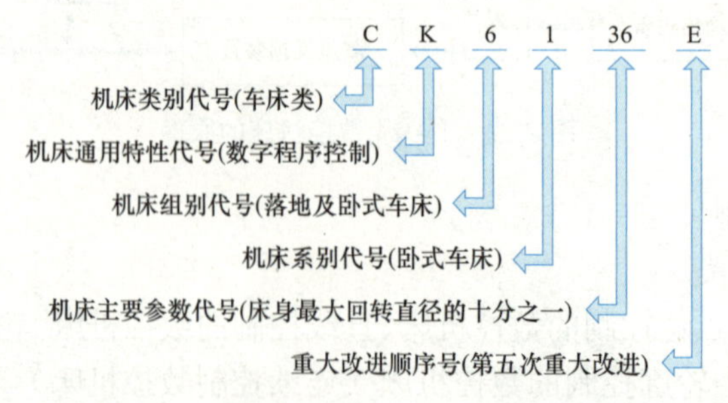

图 2－1－1－12　CK6136E 机床型号的详细含义

可见，该机床为落地式卧式数字控制车床，工件的最大加工直径是ϕ320 mm，为第五次重大改进型号。

2. CK6136E 机床的应用特点

与卧式普通车床加工相比，CK6136E 数控车床加工具有以下特点：

（1）自动化程度高。在数控车床上加工零件时，除了手工装卸零件外，全部加工过程都可由数控车床自动完成，大大地减轻了操作者的劳动强度，改善了劳动条件。

（2）易于加工复杂形状的零件。采用数控机床可以完成卧式普通车床难以加工的复杂型面的零件，如外形轮廓为椭圆、内腔为成形面的零件，等等。

（3）加工精度高。数控车床是按照事先编制好的加工程序进行工作的，加工过程中不需要人为地参与或调整，故其产品的加工精度高且稳定，不受操作者技术水平或者情绪的影响。

（4）生产效率高。数控车床自动化程度高，具有自动换刀和其他辅助操作自动化等功能，而且工序较为集中。同时在加工中可采用较大的切削用量，有效地减少了加工中的切削时间，大大地提高了劳动生产率，缩短了生产周期。

（5）维护成本高。数控车床价格高，加工成本高，技术复杂，对加工编程要求高，加工中难以调整，维修困难等。

（6）适用范围广。数控车床适合于加工以下类型零件：加工形状复杂、加工精度要求高，特别是较为复杂的回转曲线等方面的零件；产品更换频繁、生产周期要求短的零件；小批量生产的零件；价值较高的零件。

五、任务评价

按表 2－1－1－3 对任务进行评价。

表 2－1－1－3　任务评价

序号	评价内容	评价标准	评价结果（是/否）
1	知识与技能	能解释机床的概念	□是　□否
		能分析机床型号的含义	□是　□否
		能解释机床的应用特点	□是　□否
		能根据产品特点正确选用机床	□是　□否
2	职业素养	具有严谨求实的学习态度	□是　□否
		具有精益求精的工匠精神	□是　□否
		具有互帮互助的团队意识	□是　□否
3	总评	“是”与“否”在本次评价中所占百分比	“是”占____% “否”占____%

六、任务巩固

图 2－1－1－13 所示为某企业机械加工车间所使用的 VMC850 机床（立式数控加工中心）。为了深入了解该机床产品的性能特点以便于更好地发挥其作用，请详细分析该机床的型号含义及应用特点。

图 2-1-1-13　VMC850 机床

工作任务 2.1.2　分析后盖钻夹具的结构特点

一、任务描述

图 2-1-2-1 所示为后盖零件的钻夹具，要求钻后盖上的ϕ10 mm 孔。试分析该钻夹具各部分的组成及作用。

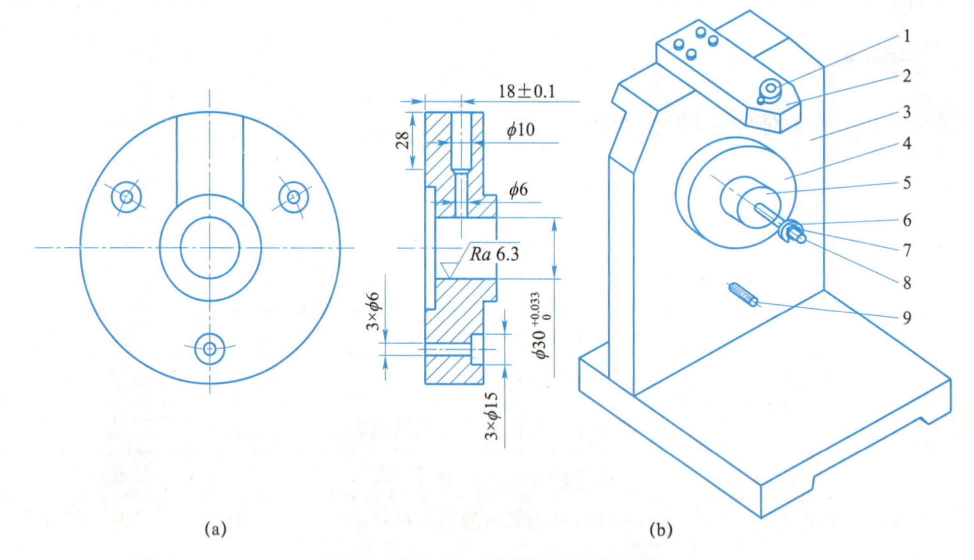

图 2-1-2-1　后盖零件的钻夹具

1—钻套；2—钻模板；3—夹具体；4—支承板；5—圆柱销；6—开口垫圈；7—螺母；8—螺杆；9—菱形销

二、学习目标

（1）了解工艺系统、工艺装备等的概念。

（2）掌握常用夹具的类型和结构特点。

（3）掌握常用刀具、量具等的结构特点。

三、知识梳理

1. 工艺装备的概念

工艺装备简称“工装”，是制造产品所需的刀具、夹具、模具、辅具、量具和工位器具的总称。工艺装备不仅是制造产品所必需的，而且作为劳动资料对于保证产品质量、提高生产效率和实现安全文明生产都有重要作用。工艺装备可分为通用工装和专用工装两大类。

1）通用工装

通用工装由专业工具厂生产，品种系列繁多，在市场上可以选购；适用范围广，可用于不同品种规格产品的生产和检测。

2）专用工装

在市场上一般没有现货供应，需由企业自己设计制造，适用范围只限于某种特定产品。

2. 夹具

机床夹具是在机械制造过程中，用来固定加工对象，使之占有正确位置，以接受加工或检测并保证加工要求的机床附加装置，简称夹具。机床夹具的主要功能就是完成工件的装夹工作。工件装夹情况的好坏将直接影响工件的加工精度。

1）机床夹具的分类

机床夹具的种类很多，形状千差万别，为了设计、制造和管理的方便，往往按某一属性进行分类。

（1）按夹具的通用特性分类。

按这一分类方法，常用的夹具有通用夹具、专用夹具、可调夹具、组合夹具和自动线夹具等五大类，它反映夹具在不同生产类型中的通用特性，因此是选择夹具的主要依据。

① 通用夹具。通用夹具是指结构、尺寸已规格化，且具有一定通用性的夹具，如三爪自定心卡盘、四爪单动卡盘、台虎钳、万能分度头、中心架、电磁吸盘等。其特点是适用性强，无须调整或稍加调整即可装夹一定形状范围内的各种工件。这类夹具已商品化，且成为机床附件。采用这类夹具可缩短生产准备周期，减少夹具品种，从而降低生产成本。其缺点是夹具的加工精度不高，生产率也较低，且较难装夹形状复杂的工件，故适用于单件小批量生产。

② 专用夹具。专用夹具是针对某一工件、某一工序的加工要求而专门设计和制造的夹具。其特点是针对性极强，没有通用性。在产品相对稳定、批量较大的生产中，常用各种专用夹具，可获得较高的生产率和加工精度。专用夹具的设计制造周期较长，随着现代多品种及中、小批生产的发展，专用夹具在适应性和经济性等方面已产生许多问题。

③ 可调夹具。可调夹具是针对通用夹具和专用夹具的缺陷而发展起来的一类新型夹具。对不同类型和尺寸的工件，只需调整或更换原来夹具上的个别定位元件和夹紧元件便可使用，它一般又分为通用可调夹具和成组夹具两种。

通用可调夹具的通用范围大，适用性广，加工对象不太固定；成组夹具是专门为成组工艺中的某组零件设计的，调整范围仅限于本组内的工件。可调夹具在多品种、小批量生产中得到广泛应用。

成组夹具。这是在成组加工技术基础上发展起来的一类夹具，它是根据成组加工工艺的原则，针对一组形状相近的零件专门设计的，也是具有通用基础件和可更换调整元件的夹具。这类夹具从外形上看与可调夹具不易区别，但它与可调夹具相比，具有使用对象明确、设计科学合理、结构紧凑和调整方便等优点。

④ 组合夹具。组合夹具是一种模块化的夹具，并已商品化。标准的模块元件具有较高的精度和耐磨性，可组装成各种夹具，夹具用毕即可拆卸，留待组装新的夹具。由于使用组合夹具可缩短生产准备周期，元件能重复多次使用，并具有可减少专用夹具数量等优点。因此组合夹具在单件、中小批多品种生产和数控加工中是一种较经济的夹具。

⑤ 自动线夹具。自动线夹具一般分为两种：一种为固定式夹具，它与专用夹具相似；另一种为随行夹具，使用中夹具随着工件一起运动，并将工件沿着自动线从一个工位移至下一个工位进行加工。

（2）按夹具使用的机床分类。

按所使用的机床，可把夹具分为车床夹具、铣床夹具、钻床夹具、镗床夹具、磨床夹具、齿轮机床夹具、数控机床夹具等。

（3）按夹具动力来源分类。

按夹具夹紧动力源可将夹具分为手动夹具和机动夹具两大类。为减轻劳动强度和确保安全生产，手动夹具应有扩力机构与自锁性能。常用的机动夹具有气动夹具、液压夹具、气液夹具、电动夹具、电磁夹具、真空夹具和离心力夹具等。

2）机床夹具的组成

虽然机床夹具的种类繁多，但它们的工作原理基本上是相同的。将各类夹具中作用相同的结构或元件加以概括，可得出夹具一般所共有的以下几个组成部分，这些组成部分既相互独立又相互联系。

（1）定位支承元件。定位支承元件的作用是确定工件在夹具中的正确位置并支承工件，是夹具的主要功能元件之一，如图 2-1-2-2 所示的 V 形块 1。定位支承元件的定位精度直接影响工件加工的精度。

（2）夹紧装置。夹紧元件的作用是将工件压紧夹牢，并保证在加工过程中工件的正确位置不变，如图 2-1-2-2 所示的偏心轮 7、手柄 3。

（3）连接定向元件。这种元件用于将夹具与机床连接并确定夹具对机床主轴、工作台或导轨的相互位置，如图 2-1-2-2 所示的定向键 4。

（4）对刀元件或导向元件。这些元件的作用是保证工件加工表面与刀具之间的正确位置。用于确定刀具在加工前正确位置的元件称为对刀元件，如图 2-1-2-2 所示的对刀块 6；用于确定刀具位置并引导刀具进行加工的元件称为导向元件。

（5）其他装置或元件。

根据加工需要，有些夹具上还设有分度装置、靠模装置、上下料装置、工件顶出机构、电动扳手和平衡块等，以及标准化了的其他连接元件。

（6）夹具体。

夹具体是夹具的基体骨架，用来配置、安装各夹具元件使之组成一整体。常用的夹具体为铸件结构、锻造结构、焊接结构和装配结构，有回转体形和底座形等形状。

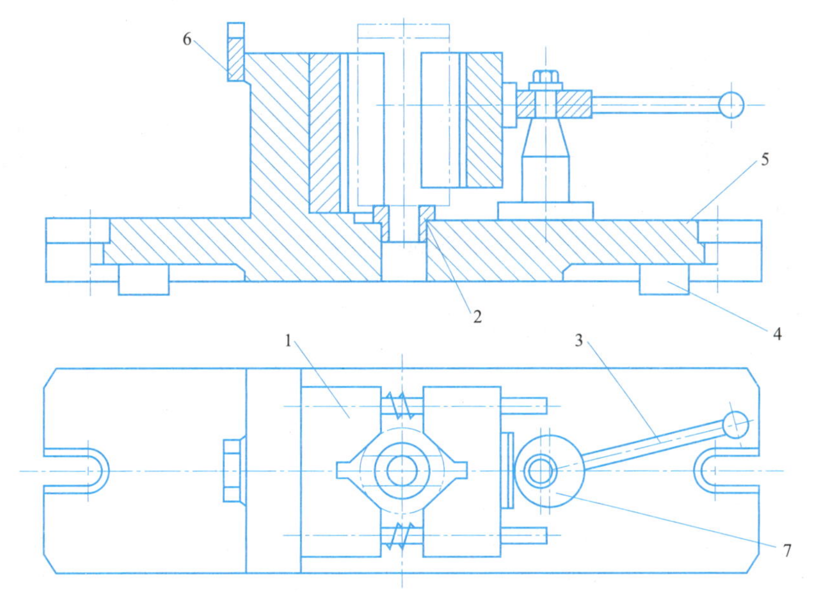

图 2-1-2-2 铣轴端槽夹具

1—V 形块；2—支承套；3—手柄；4—定向键；5—夹具体；6—对刀块；7—偏心轮

上述各组成部分中，定位元件、夹紧装置、夹具体是夹具的三大基本组成部分。

2）机床夹具的作用

（1）保证加工精度。

用夹具装夹工件时，工件相对于刀具及机床的位置精度是由夹具保证的，不受工人技术水平的影响，使一批工件的加工精度趋于一致。

（2）提高劳动生产率。

使用夹具装夹工件方便、快速，工件不需要划线找正，可显著地减少辅助工时；工件在夹具装夹后提高了工件的刚性，可加大切削用量；可使用多件、多工位装夹工件的夹具，并可采用高效夹紧机构，进一步提高劳动生产率。

（3）扩大机床的使用范围。

根据加工机床的成形运动，附以不同类型的夹具，即可扩大机床原有的工艺范围。例如，在车床的溜板或摇臂钻床工作台上装上镗模，就可以进行箱体零件的镗孔加工。

（4）改善工人的劳动条件。

用机床夹具装夹工件具有方便、省力和安全的优点。

3. 车床类机床夹具

车床主要用于加工零件的内外圆柱面、圆锥面、回转成形面、螺纹以及端平面等。上述各种表面都是围绕机床主轴的旋转轴线而形成的，根据这一加工特点和夹具在机床上安装的位置，将车床夹具分为两种基本类型，即安装在车床主轴上的夹具和安装在滑板或床身上的夹具。

（1）安装在车床主轴上的夹具。这类夹具中，除了各种卡盘、顶尖等通用夹具或其他机床附件外，往往根据加工的需要设计各种心轴或其他专用夹具，加工时夹具随机床主轴一起旋转，切削刀具做进给运动。

（2）安装在滑板或床身上的夹具。对于某些形状不规则和尺寸较大的工件，常常把夹具安装在车床滑板上，刀具则安装在车床主轴上做旋转运动，夹具做进给运动。加工回转成形面的靠模属于此类夹具。

车床夹具按使用范围，可分为通用车夹具、专用车夹具和组合夹具三类。生产中需要设计且用得较多的是安装在车床主轴上的各种夹具，故下面仅介绍车床常用通用夹具的结构。

1）车床常用通用夹具的结构

（1）三爪自定心卡盘。三爪自定心卡盘的三个卡爪是同步运动的，能自动定心，工件装夹后一般无须找正，装夹工件方便、省时，但夹紧力不太大，所以仅适用于装夹外形规则的中、小型工件，其结构如图 2－1－2－3 所示。

为了扩大三爪自定心卡盘的使用范围，可将卡盘上的三个卡爪换下来，装上专用卡爪，变为专用的三爪自定心卡盘。

（2）四爪单动卡盘，如图 2－1－2－4 所示。由于四爪单动卡盘的四个卡爪各自独立运动，因此工件装夹时必须将加工部分的旋转中心找正到与车床主轴旋转中心重合后才可车削。四爪单动卡盘找正比较费时，但夹紧力较大，所以适用于装夹大型或形状不规则的工件。四爪单动卡盘可装成正爪或反爪两种形式，反爪用来装夹直径较大的工件。

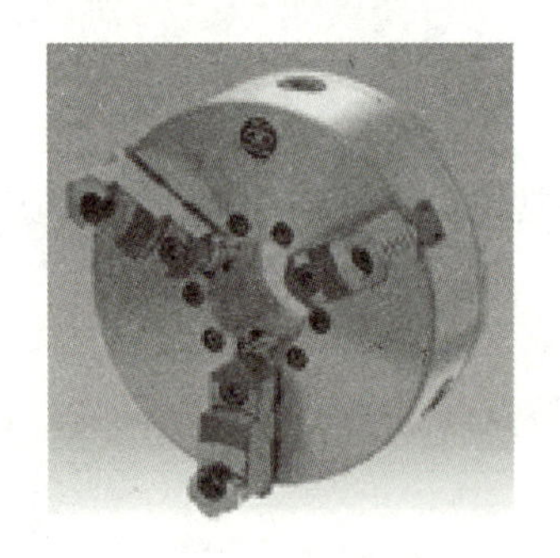

图 2－1－2－3　三爪自定心卡盘

图 2－1－2－4　四爪单动卡盘

（3）拨动顶尖。为了缩短装夹时间，可采用如图 2－1－2－5 所示的内、外拨动顶尖。这种顶尖锥面上的齿能嵌入工件，拨动工件旋转；其圆锥角一般采用 60°，硬度为 58～60HRC。图 2－1－2－5（a）所示为外拨动顶尖，用于装夹套类工件，它能在一次装夹中加工外圆；图 2－1－2－5（b）所示为内拨动顶尖，用于装夹轴类工件。

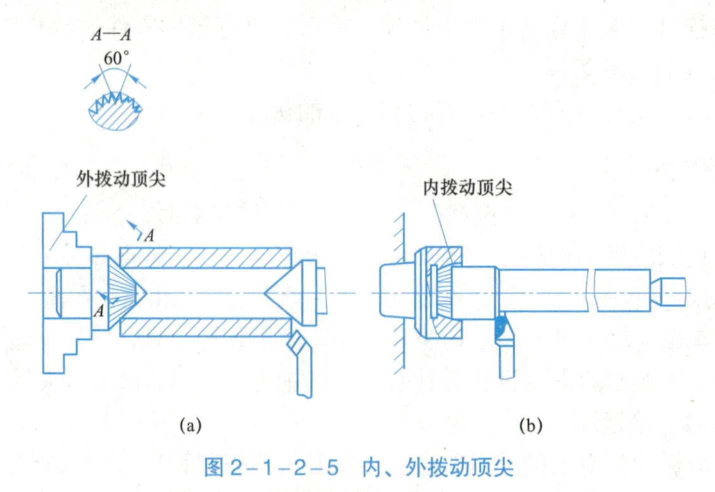

图 2－1－2－5　内、外拨动顶尖

2）车床类夹具的安装

夹具在机床上的安装过程是夹具在机床上相对于切削成形运动的定位过程，夹具上定位表面相对于机床上的连接表面位置不准确就会产生安装误差，使加工精度降低。车床夹具安装的实质是使夹具轴线与机床主轴回转轴线重合。夹具在机床上安装是通过夹具上的安装表面实现的。根据车床主轴的端部结构，车床夹具有如图 2-1-2-6 所示的几种安装方法。

图 2-1-2-6（a）所示为用莫氏锥安装，即在车床夹具上根据主轴中心的莫氏锥孔制作夹具安装面——莫氏锥体，使锥体与锥孔配合。有时为了保险，用拉杆从尾部拉紧。这种安装方法夹具安装精度高，定位迅速方便，但刚度低，适于轻切削。

图 2-1-2-6（b）所示为根据车床主轴端部结构，利用夹具上的圆柱孔为安装面并与机床主轴圆柱形连接面配合定位，常采用的配合为 H7/h6、H7/js6，用螺纹连接，并用两个压块防止松脱。这种安装方法，由于存在配合间隙，故安装精度较低。

图 2-1-2-6（c）所示为用短锥和端面定位，螺钉夹紧。这种安装方式定位精度高，接触刚度好，但有过定位存在，必须提高端面和锥孔的制造精度。

图 2-1-2-6（d）所示为用过渡盘安装。过渡盘一端与机床主轴端部结构相适应，另一端结构可标准化供夹具安装用，这样只要每台机床配有相应的过渡盘，夹具安装面便可统一，同一夹具即可在不同车床上使用。如图 2-1-2-6 所示过渡盘一端为锥孔，平面安装在主轴上；另一端制有短圆柱及平面，夹具上的安装面为短圆孔和平面与之配合，用螺钉固紧。

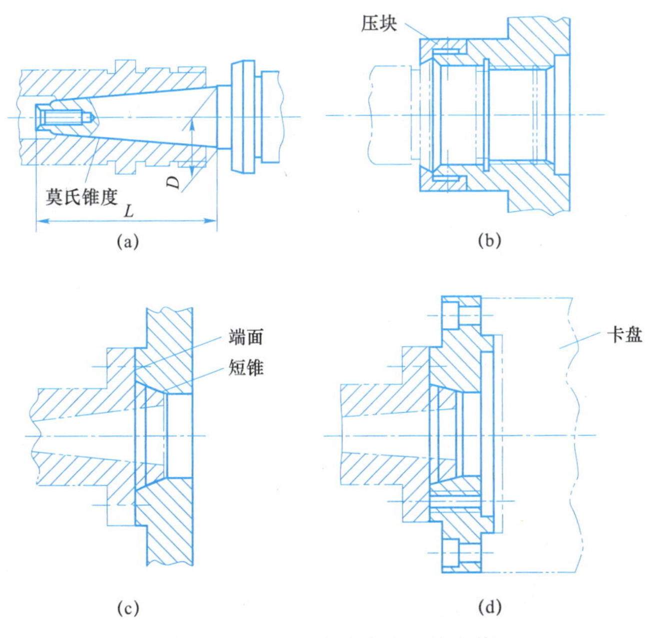

图 2-1-2-6　车床类夹具的安装

4. 铣床类机床夹具

在铣床上用来使工件定位并夹紧的工艺装置称为铣床夹具。铣床夹具安装在铣床工作台上随工作台一起进给。铣削是断续切削，切削力大，因此夹具及各组成部分要有足够的刚性和强度；铣削是高效率加工方式，设计铣床夹具时应该充分利用机床工作台面积，采用多工位、多件加工，并采用机动夹紧，以提高生产率。

1）铣床夹具的分类

铣床夹具按使用范围，可分为通用铣夹具、专用铣夹具和组合夹具三类；按工件在铣床上加工运动的特点，可分为直线进给夹具、圆周进给夹具和沿曲线进给夹具（如靠模铣床夹具）三大类。此外，还可按自动化程度和夹紧力来源不同（如气动、电动、液动）以及装夹工件数量的多少（如单件、双件、多件）等进行分类。其中，最常用的分类方法是按通用、专用和组合进行分类。下面介绍一下铣床常用通用夹具的结构。

2）铣床常用通用夹具的结构

铣床常用通用夹具主要有平口虎钳，它主要用于装夹长方形工件，也可用于装夹圆柱形工件。

（1）机床用平口虎钳的结构组成，如图 2－1－2－7 所示。

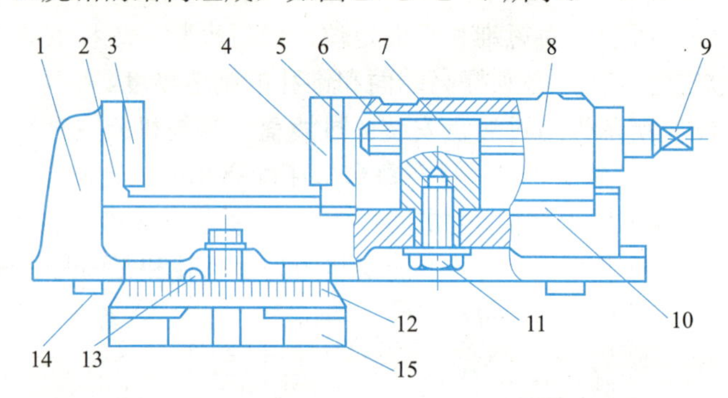

图 2－1－2－7　机床用平口虎钳的结构组成

1—虎钳体；2—固定钳口；3，4—钳口铁；5—活动钳口；6—丝杠；7—螺母；8—活动座；9—方头；10—压板；11—紧固螺钉；12—回转底盘；13—钳座零线；14—定位键

（2）机床用平口虎钳的组成分析。

① 虎钳体 1 是夹具体，机床用平口虎钳是通过虎钳体固定在机床上的。

② 固定钳口 2 和钳口铁 3 起垂直定位作用，虎钳体 1 上的导轨平面起水平定位作用。

③ 活动座 8、螺母 7、螺杆 6（及方头 9）和紧固螺钉 11 可作为夹紧元件。

④ 回转底座 12 和定位键 14 属于其他元件，分别起角度分度和夹具定位作用。

⑤ 固定钳口 2 上的钳口铁上平面和侧平面也可作为对刀部位，但需用对刀规和塞尺配合使用。

3）铣床夹具的安装

铣床夹具以其底板平面放置在铣床工作台上，保证定位表面在垂直面内与走刀方向成一定位置关系；铣床夹具底平面上都设置两个如图 2－1－2－8 所示的定向键，定向键嵌在铣床工作台的 T 形槽内并与之配合，确定夹具上定位元件在水平面内与走刀方向的位置关系。在位置确定后，由 T 形螺钉将夹具固紧。

5. 刀具

金属切削刀具是从工件表面上切除多余金属层的带刃工具，是完成零件切削加工的重要组成部分。刀具切削性能的优劣将直接影响切削加工的生产率、质量和成本。

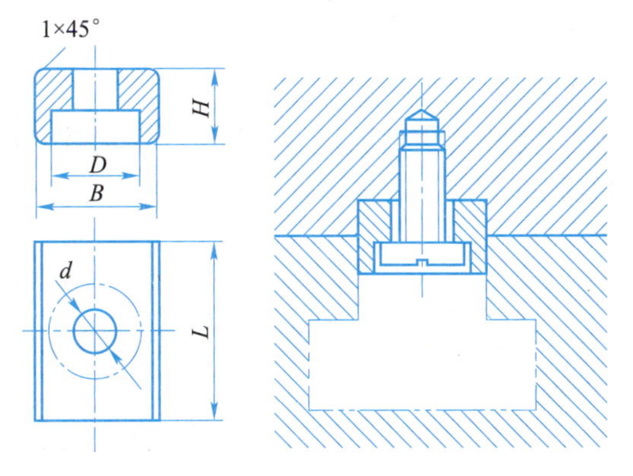

图 2-1-2-8　定向键

1）刀具材料性能要求

刀具材料是指刀具切削部分的材料，在切削时要承受高温、高压、强烈的摩擦、冲击和振动。刀具切削部分的材料应具备以下基本性能：

（1）高的硬度。

（2）高的耐磨性。

（3）足够的强度和韧性。

（4）高的热稳定性。

（5）良好的工艺性能。

2）常用刀具材料

常用的刀具材料有碳素工具钢、合金工具钢、高速钢、硬质合金、陶瓷材料与超硬材料等。

3）刀具种类

按用途和加工方法的不同，刀具可分为切刀类（车刀、刨刀、插刀、成形刀）、孔加工类（麻花钻、扩孔钻、锪钻、深孔钻、铰刀）、拉刀类（内表面及外表面拉刀）、铣刀类（圆盘铣刀、指状铣刀）、螺纹加工刀类（螺纹车刀、丝锥、板牙、螺纹梳刀、滚丝轮、搓丝板）、齿轮刀具类（滚齿刀、插齿刀、剃齿刀、齿条刨刀、花键滚刀），以及各类磨具（各种砂轮、砂带、抛光轮）等。

6. 量具

1）量具的类型

量具一般分为标准量具、通用量具和专用量具三类。

（1）标准量具。

标准量具指用作测量或检定标准的量具，如量块、多面棱体、表面粗糙度比较样块等。

（2）通用量具。

通用量具也称万能量具，一般指由量具厂统一制造的通用性量具，如直尺、平板、角度块、卡尺等。

（3）专用量具。

专用量具也称非标量具，指专门为检测工件某一技术参数而设计制造的量具，如内外沟槽卡尺、钢丝绳卡尺和步距规等。

2）常用量具

量具是实物量具的简称，是测量零件的尺寸、角度、形状精度和相互位置精度等所使用的测量工具。常用的量具有游标卡尺、千分尺、百分表、塞尺、千分表、平板、外径千分尺、标尺等。

（1）游标卡尺。

游标卡尺（以下简称卡尺）的外形结构种类较多，现介绍常用的三用卡尺，测量范围一般有 0～125 mm 和 0～150 mm 两种。

如图 2－1－2－9 所示，三用卡尺主要由尺身、尺框和深度尺三部分组成。尺身 1 上刻有间距为 1 mm 的刻度；游标 6 用螺钉固定在尺框 3 上；带游标的尺框可由紧固螺钉 4 固紧在尺身的任何位置上；深度尺 5 的一端固定在尺框内，能随尺框在尺身背部的导向槽中移动，另一端是测量端，为了减小接触面、提高测量精度，常把该测量端制成楔形。

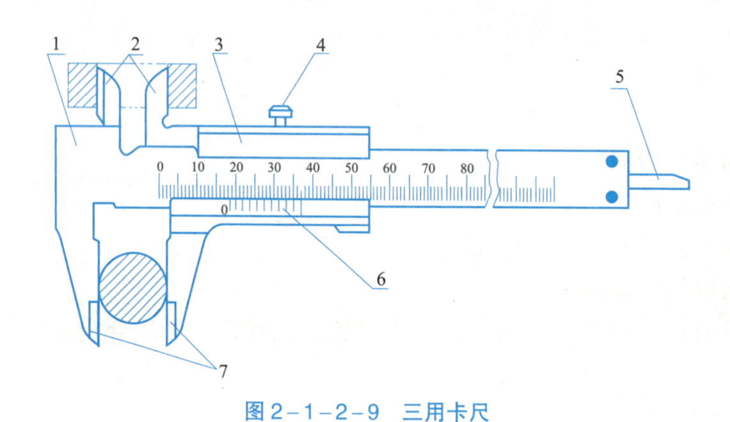

图 2－1－2－9　三用卡尺

1—尺身；2—上量爪；3—尺框；4—紧固螺钉；5—深度尺；6—游标；7—下量爪

（2）外径千分尺。

外径千分尺的结构如图 2－1－2－10 所示，由尺架、测微头、测力装置和锁紧装置等组成。图 2－1－2－10 中 3～9 是千分尺的测量头部分，固定刻度套筒 5 用螺钉固定在螺纹轴套 4 上，而螺纹轴套又与尺架 1 紧配接合成一体，测微螺杆 3 的一端是测量杆，中间是精度很高的外螺纹，与螺纹轴套上的内螺纹精密配合，使外螺纹可在内螺纹中自如旋转而间隙极小。测微螺杆另一端的外圆锥与接头 8 的内圆锥相配，并通过顶端的内螺纹与测力装置 10 连接，当测力装置的外螺纹旋紧在测微螺杆的内螺纹上时，测力装置就通过垫片 9 紧压接头 8，而接头 8 上开有轴向槽，有一定的胀缩弹性，能沿着测微螺杆上的外圆锥胀大，从而使微分筒 6 与测微螺杆和测力装置结合成一体。当旋转测力装置 10 时，就带动测微螺杆和微分筒一起旋转，并沿着精密螺纹的螺旋线方向运动，使两个测量面之间的距离发生变化。

千分尺测微螺杆的移动量一般为 25 mm，少数大型千分尺也有制成 50 mm 的。千分尺的读数机构由固定套管和微分筒组成，详细的读数方法请查阅相关资料。

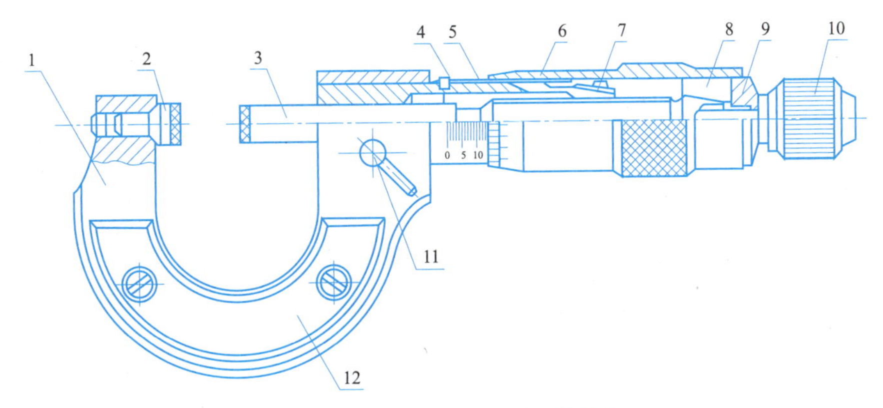

图 2–1–2–10 外径千分尺的结构

1—尺架；2—测砧；3—测微螺杆；4—螺纹轴套；5—固定刻度套筒；6—微分筒；
7—调节螺母；8—接头；9—垫片；10—测力装置；11—锁紧螺钉；12—绝热板

四、任务实施

图 2–1–2–1 所示钻夹具是非固定式普通钻模。一般来说，在立式钻床上加工直径小于 ϕ10 mm 的小孔或孔系且钻模重量小于 15 kg 时，由于钻模扭矩较小，加工时人力可以扶得住它，因而不需要将钻模固定在钻床上，此时可以采用这类非固定式钻模。

该钻夹具由定位元件、夹紧装置、对刀或导向元件、连接元件和夹具体等五部分组成。

1. 定位元件

定位元件是与工件定位基准（面）接触的元件，用来确定工件在夹具中的正确位置。该钻夹具上的定位心轴 5（圆柱销 5）、菱形销 9 和支承板 4 都是定位元件，通过它们使工件在夹具中占据正确的位置。

2. 夹紧装置

夹紧装置是压紧工件的装置，使工件在切削力、重力、离心力等作用下仍能牢固地紧靠在定位元件上。该钻夹具上的螺杆 8（与圆柱销合成一个零件）、螺母 7 和开口垫圈 6 等组成了螺旋夹紧装置，保持工件在加工过程中不因受外力而改变正确位置。

3. 对刀或导向元件

对刀或导向元件用来确定夹具与刀具的相对位置。该钻夹具上的钻套 1 和钻模板 2 组成了刀具导引装置，用来确定钻头轴线相对于定位元件的正确位置。

4. 连接元件

连接元件是连接机床与夹具的装置，用来确定夹具在机床中的位置。该钻夹具中的夹具体 3 兼作连接元件。夹具体 3 的底面为安装基面，保证了钻套 1 的轴线垂直于钻床工作台以及圆柱销 5 的轴线平行于钻床工作台。

5. 夹具体

夹具体是夹具的基础元件，它将其他所有夹具元件连接成一个有机的整体，并完成夹具与机床的连接。该钻夹具中的零件 3 就是夹具体，通过它可将所有的组成部件连接成一个整体，并保证各元件之间的相对位置。

五、任务评价

按表 2－1－2－1 对任务进行评价。

表 2－1－2－1　任务评价

序号	评价内容	评价标准	评价结果（是/否）
1	知识与技能	能解释工艺系统的概念	□是　□否
		能解释工艺装备的概念	□是　□否
		能分析常用夹具的类型和结构特点	□是　□否
		能分析常用刀具的类型和结构特点	□是　□否
		能分析常用量具的类型和结构特点	□是　□否
2	职业素养	具有严谨求实的学习态度	□是　□否
		具有精益求精的工匠精神	□是　□否
		具有互帮互助的团队意识	□是　□否
3	总评	“是”与“否”在本次评价中所占百分比	“是”占____% “否”占____%

六、任务巩固

图 2－1－2－11 所示为小轴轴端铣直槽夹具，采用铣刀铣削工件顶部的直槽，试分析该铣直槽夹具各部分的组成及作用。

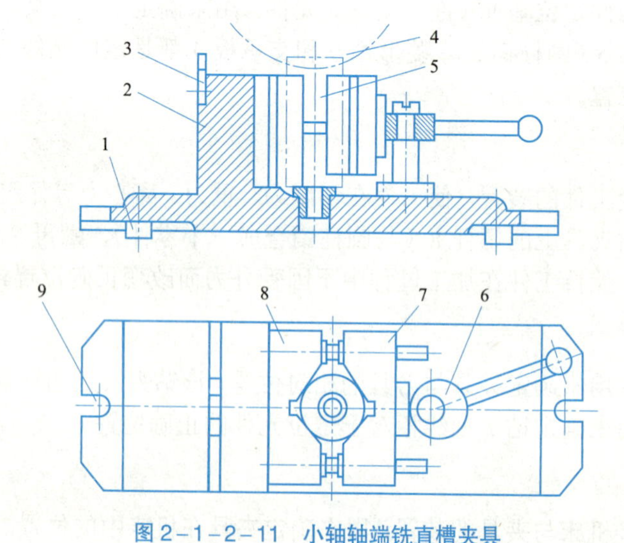

图 2－1－2－11　小轴轴端铣直槽夹具

1—定位健；2—夹具体；3—对刀块；4—铣刀；5—工件；6—偏心轮；7—活动 V 形块；8—固定 V 形块；9—U 形耳槽

工作项目 2.2 确定工件的装夹形式

一、项目概述

熟悉定位的概念；了解定位元件的基本要求；掌握常用定位元件的结构特点与应用场合；掌握零件定位形式的确定方法；了解夹紧、装夹、夹紧装置等概念；熟悉夹紧装置的组成及设计原则；熟悉基本夹紧机构的结构特点与应用场合；掌握零件装夹方案的确定方法。

二、项目分析

定位和夹紧的整个过程合起来称为装夹，工件装夹的质量与速度直接影响着加工质量和劳动生产率。只有对工件在机床上的位置进行准确定位并可靠夹紧后，才能确保后续零件的加工质量。

完成本项目需要掌握常用定位元件的结构特点与应用场合；掌握零件定位形式的确定方法；熟悉夹紧装置的组成及设计原则；熟悉基本夹紧机构的结构特点与应用场合；掌握零件装夹方案的确定方法，即需要熟练地完成以下两项工作任务：

（1）确定零件的定位形式。

（2）确定零件的装夹方案。

工作任务 2.2.1 确定套筒零件的定位形式

一、任务描述

如图 2－2－1－1 所示套筒零件，材料为 Q235A 钢，生产批量 2 000 件。工件已经完成了内、外圆和端面的加工，现在需要钻削零件上方ϕ10 mm 的孔。试分析钻削此孔时，工件的定位形式。

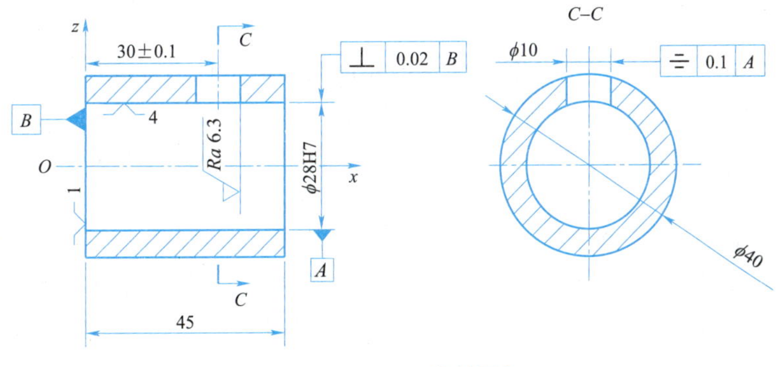

图 2－2－1－1 套筒零件

二、学习目标

（1）掌握定位的概念。

（2）了解对定位元件的基本要求。

（3）熟悉各种定位元件的结构特点及应用场合。

（4）掌握零件定位方式的确定方法。

三、知识梳理

1. 对定位元件的基本要求

（1）限位基面应有足够的精度。定位元件具有足够的精度，才能保证工件的定位精度。

（2）限位基面应有较好的耐磨性。由于定位元件的工作表面经常与工件接触和摩擦，容易磨损，为此要求定位元件限位表面的耐磨性要好，以保持夹具的使用寿命和定位精度。

（3）支承元件应有足够的强度和刚度。定位元件在加工过程中，受工件重力、夹紧力和切削力的作用，因此要求定位元件应有足够的刚度和强度，避免使用中变形和损坏。

（4）定位元件应有较好的工艺性。定位元件应力求结构简单、合理，便于制造、装配和更换。

（5）定位元件应便于清除切屑。定位元件的结构和工作表面形状应有利于清除切屑，以防切屑嵌入夹具内影响加工和定位精度。

2. 常用定位元件的种类

常用定位元件可按工件典型定位基准面分为以下几类：

（1）用于平面定位的定位元件，包括固定支承（钉支承和板支承）、自位支承、可调支承和辅助支承。

（2）用于外圆柱面定位的定位元件，包括 V 形块、定位套和半圆定位座等。

（3）用于孔定位的定位元件，包括定位销（圆柱定位销和圆锥定位销）、圆柱心轴和小锥度心轴。

3. 常用定位元件的选用

常用定位元件应按工件定位基准面和定位元件的结构特点进行选择。

1）工件以平面定位

平面定位的主要形式是支承定位，它又可以分为固定支承、可调支承、自位支承（浮动支承）和辅助支承等。

（1）固定支承。

固定支承有支承钉和支承板两种型式。在使用过程中，它们都是固定不动的。在定位过程中，支承钉一般只限制工件的一个自由度，而支承板相当于两个支承钉。

① 支承钉。

常用的结构有平头、球头、齿纹等，如图 2–2–1–2 所示。当工件以加工过的平面定位时，可采用平头支承钉（A 型）；当工件以粗糙不平的毛坯面定位时，可采用球头支承钉（B 型），使其与毛坯良好接触；齿纹头支承钉（C 型）用在工件的侧面，能增大摩擦系数，防止工件滑动。需要经常更换的支承钉应加衬套。带套筒的支承钉（D 型）用于大批大量生产，便于磨损后更换。

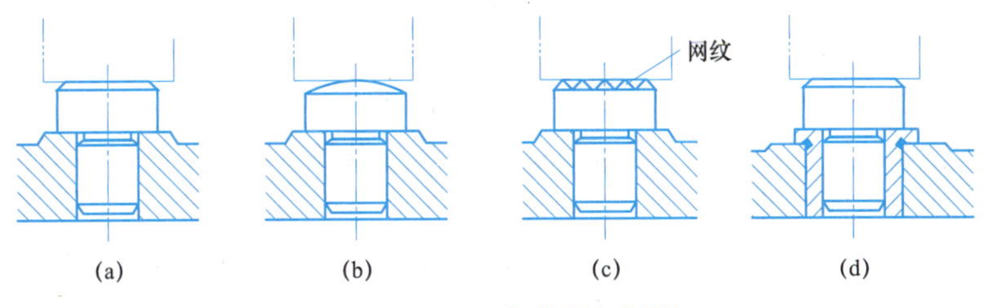

图 2-2-1-2 各种固定支承钉

支承钉、支承板和衬套都已标准化，其公差配合、材料、热处理等可查阅《机床夹具零件及部件》。支承钉与夹具体孔的配合、衬套外径与夹具体的配合、衬套内径与支承钉的配合按标准选用。

② 支承板。

如图 2-2-1-3（a）所示，A 型平板式支承板：结构简单、紧凑，但不易清除落入沉头螺钉孔内的碎屑，故适用于顶面和侧面定位；如图 2-2-1-3（b）所示，B 型斜槽式支承板：在安装螺钉部位开两个斜槽，使清屑容易又结构紧凑。B 型支承板易于保证工作表面清洁，故适用于底面定位。

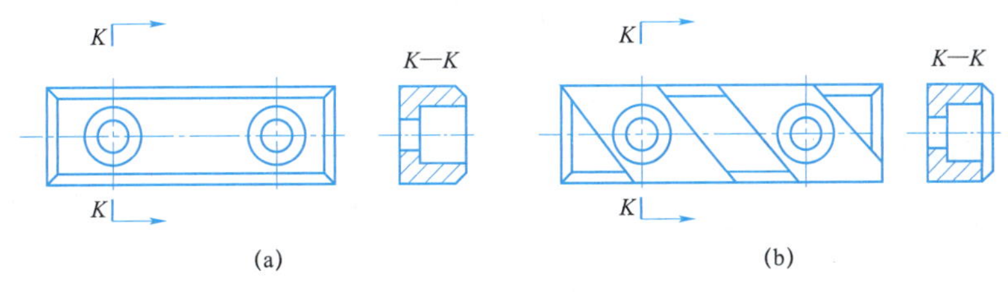

图 2-2-1-3 固定支承板

（a）A 型平板式；（b）B 型斜槽式

支承板常用于以下场合：工件以大平面与一大支承板相接触时，该支承板相当于三个不在一条直线上的支承点。一个窄长的支承板相当于两个支承点，限制工件两个自由度。当工件以一个大平面与两个窄长支承板相接触进行定位时，这两个窄长支承板相当于一个大支承板，限制三个自由度。

（2）可调支承。

在工件定位过程中，当支承钉的高度需要调整时，可采用可调支承结构，它由螺母和螺钉组成，如图 2-2-1-4 所示。

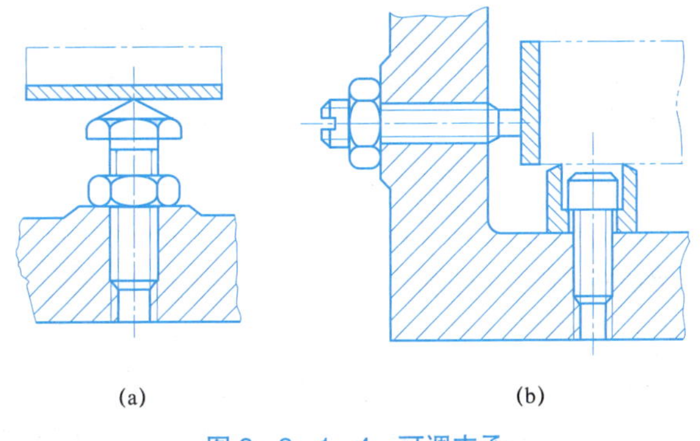

图 2-2-1-4 可调支承

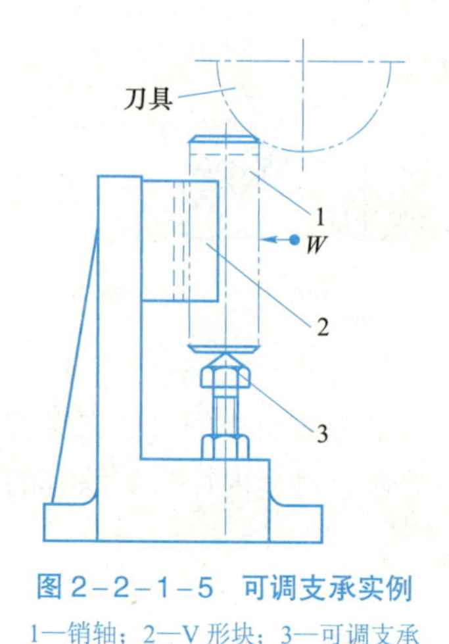

图 2-2-1-5　可调支承实例

1—销轴；2—V 形块；3—可调支承

可调支承主要用于工件以粗基准定位。当工件毛坯尺寸有较大变化时，每更换一批毛坯，就要调整一次可调支承，其高度一经调好，就相当于一个固定支承。

如图 2-2-1-5 所示，在销轴 1 端部铣槽，用可调支承 3 轴向定位，通过调整其高度，即可加工不同长度的销轴类工件，达到使用同一夹具加工不同尺寸的相似件的目的。

可调支承在一批工件加工前调整一次，调整后需要锁紧，锁紧后其作用与固定支承相同。

（3）自位支承（浮动支承）。

在工件定位过程中，能自动调整位置的支承称为自位支承，或称浮动支承。其作用相当于一个固定支承，只限制一个自由度。由于增加了接触点数，故可提高工件的装夹刚度和稳定性，但夹具结构稍复杂，自位支承一般适用于毛坯面定位或刚性不足的场合，如图 2-2-1-6 所示。在图 2-2-1-6 中，图 2-2-1-6（a）和图 2-2-1-6（b）所示为两点式自位支承，图 2-2-1-6（c）所示为三点式自位支承。

（4）辅助支承。

如图 2-2-1-7 所示，辅助支承是在工件定位后才参与支承的元件，不限制自由度。当工件因尺寸形状或局部刚度较差，使其定位不稳或受力变形等时，即需增设辅助支承，用以承受工件重力、夹紧力或切削力。

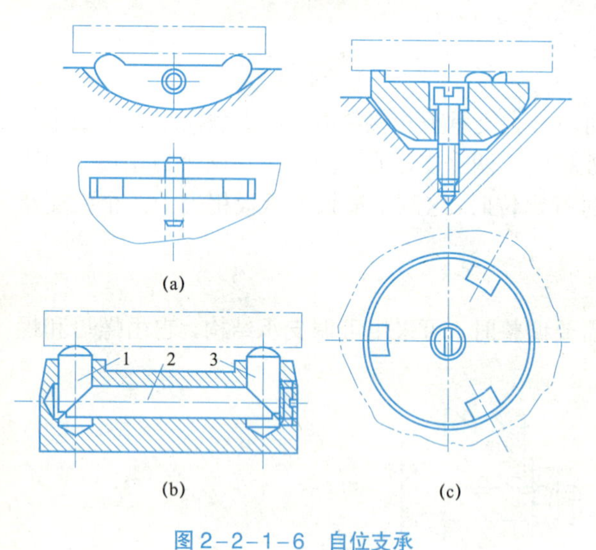

图 2-2-1-6　自位支承

（a），（b）两点式自位支承；（c）三点式自位支承

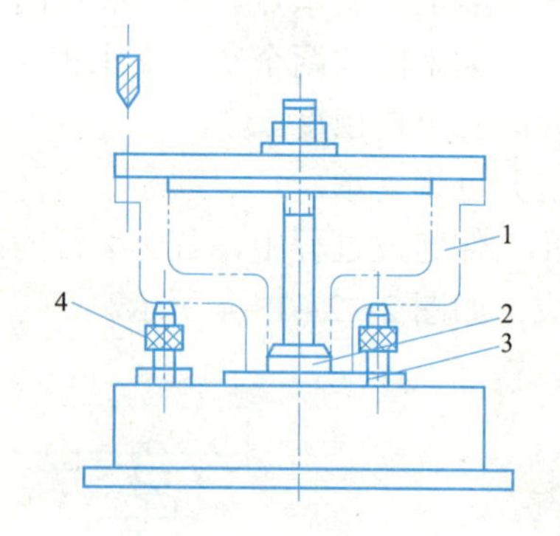

图 2-2-1-7　辅助支承

1—工件；2—短定位销；3—支承环；4—辅助支承

辅助支承主要起预定位作用，以提高工件的加工稳定性。

2）工件以圆孔定位

工件以圆孔定位多属于定心定位（定位基准为圆柱孔轴线），常用的定位元件有定位销和心轴。定位销有圆柱销、圆锥销、菱形销等形式；心轴有刚性心轴（又有过盈配合、间隙配合和小锥度心轴等)、弹性心轴和液性塑料心轴之分。

(1) 圆柱销。

固定式定位销和可换式定位销的标准结构可参阅《机床夹具零件及部件》中 GB 2203—80A 型和 GB 2204—80 型。图 2-2-1-8 所示为常用定位销结构。当定位销直径 D 小于 3~10 mm 时,为避免使用中折断或处理时淬裂,通常将根部制成圆角 R。夹具体上应有沉孔,使定位销的圆角部分沉入孔内而不影响定位。在大批大量生产时,为了便于定位销的更换,可采用如图 2-2-1-8(d)所示的带有衬套的结构形式。

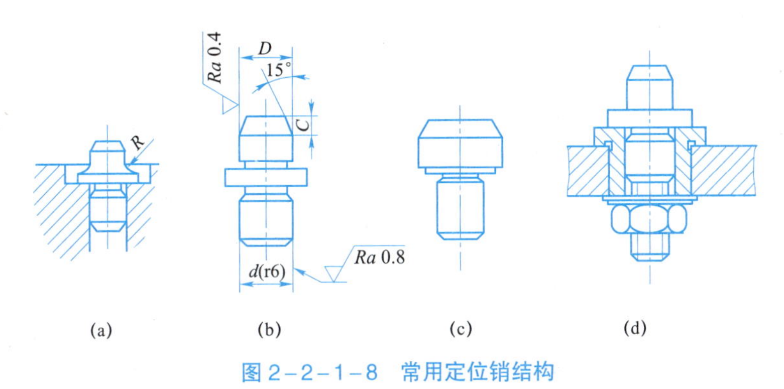

图 2-2-1-8 常用定位销结构

(a) D>3~10;(b) D>10~18;(c) D>18;(d) 带衬套可换定位销

(2) 圆锥销。

常用于工件孔端的定位,如图 2-2-1-9 所示,圆锥销一般只能限制工件的三个移动自由度。

但是工件以单个圆锥销定位时易倾斜,故在定位时可成对使用,或与其他定位元件联合使用。图 2-2-1-10 所示为圆锥销的组合定位,两个圆锥销共限制了工件的五个自由度。

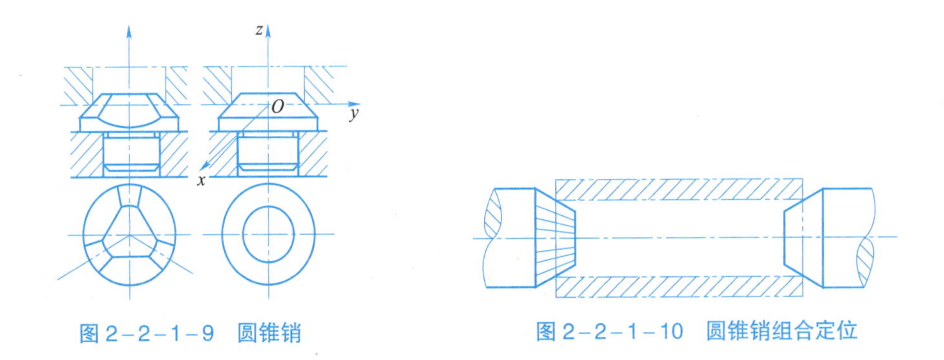

图 2-2-1-9 圆锥销

图 2-2-1-10 圆锥销组合定位

(3) 定位心轴。

① 圆柱心轴。

心轴可以作为一个单独的夹具,广泛应用于车、铣、磨床上加工套筒及盘类零件。心轴在定位过程中一般限制工件四个自由度。图 2-2-1-11 所示为间隙配合心轴的结构形式。

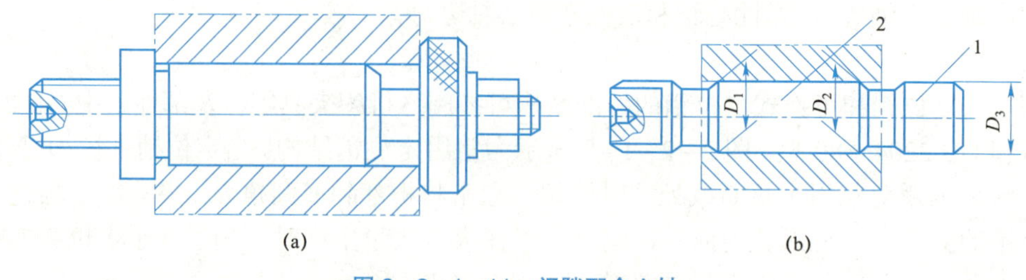

图 2-2-1-11　间隙配合心轴

3）工件以外圆柱面定位

（1）V 形块。

当工件以外圆定位时，最常用的定位元件是 V 形块，包括短 V 形块（限制两个自由度）、长 V 形块或两个短 V 形块组合（限制四个自由度）。

工件以外圆柱面在 V 形块上定位的突出优点是对中性好，即工件上定位用的外圆柱面轴线始终处在 V 形块两斜面的对称面上，且不受工件直径误差的影响。此外，V 形块定位的应用范围广，无论定位基准面是否经过加工，是完整的圆柱面还是局部的圆弧面，都可用 V 形块定位。

图 2-2-1-12 所示为常用 V 形块结构。图 2-2-1-12（a）所示 V 形块用于较短的精基准面的定位；图 2-2-1-12（b）和图 2-2-1-12（c）所示 V 形块用于较长的或阶梯轴的圆柱面的定位，其中图 2-2-1-12（b）用于粗基准面，图 2-2-1-12（c）用于精基准面；图 2-2-1-12（d）所示 V 形块用于工件较长且定位基面直径较大的场合，V 形块做成在铸铁底座上镶装淬火钢垫板的结构。

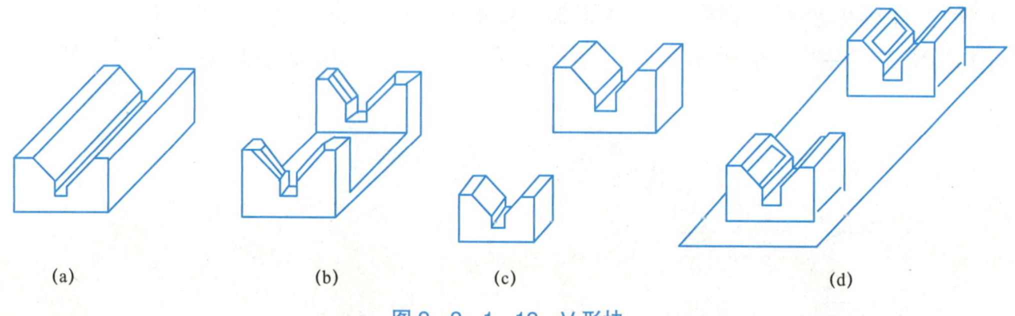

图 2-2-1-12　V 形块

（2）定位套筒。

如图 2-2-1-13 所示，定位套筒适用于工件以精基准定位的场合。套筒定位结构简单、制造容易。定位套筒的优点是简单方便，缺点是因为定位间隙的影响而使定心精度不够高。定位套筒定位时，多采用套筒内孔与端面定位相结合。短定位套筒可限制两个自由度，长定位套筒可限制四个自由度。

（3）半圆孔定位座。

如图 2-2-1-14 所示，半圆孔定位座结构中，下面的半圆套部分起定位作用，上面的半圆套部分起夹紧作用。此种定位方式主要适用于大、中型轴类零件及不便于轴向装夹的零件。

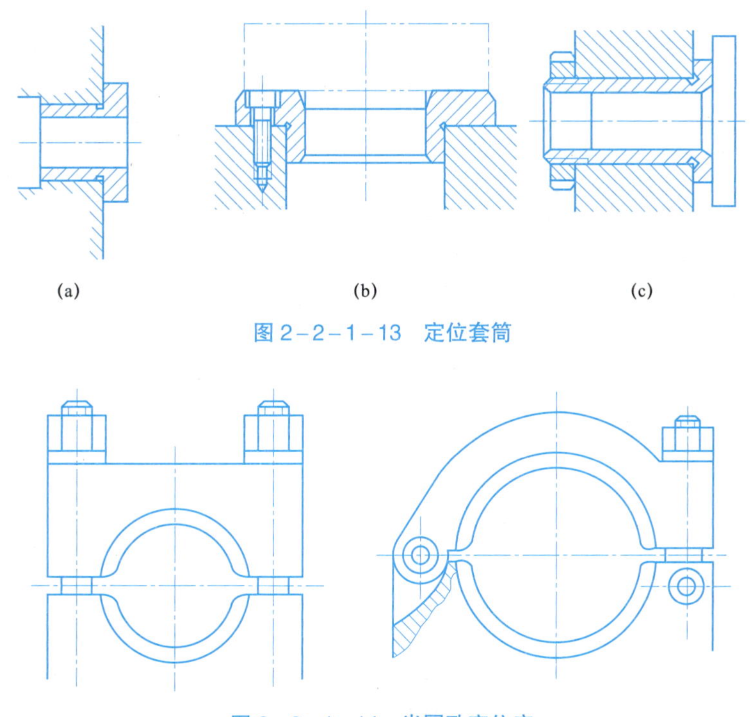

图 2-2-1-13　定位套筒

图 2-2-1-14　半圆孔定位座

（4）圆锥套。

圆锥套限制工件三个移动的自由度，通过带锥齿面对工件进行定位和传扭。圆锥套不能单独对工件进行定位，常与后顶尖配合使用。

4）组合表面的定位

以上所述定位方法多为以单一表面定位，实际上工件往往是以两个或两个以上的表面同时定位，即采用组合定位方式。

组合定位方式很多，常见的组合方式有：一个孔及其端面，一根轴及其端面，一个平面及其上的两个圆孔。生产中最常用的就是“一面两孔”定位，如加工箱体、杠杆及盖板支架类零件。采用“一面两孔”定位，容易做到工艺过程中的基准统一，保证工件的相对位置精度。

当工件采用“一面两孔”定位时，两孔可以是工件结构上原有的孔，也可以是定位需要专门设计的工艺孔，相应的定位元件是支承板和两定位销。当两孔的定位方式都选用短圆柱销时，支承板限制工件三个自由度，两短圆柱销分别限制工件的两个自由度，其中有一个自由度被两短圆柱销重复限制，产生过定位，严重时会发生工件不能安装的现象。因此，必须正确处理过定位，并控制各定位元件对定位误差的综合影响。为使工件能方便地安装到两短圆柱销上，可把一个短圆柱销改为菱形销，采用一圆柱销、一菱形销和一支承板的定位方式。这样可以消除过定位现象，提高定位精度，有利于保证加工质量。

在多个表面同时参与定位的情况下，各定位表面所起作用有主次之分。通常称定位点数最多的表面为主要定位面或支承面，称定位点数次多的表面为第二定位基准面或导向面，称定位点数为 1 的表面为第三定位基准面或止动面。

在分析多个表面定位情况下各表面限制的自由度时，分清主次定位面很重要。如图 2-2-1-15 所示工件在两顶尖上的定位，应首先确定前顶尖限制的自由度，它们是三个移动自由度；然后再分析后顶尖限制的自由度，此时应与前顶尖一起综合考虑，可以确定其限制的自由度是沿 z 轴和 y 转动。

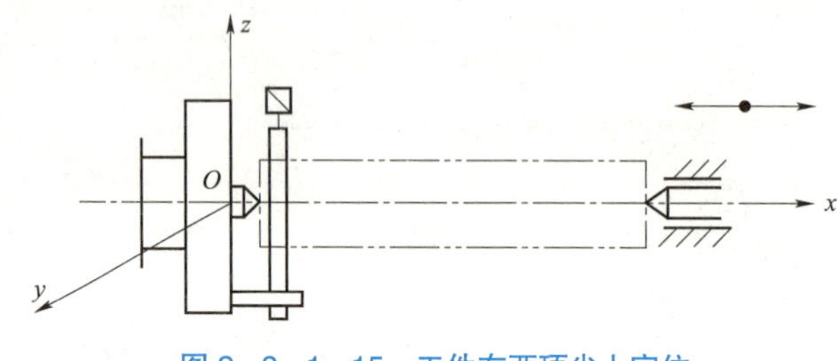

图 2-2-1-15　工件在两顶尖上定位

四、任务实施

1. 分析工序的加工要求

本工序需要钻削ϕ10 mm 圆孔，该工序的加工要求有两点：一是ϕ10 mm 孔轴线到端面 B 的距离为 30 mm±0.1 mm；二是ϕ10 mḿ 孔对ϕ28H7 孔的对称度为 0.1 mm。而ϕ10 mm 圆孔的尺寸则在实际加工时由定尺寸刀具保证。

依据图 2-2-1-1，以ϕ28H7 孔的轴线方向为 x 轴方向，以ϕ10 mm 圆孔的轴线方向为 z 轴方向，以ϕ20H7 孔的径向方向为 y 轴方向，建立坐标系。此时，为了保证ϕ10 mm 孔对ϕ28H7 孔的对称度为 0.1 mm，需要限制两个自由度，即 y 轴方向的移动自由度和 z 轴方向的转动自由度（$\vec{y}\widehat{z}$）。

为了保证ϕ10 mm 孔轴线到端面 b 的距离为 30mm±0.1 mm，则要求限制三个自由度，即 x 轴方向的移动自由度、y 轴方向的转动自由度和 z 轴方向的转动自由度（$\vec{x}\widehat{y}\widehat{z}$）。综合起来，该工序应限制四个自由度，即 $\vec{x}\vec{y}\widehat{y}\widehat{z}$。

2. 选择定位基准

ϕ10 mm 孔轴线到端面 B 距离的工序基准为工件 B 端面，ϕ10 mm 孔对ϕ28H7 孔对称度的工序基准为ϕ28H7 孔的轴心线。

根据基准重合原则，一般优先选择工序基准为定位基准，当工序基准为定位基准难以实现时，可考虑选择其他表面为定位基准。故本工序分别选择ϕ28H7 孔轴心线和 B 端面为定位基准（参见图 2-2-1-16）。

3. 确定定位方案

实际加工时，为便于工件装夹，决定采用长心轴加小平面组合的定位方式。此时，长心轴与ϕ28H7 孔内表面相接触从而限制了四个自由度，即 $\vec{y}\widehat{y}\vec{z}\widehat{z}$；而小平面与工件 B 端面接触则限制了一个自由度，即 $\vec{x}$。最终，需要综合限制五个自由度，即 $\vec{x}\vec{y}\widehat{y}\vec{z}\widehat{z}$。图 2-2-1-17 所示为套筒的定位简图。

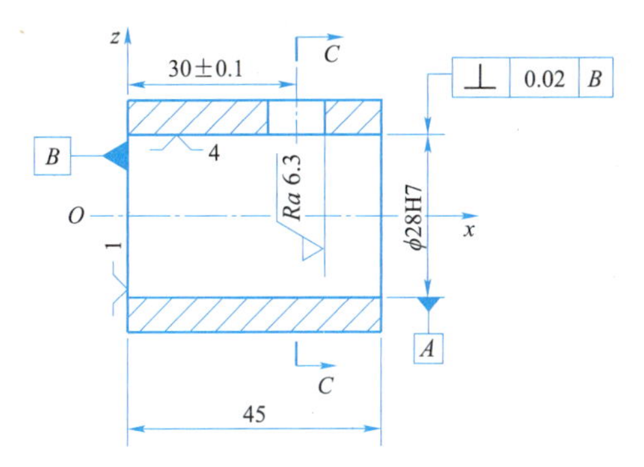

图 2-2-1-16　套筒的定位方式

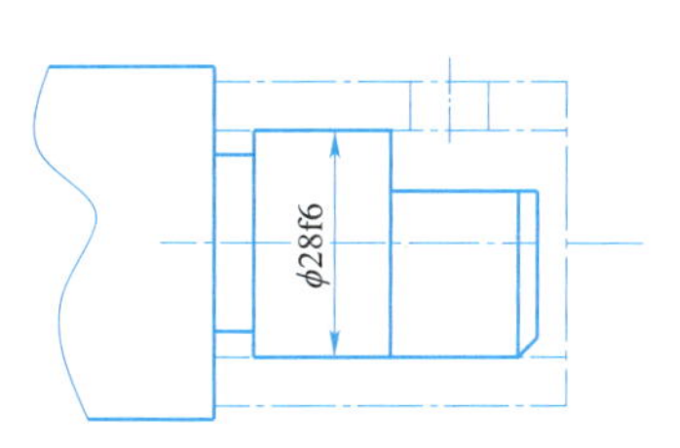

图 2-2-1-17　套筒的定位简图

五、任务评价

按表 2-2-1-1 对任务进行评价。

表 2-2-1-1　任务评价

序号	评价内容	评价标准	评价结果（是/否）
1	知识与技能	能解释定位的概念	□是　□否
		能说明定位元件的基本要求	□是　□否
		能解释定位元件的结构特点	□是　□否
		能正确选择定位元件	□是　□否
		能正确确定零件的定位方式	□是　□否
2	职业素养	具有严谨求实的学习态度	□是　□否
		具有精益求精的工匠精神	□是　□否
		具有互帮互助的团队意识	□是　□否
3	总评	“是”与“否”在本次评价中所占百分比	“是”占____% “否”占____%

六、任务巩固

如图 2-2-1-18 所示的杠杆零件，该零件的材料为 HT200，生产批量为 500 件。现需完成ϕ10 mm 孔的钻削工序，试分析钻削此孔时工件的定位形式。

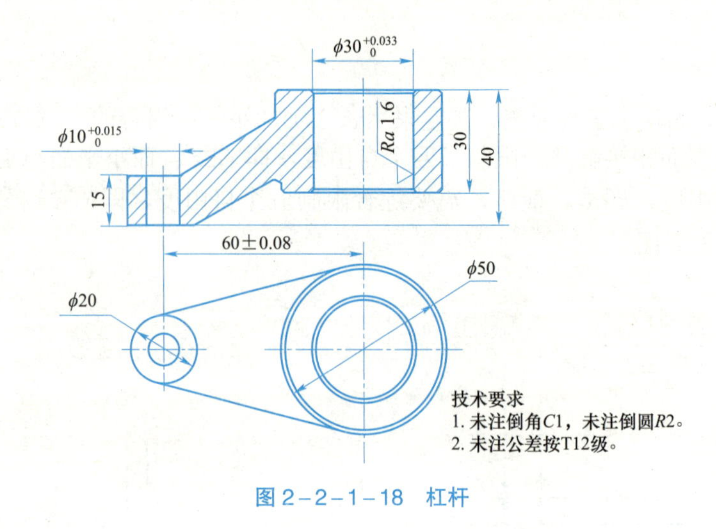

图 2-2-1-18 杠杆

工作任务 2.2.2 确定拨叉零件的装夹方案

一、任务描述

某企业需要大量生产如图 2-2-2-1 所示的拨叉零件，该零件的毛坯材料为 HT250 铸件。现在需要在拨叉上铣削顶面的直槽，槽宽 16H11，槽深 8 mm。请在详细识读该零件图技术要求的基础上，确定铣削直槽工序的装夹方案。

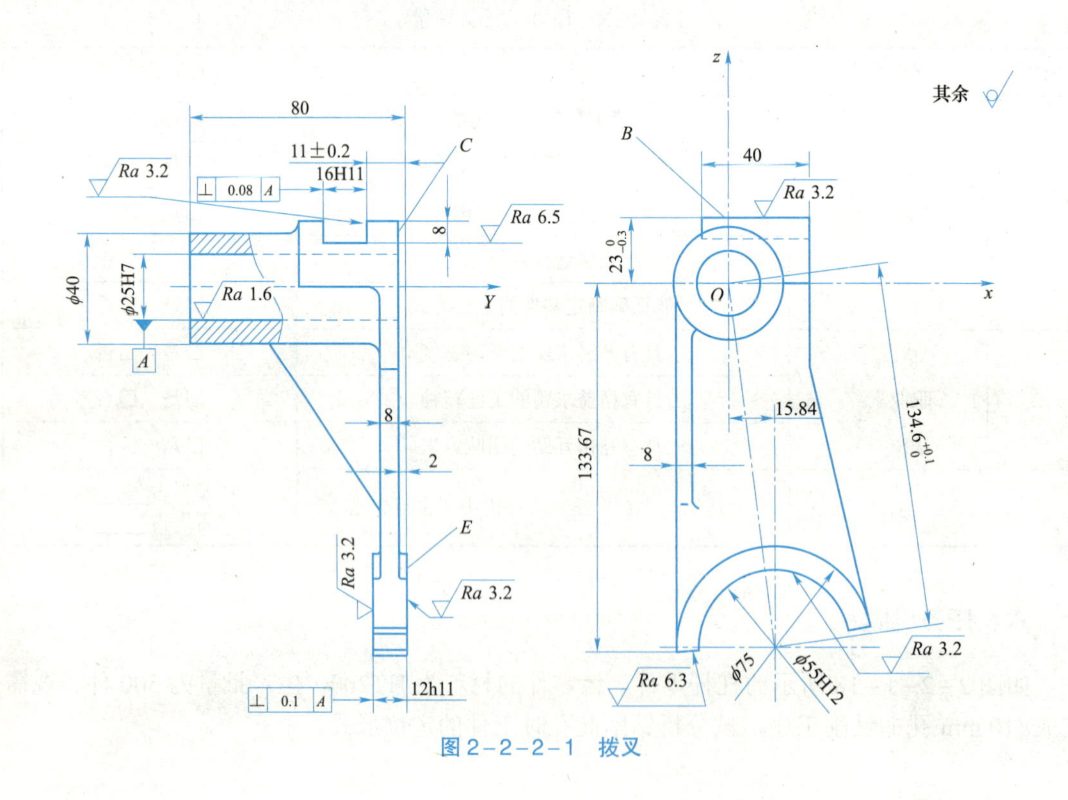

图 2-2-2-1 拨叉

二、学习目标

（1）了解夹紧、装夹、夹紧装置等概念的含义。
（2）熟悉夹紧装置的组成及设计原则。
（3）熟悉常见基本夹紧机构的结构特点。
（4）能正确选择零件的装夹方案。

三、知识梳理

1. 夹紧装置

工件定位后，将工件固定并使其在加工过程中保持定位位置不变的装置，称为夹紧装置。在机械加工过程中，为保持工件定位时所确定的正确加工位置，防止工件在切削力、惯性力、离心力及重力等的作用下发生位移或振动，一般机床夹具都应有一个夹紧装置，以将工件夹紧。

1）夹紧装置的组成

如图 2–2–2–2 所示，根据结构特点和功用，典型夹紧装置由动力源装置、传力机构和夹紧元件等三部分组成。

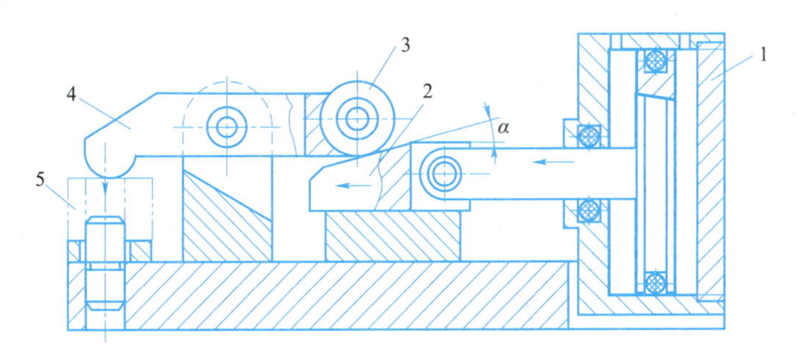

图 2–2–2–2　夹紧装置的组成

1—气缸；2—斜楔；3—滚子；4—压板；5—工件

（1）动力源装置。它是产生夹紧作用力的装置，分为手动夹紧和机动夹紧两种。手动夹紧的力源来自人力，用时比较费时费力。为了改善条件和提高生产率，目前在大批量生产中均采用机动夹紧，机动夹紧的力源来自气动、液压、气液、电磁和真空等动力夹紧装置。如图 2–2–2–2 所示的气缸 1 就是一种动力源装置。

（2）传力机构。它是介于动力源和夹紧元件之间传递力的机构。传力机构的作用是：改变作用力的方向；改变作用力的大小；具有一定的自锁性能，以保证夹紧可靠，这一点在手动夹紧时尤为重要。如图 2–2–2–2 所示的斜楔 2 就是传力机构。

（3）夹紧元件。它是直接与工件接触完成夹紧作用的元件。如图 2–2–2–2 所示的压板 4 就是夹紧元件。

2）夹紧装置的设计原则

在夹紧工件的过程中，夹紧作用的效果会直接影响工件的加工精度、表面粗糙度以及生产效率。因此，设计夹紧装置应遵循以下原则：

（1）工件不移动原则。夹紧过程中，应不改变工件定位后所占据的正确位置。

（2）工件不变形原则。夹紧力的大小要适当，既要保证夹紧可靠，又应使工件在夹紧力的作用下不致产生加工精度所不允许的变形。

（3）工件不振动原则。对刚性较差的工件，或者进行断续切削，以及不宜采用气缸直接压紧的情况，应提高支承元件和夹紧元件的刚性，并使夹紧部位靠近加工表面，以避免工件和夹紧系统的振动。

（4）安全可靠原则。夹紧传力机构应有足够的夹紧行程，手动夹紧要有自锁性能，以保证夹紧可靠。

（5）经济实用原则。夹紧装置的自动化和复杂程度应与生产纲领相适应，在保证生产效率的前提下，其结构应力求简单，便于制造、维修，工艺性能好；操作方便、省力，使用性能好。

3）基本夹紧机构

基本夹紧机构包含斜楔夹紧机构、螺旋夹紧机构和偏心夹紧机构三种。

（1）斜楔夹紧机构。斜楔夹紧机构结构简单，维修方便，是螺旋夹紧、偏心夹紧、凸轮夹紧等夹紧机构的雏形。斜楔夹紧机构的缺点是夹紧行程小，手动操作不方便。在手动夹紧中，斜楔往往和其他机构联合使用。斜楔夹紧机构常用在气动、液压夹紧装置中。

如图 2–2–2–3 所示的手动斜楔夹紧机构，工件 2 装入夹具体内，用锤击打斜楔 1 的大端，斜楔 1 在斜面的楔紧作用下对工件 2 施加挤压力，而将工件 2 楔紧在夹具中。拆卸工件时，反向击打斜楔 1 的小端即可。

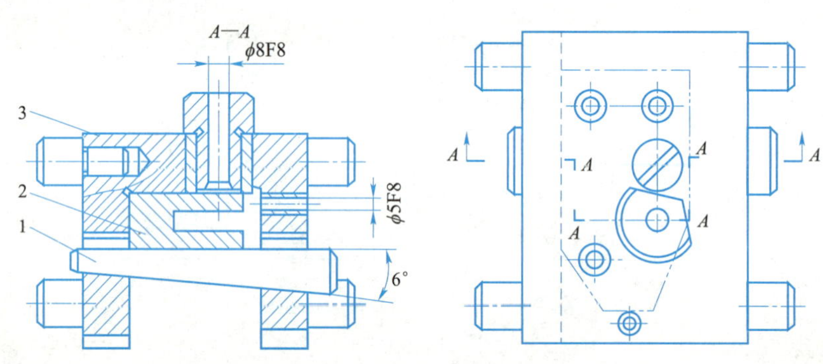

图 2–2–2–3　手动斜楔夹紧机构

1—斜楔；2—工件；3—夹具体

（2）螺旋夹紧机构。

利用螺旋夹紧机构可以得到很大的轴向夹紧力，而且自锁性能相当好，结构简单，容易制造，夹紧行程也可以很大，但是由于其旋转夹紧的动作较慢，装夹操作效率低，故生产批量不大时多为手动操作，在大批量生产中多与各种快速夹紧机构相组合应用。

如图 2–2–2–4 所示的单个螺旋夹紧机构中，图 2–2–2–4（a）所示为六角头压紧螺钉，它用螺钉头部直接压紧工件；图 2–2–2–4（b）所示为在螺钉头部装上摆动压块，可防止螺钉旋转时损伤工件表面或带动工件旋转；图 2–2–2–4（c）中，直接采用球头螺母与垫圈压紧工件。

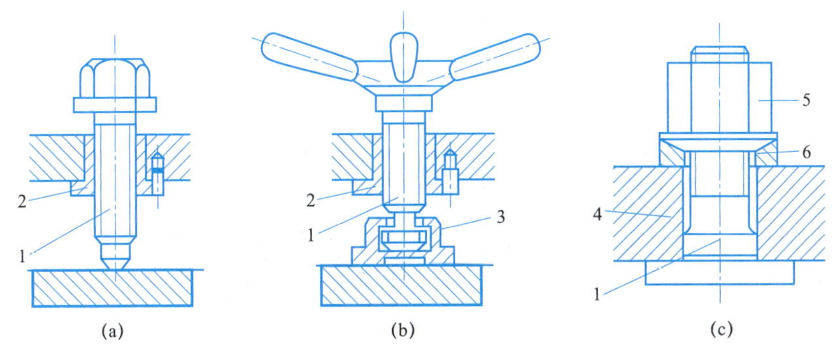

图 2-2-2-4　单个螺旋夹紧机构

1—螺钉、螺杆；2—螺母套；3—摆动压板；4—工件；5—球面带肩螺母；6—球面垫圈

（3）偏心夹紧机构。

偏心夹紧机构是斜楔夹紧机构的一种变形，它是通过偏心轮直接夹紧工件或与其他元件组合夹紧工件的，常用的偏心件有圆偏心和曲线偏心。图 2-2-2-5 所示为偏心夹紧机构的应用实例，其中，图 2-2-2-5（a）和图 2-2-2-5（b）所示为偏心轮，图 2-2-2-5（c）所示为偏心轴，图 2-2-2-5（d）所示为偏心叉。

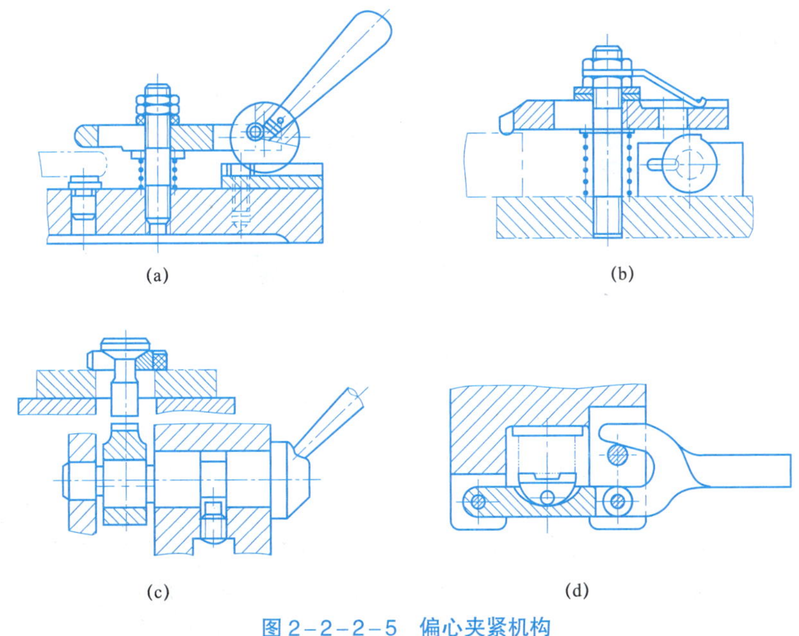

图 2-2-2-5　偏心夹紧机构

（a），（b）偏心轮；（c）偏心轴；（d）偏心叉

偏心夹紧机构具有结构简单、夹紧迅速等优点；但它的夹紧行程小，增力倍数小，自锁性能差，故一般只在被夹紧表面尺寸变动不大和切削过程振动较小的场合应用。

2. 装夹方式

1）直接找正装夹

此法是用百分表、划线盘或目测直接在机床上找正工件位置的装夹方法。例如，把工件直接放在机床工作台上或放四爪卡盘、机用虎钳等机床附件中，根据工件的一个或几个表面用划针或指示表找正工件准确位置后再进行夹紧，如图 2–2–2–6 所示。

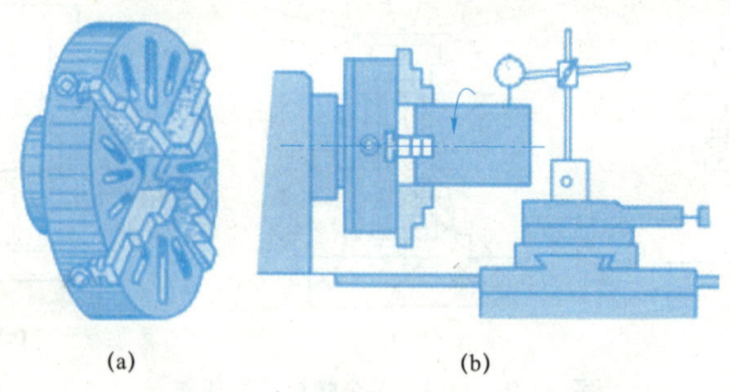

图 2–2–2–6 直接找正装夹

（a）四爪卡盘；（b）用百分表找正

这类装夹方法只需使用通用性很好的机床附件和工具，因此能适用于加工各种不同零件的各种表面，特别适合于单件、小批量生产。但其劳动强度大、生产效率低、对工人的技术要求高。

2）划线找正装夹

此法是先在毛坯上按照零件图划出中心线、对称线和各待加工表面的加工线，然后将工件装上机床，按照划好的线找正工件在机床上的装夹位置。如图 2–2–2–7 所示。

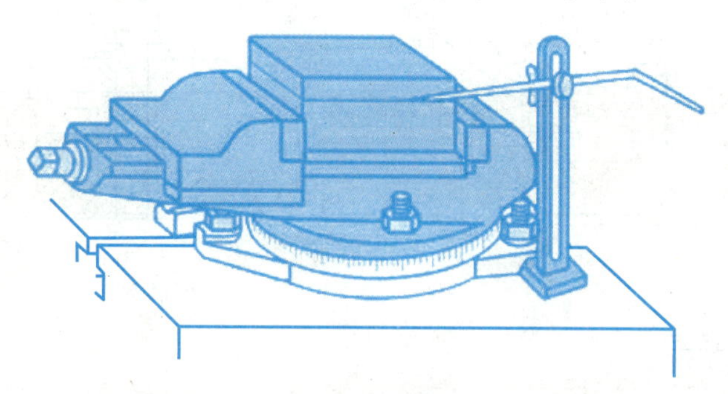

图 2–2–2–7 划线找正装夹

这种装夹方法生产率低，定位精度低，且对工人技术水平要求高，一般用于单件小批生产中加工复杂而笨重的零件，或毛坯尺寸公差大而无法直接用夹具装夹的场合。由于常常需要增加划线工序，所以增加了生产成本。

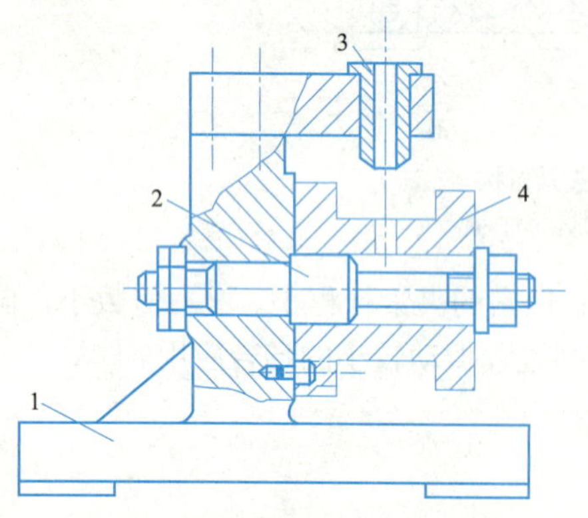

图 2–2–2–8 采用夹具装夹工件

1—夹具体；2—定位销；3—钻套；4—工件

3）用夹具装夹

夹具是按照被加工工序要求专门设计的，夹具上的定位元件能使工件相对于机床与刀具迅速占有正确位置，无须找正就能保证工件的装夹定位精度，用夹具装夹生产率高，定位精度高，但需要设计、制造专用夹具，广泛用于成批及大量生产。图 2–2–2–8 所示为采用夹具装夹工件 4（齿轮）。

3. 确定夹紧力的基本原则

设计夹紧装置时，夹紧力的确定包括夹紧力的方向、作用点和大小三个要素。

1）夹紧力的方向

夹紧力的方向与工件定位的基本配置情况，以及工件所受外力的作用方向等有关，选择时必须遵守以下准则：

（1）夹紧力的方向应有助于定位稳定，且主夹紧力应朝向主要定位基面。如图 2-2-2-9（a）所示直角支座镗孔，要求孔与 A 面垂直，所以应以 A 面为主要定位基面，且夹紧力 F_W 方向与之垂直，则较容易保证质量。如图 2-2-2-9（b）和图 2-2-2-9（c）所示的 F_W 都不利于保证镗孔轴线与 A 的垂直度；如图 2-2-2-9（d）所示的 F_W 朝向主要定位基面，则有利于保证加工孔轴线与 A 面的垂直度。

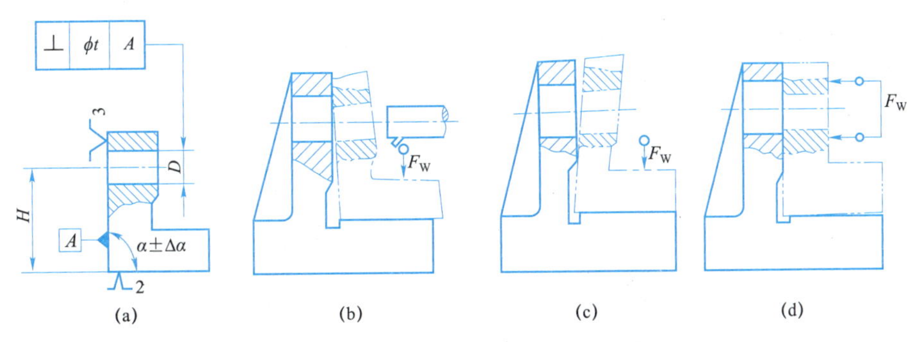

图 2-2-2-9　夹紧力应指向主要定位基面

（a）工序简图；（b），（c）错误；（d）正确

（2）夹紧力的方向应有利于减小夹紧力，以减小工件的变形、减轻劳动强度。为此，夹紧力 F_W 的方向最好与切削力 F、工件的重力 G 的方向重合。图 2-2-2-10 所示为工件在夹具中加工时常见的几种受力情况。显然，图 2-2-2-10（a）所示情况最合理，图 2-2-2-10（f）所示情况最差。

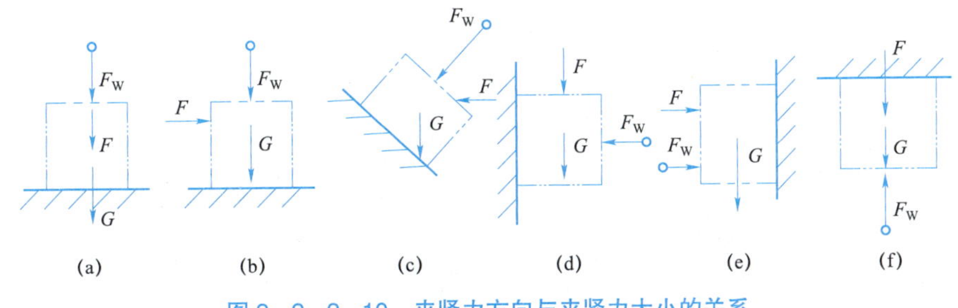

图 2-2-2-10　夹紧力方向与夹紧力大小的关系

（3）夹紧力的方向应是工件刚性较好的方向。由于工件在不同方向上的刚度是不等的，且不同的受力表面也因其接触面积大小而变形各异，尤其是在夹压薄壁零件时，更需要注意使夹紧力的方向指向工件刚性最好的方向。

2）夹紧力的作用点

夹紧力作用点是指夹紧件与工件接触的一小块面积。选择作用点的问题是指在夹紧方向

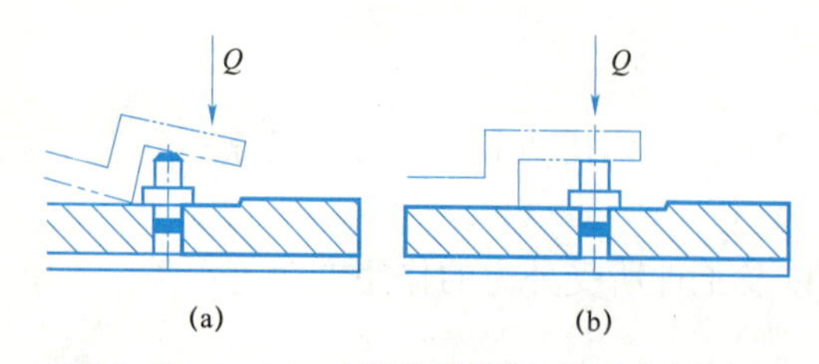

图 2-2-2-11　夹紧力的作用点应在支承面内

（a）不合理；（b）合理

已定的情况下确定夹紧力作用点的位置和数目。夹紧力作用点的选择是达到最佳夹紧状态的首要因素。合理选择夹紧力作用点必须遵守以下准则：

（1）夹紧力的作用点应落在定位元件的支承范围内，应尽可能使夹紧点与支承点对应，并使夹紧力作用在支承面上。如图 2-2-2-11（a）所示，若夹紧力作用在支承面范围之外，则会使工件倾斜或移动，夹紧时将破坏工件的定位；而如图 2-2-2-11（b）所示则是合理的。

（2）夹紧力的作用点应选在工件刚性较好的部位。这对刚度较差的工件尤其重要，如图 2-2-2-12 所示，将作用点由中间的单点改成两旁的两点夹紧，可使变形大为减小，并且夹紧更加可靠。

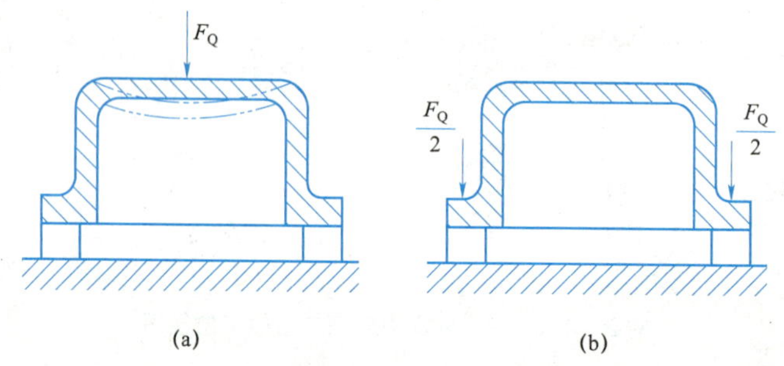

图 2-2-2-12　夹紧力作用点应在刚性较好部位

（3）夹紧力的作用点应尽量靠近加工表面，以防止工件产生振动和变形，提高定位的稳定性和可靠性。如图 2-2-2-13 所示，支承应尽量靠近被加工表面，同时给予夹紧力 F_{W1}，这样使得翻转力矩小且增加了工件的刚性，既保证了定位夹紧的可靠性，又减小了振动和变形。

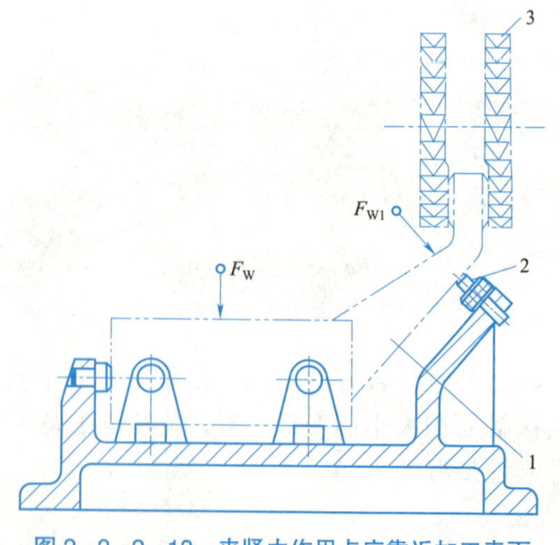

图 2-2-2-13　夹紧力作用点应靠近加工表面

1—工件；2—辅助支承；3—铣刀

四、任务实施

1. 分析拨叉零件铣削直槽时的定位形式

从加工要求来看，在拨叉零件上铣通槽，沿槽方向的移动自由度可以不限制，但为了承受切削力，简化定位装置的结构，决定还是限制该方向的移动自由度。经过分析与比较，最终确定采用长心轴与小平面组合的定位方式，如图 2−2−2−14 所示。其中，长心轴限制工件的四个自由度，小支承板限制工件的两个自由度，属于过定位，但不影响工件的最终加工质量。

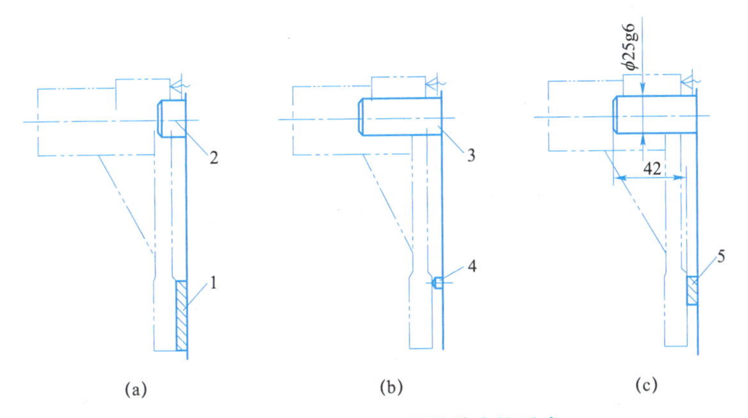

图 2−2−2−14　拨叉零件的定位形式

1—支撑板；2—短销；3—长销；4—支承钉；5—长条支撑板

2. 确定拨叉零件铣槽夹具时的装夹方案

根据夹紧机构的特点和适用的场合，综合考虑决定采用螺旋夹紧机构。由于支承板离加工表面较远，铣槽时的切削力又大，故需在靠近加工表面的地方再增加一个夹紧力。此夹紧力作用在图 2−2−2−15（a）所示的位置时，由于工件该部位的刚性差，夹紧变形大，因此，应用螺母与开口垫圈夹压在工件圆柱的左端面，如图 2−2−2−15（b）所示。拨叉在此处的刚性较好，夹紧力更靠近加工表面，工件变形小，夹紧也可靠。在支承板上方的夹紧机构采用钩形压板，可使结构紧凑，操作也方便。

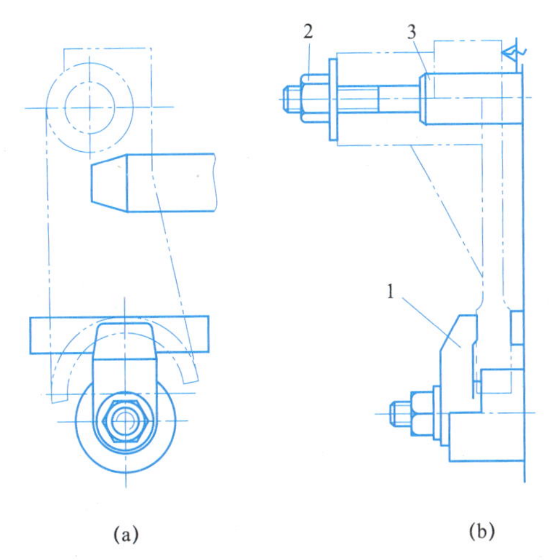

图 2−2−2−15　拨叉零件的几种装夹方案

1—钩形压板；2—螺母；3—定位销

图 2−2−2−16 所示为该工序的装夹方案。装夹装置主要由钩形压板 1、螺母 2、开口垫圈

3、长销 4、滑柱 5、长条支承板 6 等组成。装夹时，先拧紧钩形压板 1，再固定滑柱 5，然后插上开口垫圈 3，最后拧紧螺母 2。

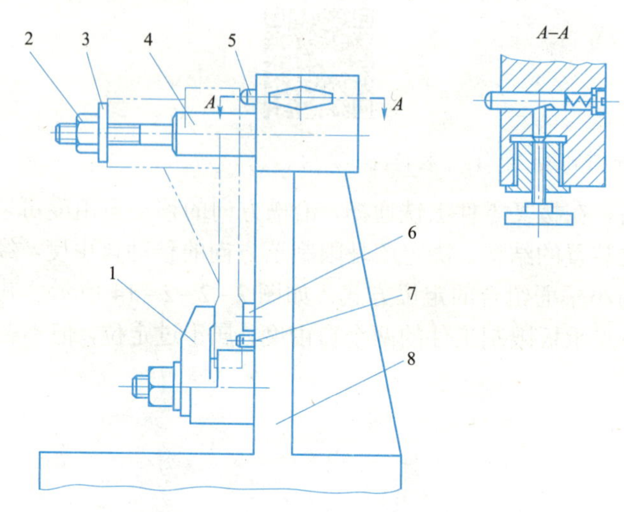

图 2–2–2–16　拨叉零件装夹方案

1—钩形压板；2—螺母；3—开口垫圈；4—长销；5—滑柱；6—长条支承板；7—挡销；8—夹具体

五、任务评价

按表 2–2–2–1 对任务进行评价。

表 2–2–2–1　任务评价

序号	评价内容	评价标准	评价结果（是/否）
1	知识与技能	能解释夹紧、装夹等概念的含义	□是　□否
		能分析夹紧装置的结构及设计原则	□是　□否
		能解释夹紧装置的设计原则	□是　□否
		能分析常见基本夹紧机构的结构特点	□是　□否
		能选择零件的装夹方案	□是　□否
2	职业素养	具有严谨求实的学习态度	□是　□否
		具有精益求精的工匠精神	□是　□否
		具有互帮互助的团队意识	□是　□否
3	总评	“是”与“否”在本次评价中所占百分比	“是”占_____% “否”占_____%

六、任务巩固

图 2–2–2–17 所示为套筒零件，该零件的材料为 Q235A 钢，生产批量为 2 000 件，工

件已经完成了内、外圆和端面的加工。在本工序中，需钻$\phi10$ mm 的孔。试确定钻削此孔时工件的装夹方案。

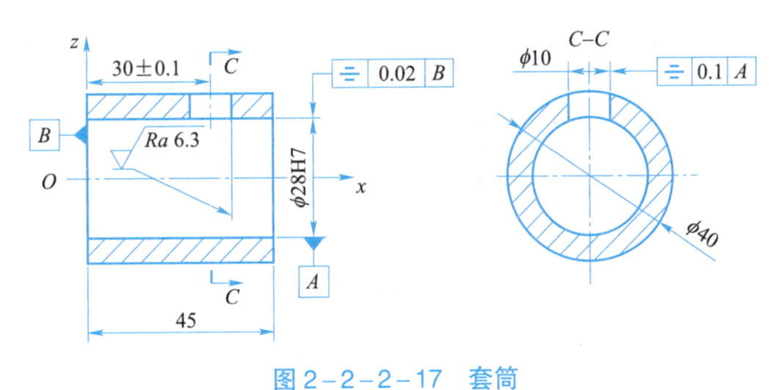

图 2–2–2–17　套筒

工作项目 2.3　选择与维护机床及工艺装备

一、项目概述

掌握正确选择加工机床的方法；掌握正确选择工艺装备的方法；了解保养与维护加工机床及工艺装备的目的；熟悉加工机床及工艺装备保养与维护的基本要求；掌握保养与维护加工机床的方法；掌握保养与维护工艺装备的方法。

二、项目分析

加工机床和工艺装备在国民经济现代化的建设中都起着重大作用。因此，为保证加工机床与工艺装备能够达到加工精度高、产品质量稳定及提高生产效率的目标，依据具体加工需要，正确选择恰当的加工机床和工艺装备并对它们进行高效的保养与维护就显得非常重要。

完成本项目需要掌握正确地选择加工机床和工艺装备的方法；熟悉加工机床及工艺装备保养与维护的基本要求；掌握保养与维护加工机床的方法；掌握保养与维护工艺装备的方法，即需要熟练地完成以下两项工作任务：

（1）正确选择加工机床与工艺装备。

（2）正确维护与保养加工机床与工艺装备。

工作任务 2.3.1　选择导向板零件的加工机床与工艺装备

一、任务描述

图 2–3–1–1 所示导向板零件为某企业所生产的织物强力机配件，为便于准确制定该零件的加工工艺，现需要在详细分析零件图技术要求的基础上，选择导向板零件的加工机床与工艺装备。

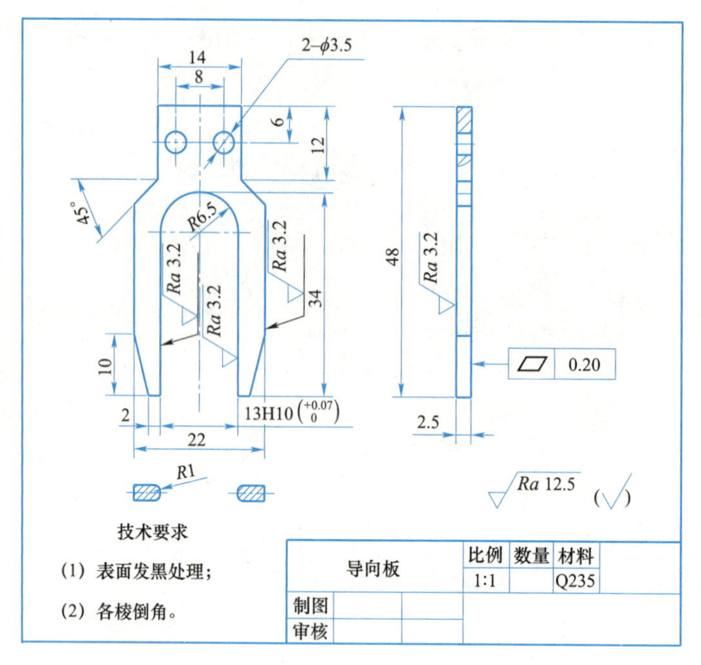

图 2-3-1-1　导向板

二、学习目标

（1）掌握正确选择加工机床的方法。

（2）掌握正确选择工艺装备的方法。

三、知识梳理

1. 加工机床的选择

在拟定工艺路线时，已经同时初步确定了各工序所用机床的类型、是否需要设计专用机床等。在具体确定机床具体型号时，还必须考虑以下基本原则：

（1）机床的加工规格范围应与零件的外部形状和尺寸相适应。

（2）机床精度应与工件精度及本工序加工要求相适应。

（3）机床的生产率应与工件的生产类型相适应。一般单件小批生产宜选用通用机床，大批大量生产宜选用高生产率的专用机床、组合机床或自动机床。如采用工序集中，则宜选用高效自动加工设备；若采用工序分散，则加工设备可较简单。

（4）采用数控机床加工的可能性。在中小批量生产中，对一些精度要求较高、工步内容较多的复杂工序，应尽量考虑采用数控机床加工。

（5）机床的选择应与现有生产条件相适应。选择机床应当尽量考虑到现有的生产条件，除了新建厂投产以外，原则上应尽量发挥原有设备的作用，并尽量使设备负荷平衡。

（6）如果没有现成设备供选用，经过方案的技术经济分析后，也可提出专用设备的设计任务书或改装旧设备。

各种机床的规格和技术性能可查阅有关的手册或机床说明书。

2. 工艺装备的选择

工艺装备主要包括夹具、刀具和量具等。工艺装备的选择将直接影响工件的加工精度、生产效率和制造成本。在选择工艺装备时，应综合考虑生产类型、具体加工条件、工件结构特点、技术要求等多种影响因素。

（1）在中小批生产条件下，应首先考虑选用通用工艺装备（包括夹具、刀具、量具和辅具等）。

（2）在大批大量生产中，可根据加工要求设计制造专用工艺装备。

（3）机床设备和工艺装备的选择不仅要考虑设备投资的当前效益，还要考虑产品改型及转产的可能性，应使其具有足够的柔性。

1）夹具的选择

机械加工对夹具主要有两大要求：一是夹具应具有足够的精度和刚度，夹具的精度应与加工精度相适应；二是夹具应有可靠的定位基准。一般应依据具体生产情况来选择夹具。

（1）单件、小批生产时宜采用通用夹具和附件。在单件小批生产中，应尽量选用通用夹具，如各种卡盘、平口钳和回转台等。为提高生产率，应积极推广使用组合夹具。

（2）大批、大量生产时应采用专用高效夹具。大批量生产中，则应根据加工要求设计制造专用夹具，如采用高效率的气、液传动的专用夹具。

（3）多品种、小批量时可采用可调夹具或成组夹具。

2）刀具的选择

（1）刀具类型的选择。

合理地选用刀具，是保证产品质量和提高切削效率的重要条件。在选择刀具形式和结构时，应考虑以下主要因素。

① 生产类型和生产率。单件小批生产时，一般尽量选用标准刀具（优先选用标准刀具）；大批大量生产中广泛采用专用刀具、复合刀具等，以获得高的生产率。当机械（工序）集中时，应采用高效专用夹具、复合刀具和多刃刀具。

② 工艺方案和机床类型。不同的工艺方案，必然要选用不同类型的刀具。例如，孔的加工，可以采用钻－扩－铰，也可以采用钻－粗镗－精镗等，显然所选用的刀具类型是不同的。

机床的类型、结构和性能，对刀具的选择也有重要的影响。如立式铣床加工平面一般选用立铣刀或面铣刀，而不会用圆柱铣刀等。

③ 工件的材料、形状、尺寸和加工要求。刀具的类型确定以后，根据工件的材料和加工性质确定刀具的材料。同时工件的形状和尺寸有时将影响刀具结构及尺寸，例如，一些特殊表面（如 T 形槽）的加工，就必须选用特殊的刀具（如 T 形槽铣刀）。此外所选的刀具类型、结构及精度等级必须与工件的加工要求相适应，如粗铣时应选用粗齿铣刀，而精铣时则选用细齿铣刀等。

（2）刀具材料的选择。

表 2－3－1－1 所示为各种刀具材料的特性。选择刀具材料时，应遵循以下原则。

表 2-3-1-1　各种刀具材料的特性

刀具材料	硬度		弹性模量	抗弯强度	断裂韧度	热导率	热胀系数
	HV	HRA	GPa	GPa	MPa·$m^{1/2}$	W/(m·K)	$\times10^{-6}$/K
高速钢	880～910	—	210	2.3～3.0	—	18～25	11～13
粉末冶金高速钢	930～1 050	—	210	3.2～4.5	—	18～25	11～13
硬质合金	1 310～1 880	88.8～93.0	480–630	1.5～4.4	5～15	25～84	4.5～6.0
金属陶瓷	1 440～1 880	90.0～93.0	440～460	1.3～2.2	10～15	25～33	7.7～7.8
陶瓷	1 630～2 200	91.5～94.5	290～400	0.3～1.3	3～9	17～75	3～8
CBN 刀具	2 800～3 500	—	590–660	—	4～8	38	5.3
金刚石刀具	6 000～8 000	—	770	—	8～12	210	2～4

① 连续切削钢及铸铁时，随着刀具材料硬度的提高，切削速度也可以提高，按照高速钢→CBN（立方氮化硼）刀具的顺序选择。由于金刚石会与铁发生反应，因此不适合加工铁。

② 断续切削钢及铸铁时，在兼顾刀具材料硬度与韧性的基础上选择刀具材料，若发生崩刃，则更换为韧性好的刀具材料。

③ 切削淬火钢时，使用硬度高、与铁反应性低的涂层硬质合金或 CBN 刀具。

④ 切削不锈钢、耐热合金及钛合金时，切削力大，需要增大前角使切削刃锋利，以使用硬质合金刀具为宜。

⑤ 切削铝合金与铜合金等有色金属时，一般使用硬质合金刀具，高速加工时使用金刚石刀具。

3）量具的选择

量具的选择主要取决于生产类型和加工精度。在单件小批生产中，应尽量选用通用量具、量仪，在大批、大量生产中可设计各种专用卡规和量具。

在选择量具前首先要确定各工序加工要求及如何进行检测。工件的形位精度要求一般是依靠机床和夹具的精度而直接获得的，操作工人通常只检测工件的尺寸精度和部分形位精度，而表面粗糙度一般是在该表面的最终加工工序用目测方法来检验的。但在专门安排的检验工序中，必须根据检验卡片的规定，借助量仪和其他的检测手段全面检测工件的各项加工要求。

选择量具时应使量具的精度与工件加工精度相适应，量具的量程与工件的被测尺寸大小相适应，量具的类型与被测要素的性质（孔或外圆的尺寸值还是形状位置误差值）和生产类型相适应。一般说来，单件小批生产广泛采用游标卡尺、千分尺等通用量具，大批大量生产则采用极限量规和高效专用量仪等。

各种通用量具的使用范围和用途可查阅有关的专业书籍或技术资料，并以此作为选择量具时的参考依据。

当需要设计专用设备或专用工艺装备时，应依据工艺要求提出专用设备或专用工装设计任务书。设计任务书是一种指示性文件，其上应包括与加工工序内容有关的必要参数、所要求的生产率、保证产品质量的技术条件等内容，以作为设计专用设备或专用工艺装备的依据。

四、任务实施

1. 分析导向板零件的加工要求

细读零件图可知，该导向板零件的材料为 Q235 钢材，总体外形为 48 mm × 22 mm × 2.5 mm，是壁厚为 2.5 mm 的薄壁零件。零件结构左右对称，上部有两个 ϕ3.5 mm 的通孔，下部有一宽 13 mm 的槽，槽的上部为半圆形，半径为 R6.5 mm。零件下部两侧存在相互对称的两个 10 mm × 2 mm 的斜角。槽的两侧为半径 R1 mm 的圆弧面。

该零件的重要加工表面是宽 13 mm 的槽，精度等级为 IT10 级，需要铣削成形。此外，零件的两个大平面以及槽的侧面有较高的表面粗糙度要求（Ra3.2 μm），需要磨削或钳工修刮。可见，该零件的主要加工表面是槽、上下平面和两个圆孔等。

2. 拟定导向板零件的工艺路线

导向板零件的尺寸精度与表面粗糙度均有一定的要求，故将该零件主要表面的加工划分为粗加工和精加工两个阶段。

因是薄板钢制件，考虑采用冷冲压成形。首先，采用电动剪板机下料，将料剪成 55 mm × 1 000 mm 的长条，再采用冷冲压工艺将其冲压成形。然后，磨削零件上下两个大的平面，铣削 13 mm 的槽。接着，由钳工修整 R1 mm 圆弧，钻削两个 ϕ3.5 mm 直径的通孔。最后，对零件进行发黑处理。可见，该导向板零件的加工工艺路线为：下料→冲压→磨→铣→钳→热处理。

3. 选择导向板零件的加工机床与工艺装备

依据所拟定的导向板零件的加工工艺路线，综合考虑企业现有的设备情况、生产类型、具体加工条件、工件结构特点、技术要求等多种影响因素，选取以下的加工机床与工艺装备（参见表 2－3－1－2）。

表 2－3－1－2　导向板零件所选取的加工机床与工艺装备汇总

序号	工序名称	加工说明	机床（设备）	夹具（模具）	刀具	量具
1	下料	剪成 55 mm × 1 000 mm	电动剪板机（Q11－3 × 1 200）			
2	冲压	冲压成形，整形	开式可倾压力机（JG23－40）	冲压模具		
3	磨	磨两大平面	平面磨床（MT120A）		平面砂轮	
4	铣	铣 13H10 槽	铣床（X50B）	专用铣夹具	键槽铣刀（13 mm）	游标卡尺（150 mm）
5	钳	13 mm 槽二面修成 R1 mm 圆弧	钳工台		圆锉刀等	

续表

序号	工序名称	加工说明	机床（设备）	夹具（模具）	刀具	量具
6	钳	钻孔 2–ϕ3.5 mm，去毛刺	钻床（Z512）	专用钻夹具	钻头（ϕ3.5 mm）	
7	热处理	发黑处理	发黑设备			

采用电动剪板机（Q11－3×1200）下料，将料剪成 55 mm×1 000 mm 的长条。冷冲压时，选取开式可倾压力机（JG23－40）并设计专用的冷冲模具，对冲压后的制件进行整形。选用平面磨床（MT120A）以及相配套的平面砂轮磨削两大平面。选取立式铣床 X5036B，采用键槽铣刀并配合专用的铣夹具铣削槽 13 mm，并使用游标卡对加工后的槽进行质量检测。钳工采用专用工具修整 13 mm 槽的 R1 mm 圆弧面，再选取台式钻床(Z512)，采用ϕ3.5 mm 的钻头并配合专用的钻夹具钻削两个ϕ3.5 mm 的圆孔。最后，采用专用的发黑设备对导向件进行发黑处理。

五、任务评价

按表 2－3－1－3 对任务进行评价。

表 2－3－1－3　任务评价

序号	评价内容	评价标准	评价结果（是/否）
1	知识与技能	能解释零件技术要求的含义	□是　□否
		能分析零件的加工精度要求	□是　□否
		能确定零件的主要加工表面	□是　□否
		能拟定零件的工艺路线	□是　□否
		能选取零件的加工机床	□是　□否
		能选取零件的工艺装备	□是　□否
2	职业素养	具有严谨求实的学习态度	□是　□否
		具有精益求精的工匠精神	□是　□否
		具有互帮互助的团队意识	□是　□否
3	总评	“是”与“否”在本次评价中所占百分比	“是”占_____% “否”占_____%

六、任务巩固

图 2－3－1－2 所示角柱零件为某企业所生产的织物强力机配件，为便于准确制定该零件的加工工艺，现需要在详细分析零件图技术要求的基础上，选择角柱零件的加工机床与工艺装备。

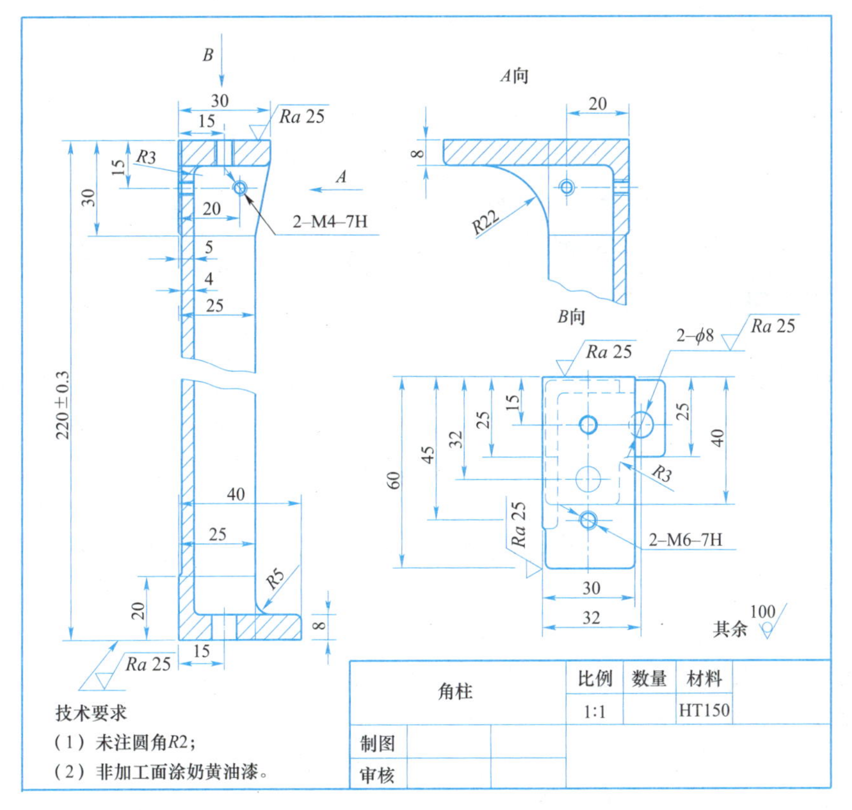

图 2-3-1-2　角柱

工作任务 2.3.2　保养与维护立式加工中心机床

一、任务描述

图 2-3-2-1 所示为某高职院校实训基地里的立式加工中心机床（KDVM1100），为了提高这些机床的使用性能，需要对该类机床进行定期的保养与维护，试分析该立式加工中心机床的保养与维护过程。

图 2-3-2-1　加工中心机床

二、学习目标

（1）了解保养与维护加工机床和工艺装备的目的。
（2）熟悉加工机床及工艺装备保养与维护的基本要求。
（3）掌握保养与维护加工机床的方法。
（4）掌握保养与维护工艺装备的方法。

三、知识梳理

1. 保养与维护加工机床和工艺装备的目的

加工机床和工艺装备一般是非常重要的、精准度要求较高的设备，在使用过程中，如果维护与保养不当，就会直接影响其精准度和使用效果，进而影响所加工零件的质量。因此，为了使机床与工艺装备保持良好的运行状态，防止或减少事故的发生，除了发生故障应及时修理外，还需要对它们进行定期检查，经常性地维护与保养，以提高它们的使用效果。具体地说，维护与保养加工机床和工艺装备是为了实现以下目的：

（1）降低设备故障率，提高生产效率；
（2）有效延长设备使用寿命，降低设备的快速老化；
（3）确保设备的加工精度；
（4）提升产品品质；
（5）避免事故的发生，降低维修费用。

2. 保养与维护加工机床和工艺装备的要求

加工机床和工艺装备的保养与维护应按具体的规程进行。坚持执行这些维护与保养规程，可以延长设备的使用寿命，创设安全、舒适的工作环境。

加工机床与工艺装备的保养和维护要求主要有以下四项：

（1）清洁。必须保持设备周围的场地清洁，设备内外整洁，各滑动面、丝杠、齿条、齿轮箱、油孔等处无油污，各部位不漏油、不漏水、不漏气、不漏电；设备周围的切屑、杂物、脏物要清扫干净。

（2）整齐。企业内所有非固定安装的设备和物品都必须摆放整齐；设备的工具、工件、附件也要整齐放置；设备的零部件及安全防护装置要齐全；设备的各种标牌要完善、干净，各种线路、管道要安装整齐、规范。

（3）润滑良好。按时加油或换油，不断油，无干摩现象，油压正常，油标明亮，油路畅通，油质符合要求，油枪、油杯、油毡清洁。

（4）安全。遵守安全操作规程，不超负荷使用设备，设备的安全防护装置齐全可靠，及时消除不安全因素；遵守设备的操作规程和安全技术规程，防止人身和设备事故；电气线路接地要可靠，绝缘性良好；限位开关、挡块均灵敏可靠；信号仪表要指示正确，表面干净、清晰。

3. 加工机床与工艺装备的保养与维护制度

加工机床与工艺装备的保养与维护一般执行三级保养制度，即日常维护保养、一级保养和二级保养。保养与维护内容一般包括日常维护、定期维护、定期检查和精度检查等。

1）设备的日常保养与维护

设备的日常保养与维护，一般有日保养和周保养，又称日例保和周例保。

（1）日例保。

日例保由设备操作工人当班进行，需要认真完成以下工作：班前四件事、班中五注意和班后四件事。

① 班前四件事：消化图样资料，检查交接班记录；擦拭设备，按规定润滑加油；检查手柄位置和手动运转部位是否正确、灵活，安全装置是否可靠；低速运转检查传动是否正常，润滑、冷却是否畅通。

② 班中五注意：注意运转声音，设备的温度、压力、液位，电气、液压、气压系统，仪表信号，安全保险等是否正常。

③ 班后四件事：关闭开关，所有手柄放到零位；清除铁屑、脏物，擦净设备导轨面和滑动面上的油污，并加油；清扫工作场地，整理附件、工具；填写交接班记录和运转台时记录，办理交接班手续。

（2）周例保。

周例保由设备操作工人在每周末进行。保养时需要做到：一般设备保养两小时，精密、大型、稀有设备保养四小时。

① 外观部分：擦净设备导轨、各传动部位及外露部分，清扫工作场地；达到内外洁净无死角、无锈蚀，周围环境整洁。

② 操纵机构、传动系统：检查各部位的技术状况，紧固松动部位，调整配合间隙；检查互锁、保险装置，保证传动声音正常、安全可靠。

③ 液压润滑系统：清洗油线、防尘毡、滤油器；油箱添加油或换油；检查液压系统，保证油质清洁，油路畅通，无渗漏，无研伤。

④ 电气系统：擦拭电动机、蛇皮管表面；检查绝缘、接地；保证完整、清洁、可靠。

2）一级保养

一级保养的主要目的是减少设备磨损，消除隐患，延长设备使用寿命，为完成到下次一保期间的生产任务在设备方面提供保障。依据各种设备的特点以及使用情况，企业会规定具体的一级保养时间。

一级保养时，以操作工人为主、维修工人为辅进行。一级保养按计划对设备局部进行拆卸和检查，清洗规定的部位，疏通油路、管道，更换或清洗油线、毛毡、滤油器，调整设备各部位的配合间隙，紧固设备的各个部位。一级保养所用时间一般为 4～8 h。一保完成后应做记录并注明尚未清除的缺陷，并组织相关人员进行验收。一保的范围应是企业全部在用设备，对重点设备应严格执行。

3）二级保养

二级保养的主要目的是使设备达到完好标准，提高和巩固设备完好率，延长大修周期。

二级保养时，以维修工人为主、操作工人为辅进行。二级保养列入设备的检修计划，对设备进行部分解体检查和修理，更换或修复磨损件，清洗、换油、检查修理电气部分，使设备的技术状况全面达到规定设备完好标准的要求。二级保养所用时间一般为 7 天左右。二保完成后，应由相关人员组织验收，详细记录二级保养状况并存档。

4. 加工机床的保养与维护

通过擦拭、清扫、润滑、调整等方法对加工机床进行保养与维护，以维持与保护加工机床的性能和技术状态。

保养与维护的基本要求：清洁、整齐、润滑良好、安全。

保养与维护的基本内容：日常维护、定期维护、定期检查、精度检查。坚持日清洁、周维护、月保养，强制执行设备的一、二级保养。

1）通用机床的保养与维护

（1）检查床身水平和地基情况。

机床安装后的六个月内，至少每个月检查一次床身水平和地基情况。如果发现有任何不正常的现象，则应及时调整以确保床身的水平精度。

六个月后，可视情况变化适当地延长检查周期，待变化稳定到一定程度，一年可进行一次或二次的定期检查。

（2）润滑单元日常维护。

每天开动机床前，应检查储油槽中的油量；每年至少清洗一次吸滤器；每半年检查一次润滑管路是否有漏油、堵塞和破裂等。

① 卡盘润滑维护。使用润滑油枪，每日向卡盘底爪油嘴注油一次。注油后用风枪或类似的工具清洁卡盘体及底爪导轨面。

② 尾座润滑维护。润滑周期：10 天。润滑方法：第一步：使用润滑脂枪分别从每个导轨润滑口注入润滑脂； 第二步：使用尾台点动功能，全行程来回运动尾台，使润滑脂均匀分布。

（3）检查卡盘停电防松功能。

检查周期：1 周。方法：用夹盘夹持工件，机床断电后检查工件是否松动。不松动为正常，如果松动则必须联系售后服务人员。

（4）检查皮带张紧力。

检查周期：首次是三个月，后续六个月。检查皮带表面是否有裂纹、划伤或脱屑，损伤严重应及时更换；检查皮带松紧，如皮带过于松弛可松开调整螺钉进行调整，使皮带拉紧再拧紧螺钉。

（5）带轮清理维护。

清理周期：六个月。更换皮带时，若皮带轮槽沟有油、污物等，则要清理干净。

（6）刀架日常维护。

每日操作前，需将刀盘擦拭干净；每日收工后，应将刀架上的铁屑清理干净；装夹刀具时，请勿用铁锤或重物敲击刀盘。

（7）冷却系统日常维护。

定期检查冷却液是否足够，及时添加冷却液。定期检查冷却液是否变色或有杂质，并更换切削液，同时清理冷却箱内部；定期清理散热器和冷却液水泵过滤器。

2）数控机床的保养与维护

数控机床保养与维护的关键是预防性维护，核心是加强日常保养。

（1）日检。

日检就是根据各系统的正常情况来加以检测，其主要检测项目包括液压系统、主轴润滑系统、导轨润滑系统、冷却系统、气压系统等。例如，当进行主轴润滑系统的过程检测时，电源灯应亮，油压泵应正常运转；若电源灯不亮，则应保持主轴的停止状态，联系维修工程师进行维修。

（2）周检。

其主要项目包括机床零件、主轴润滑系统等，应该每周对其进行正确的检查，特别是对机床零件要清除铁屑，进行外部杂物清扫。

（3）月检。

其主要是对电源和空气干燥器进行检查。如有异常，要对其进行测量、调整。空气干燥器应该每月拆一次，然后进行清洗和装配。

（4）季检。

季检主要从机床床身、液压系统、主轴润滑系统等三方面进行检查。例如，对机床床身进行检查时，主要看机床精度、机床水平是否符合手册中的要求，如有问题，则应马上与维修工程师联系。再如对液压系统和主轴润滑系统进行检查时，如有问题，应分别更换新油，并对其进行清洗。

（5）半年检。

半年后，应该对机床的液压系统、主轴润滑系统以及主轴进行检查，如出现问题，应及时更换新油，然后进行清洗工作。

5. 工艺装备的保养与维护

为延长工艺装备的使用寿命，降低生产过程中因工艺装备造成的异常，改善工艺装备的技术状态，保证生产正常进行，必须对工艺装备进行保养与维护。保养与维护的类别包括夹具、刀具和量具等。

1）量具的保养与维护

量具的精度将直接影响检测的可靠性，因此，必须加强量具的保养。量具的计量工作应遵循测量器具的保养、检修和鉴定规程，确保所用量具的精度、灵敏度、准确度。量具的使用保养重点在于避免量具的破损、变形、锈蚀和磨损，因此，必须做到以下几点。

（1）量具在使用前后必须用棉纱擦干净。

（2）不能用精密量具测量毛坯或运动着的工件。

（3）测量时不能用力过猛、过大，不能测量温度过高的物体。

（4）不能将量具与工具混放、乱放，不能将量具当工具使用。

（5）不能用脏油清洗量具，不能给量具注脏油。

（6）量具用完后必须擦洗干净，涂油并放入专用的量具盒内。

2）夹具的保养与维护

通过对夹具的定期维护与有效清理来提高夹具的稳定性和可靠性，以提高夹具的使用效率，保证产品的加工质量。

（1）夹具技术状态鉴定。

技术状态鉴定包括夹具的工作性能及制件质量的检查；要求每生产使用一次，检查一次，状态鉴定由工艺装备维修人员实施，并做好相关资料记载。

（2）夹具的工作性能检查。

① 夹具重要零件的检查。在夹具工作前、工作中和工作后，结合制件的质量情况，确认夹具的工作状态。

② 定位装置的检查。检查定位装置是否可靠，定位销及定位板有无松动情况及严重磨损。

（3）制件质量的检查。

查阅各工序《机械加工工序卡片》，检查制件各加工尺寸是否符合工艺文件要求。

（4）夹具的保养。

夹具在每批次作业结束后应做好相关的保养与维护，具体内容包括：

① 检查定位基准是否准确。

② 检查易耗件是否磨损。

③ 检查其他影响产品加工尺寸的重要零件是否符合要求。

④ 检查夹具的活动部分是否灵活、润滑状态是否正常。

3）刀具的保养与维护

（1）刀具的检查与保管。

① 每位加工人员在交接班时必须检查所需要的刀具，查看刀片的损耗程度并及时登记。

② 如刀具需要保养，则按相关规定处理后放回摆放处等待保养。

③ 较长时间不用的（超过 24 h）刀具，应做好防锈处理后放置在刀架中。

④ 如发现刀具有损坏应立即上报车间领导，并做好记录。

⑤ 每星期必须清点、整理一次刀具，并做好刀具清点、整理记录。

⑥ 所有刀具需清洁无污物，摆放有序，规格清晰、明确。

（2）刀具的使用与清理。

① 必须严格按规定的刀具参数要求使用刀具，不准任意加大进刀量、切削速度，或超规范、超负荷使用刀具。

② 正确、合理选择刀具夹头，装夹时应紧固牢靠。

③ 不准在机床主轴锥孔安装与其锥度或孔径不符、表面有刻痕和不清洁的刀具、刀套等。

④ 应保持刀尖锋利，按时更换刀片、镗刀头、钻头、丝攻等易损刀具，如变钝或崩裂应及时修磨或更换，并查找原因进行整改。

⑤ 换产品之前必须把刀体全部拆开，清洗各零件，擦净后再重新组合。

⑥ 所有各类刀具在使用结束后，不得将刀具继续装夹在设备上，需将之取下，清洁干净放回相应的刀具摆放处备用。

四、任务实施

加工中心机床集电、机、液于一身，具有技术密集和知识密集特点，是一种自动化程度高、结构复杂且又昂贵的先进加工设备。立式加工中心机床在使用一段时间后，两个相互接触的零件间产生磨损，其工作性能逐渐受到影响，这时就应对该机床的一些部件进行适当的调整与维护，使机床恢复到正常的技术状态。为了充分发挥该数控机床的加工优势，确保所加工产品的质量，减少机床故障的发生，必须高度重视该立式加工中心的保养与维护工作。

为了做好该立式加工中心的保养与维护工作，所有机床保养与维护人员必须加强理论知识学习，不仅要有机械、加工工艺以及液压气动方面的知识，也要具备电子计算机、自动控制、驱动及测量技术等知识，这样才能全面了解、掌控数控机床，及时做好保养与维护工作。

其次，我们必须严格执行三级保养制度来做好立式加工中心的保养与维护工作，即日常维护保养、一级保养和二级保养。保养与维护内容一般包括日常维护、定期维护、定期检查、精度检查等。立式加工中心机床的日常保养与一级保养是由操作人员完成的，二级保养是由操作人员与维修人员共同完成的，其保养维护周期及每次保养维护的时间还应该根据立式加工中心机床结构、粗精加工不同情况合理确定，并经常结合实际加以调整。

需要注意的是：机器启动后禁止维护数控机床。在维护过程中，电路的断路器应断开。

（1）立式加工中心机床的日常保养与维护。

如图 2－3－2－2 所示，立式加工中心机床的操作人员应该每日对加工中心机床进行相应的保养与维护。

① 检查润滑机构各油箱的油量是否正常，开机检查润滑系统是否能够正常运转。

② 检查液压机构各油箱的油量是否正常，开机检查液压系统是否能够正常运转。

③ 检查冷却箱的切削液量是否正常，开机检查切削液系统是否能够正常运转。

④ 开机检查数控系统是否正常，各风扇排屑器运转是否正常，并检查各压力表数值是否正常。

⑤ 清理立式加工中心机床内导轨的铁屑及杂物，并检查其表面是否有划痕；清洁刀库刀臂和刀具，尤其是刀爪；清洁暴露在外的极限开关以及碰块；清除工作台、三轴伸缩护罩上的切屑及油污。

⑥ 检查主轴内锥孔空气吹气是否正常，用干净棉布擦拭主轴内锥孔，并喷上轻质油。检查全部信号灯、警示灯是否正常。

⑦ 开机后必须先预热 10 min 左右，然后再加工。长期不用的机器应延长预热的时间。

⑧ 每日工作完成后进行清洁清扫工作，保持机床的干燥清洁，维持机器四周环境整洁。

⑨ 完成加工任务后，关闭立式加工中心的数控系统，关闭电源并清理工作场地。

此外，根据该立式加工中心机床的具体使用与维护情况，适当安排周保养、月保养以及年度保养，以提高该机床的使用性能。

图 2－3－2－2　日常保养立式加工中心机床

（2）立式加工中心机床的定期保养与维护工作。

相关操作人员在立式加工中心机床使用时间超过 500 h 之后，应对机床进行一级保养。一级保养内容主要包括对机床进行紧固、润滑和清洁等操作，在此过程中，相关保养人员应该切断立式加工中心机床的电源，清洗机床的表面，尤其是对于机床的死角要进行彻底的清洁。除此之外，相关工作人员还应该检查立式加工中心机床各个零部件是否完好。

在立式加工中心机床使用时间超过 2 000 h 之后，应对机床进行二级保养。二级保养是在一级保养的基础之上，将设备的部件调整和部件检查作为重点保养内容。通过二级保养可以确保立式加工中心机床的设备处于良好的工作状态。

一级保养主要完成以下工作：

① 擦拭加工中心的外表，包括罩、盖、附件，保证无油污、无锈蚀、无铁屑及杂物，保证内外清洁。

② 清理回转刀架、尾座上的铁屑，检查其运转是否正常。

③ 检查机床上是否有螺钉松动，各油箱、管路连接是否稳固，若有应及时修补。

④ 检查机床各轴传动带的磨损情况与张紧力。

⑤ 分别检查以下四类系统的运转是否正常，运转时是否有异响，并根据需要更换相应的零部件：液压系统及该系统下的部件（液压泵、液压马达）；冷却系统及该系统下的部件（冷却泵、冷却马达）；排屑系统及该系统下的部件（排屑器、排屑电动机）；润滑系统及该系统下的部件（过滤器）等。

⑥ 检查所有油箱及冷却水箱，根据需要进行补充。根据需要对机床各注油点注入润滑油脂，保证油箱及各油标、油窗明亮。夏天根据要求在切削液中加入防锈剂。

⑦ 检查数控系统启动后是否正常，加工中心各轴及回转刀架的运动是否正常。

⑧ 擦拭电器箱，保证内外清洁，检查各线路是否漏电，各触点接触是否良好，检查限位装置与接地是否安全可靠。

图 2-3-2-3 所示为保养与维护后的实训车间，多台立式加工中心整洁、有条理地排放着。

图 2-3-2-3　保养与维护后的实训车间

五、任务评价

按表 2-3-2-1 对任务进行评价。

表 2-3-2-1　任务评价

序号	评价内容	评价标准	评价结果（是/否）
1	知识与技能	能解释加工机床及工艺装备的结构特点	□是　□否
		能解释保养与维护加工机床及工艺装备的目的	□是　□否
		能说明加工机床及工艺装备保养与维护的基本要求	□是　□否
		能确定保养与维护加工机床的方法	□是　□否
		能确定保养与维护工艺装备的方法	□是　□否
2	职业素养	具有严谨求实的学习态度	□是　□否
		具有精益求精的工匠精神	□是　□否
		具有互帮互助的团队意识	□是　□否
3	总评	“是”与“否”在本次评价中所占百分比	“是”占_____% “否”占_____%

六、任务巩固

图 2-3-2-4 所示为某企业机械加工车间所使用的数控车床（CK6136E）。为了提高机床的使用性能，需要对其进行定期的保养与维护，试分析该数控车床的保养与维护过程。

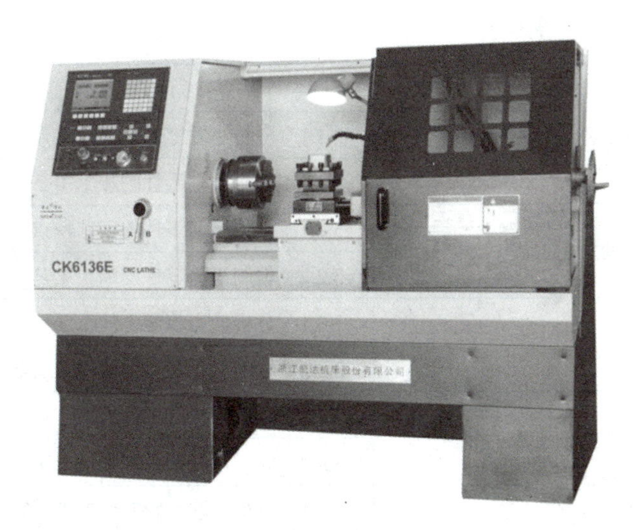

图 2-3-2-4　CK6136E 机床

工作领域3　零件普通加工工艺的编制

一、工作目标

知识目标	能力目标	素质目标
（1）熟悉五大类零件的结构特点及技术要求。 （2）掌握确定五大类零件主要加工表面的方法。 （3）掌握确定五大类零件毛坯的方法。 （4）掌握拟定五大类零件加工工艺路线的方法。 （5）掌握选择五大类零件定位形式的方法。 （6）掌握确定五大类零件装夹方案的方法。 （7）掌握选择五大类零件加工机床与工艺装备的方法。 （8）掌握编制五大类零件加工工艺的方法	（1）能够分析五大类零件的结构特点及其技术要求。 （2）能够确定五大类零件主要的加工表面。 （3）能选择五大类零件的毛坯材料类型及生产方法。 （4）能够拟定五大类零件的加工工艺路线。 （5）能够选择五大类零件的定位形式。 （6）能够确定五大类零件的装夹方案。 （7）能够选择五大类零件加工机床与工艺装备。 （8）能够编制五大类零件的加工工艺	（1）具备机械加工工艺员的职业素养。 （2）具有严谨求实的工作态度。 （3）具有团队协同合作的能力。 （4）塑造含创新、严谨、精益求精内涵的工匠精神。 （5）具备遵规守纪、乐于奉献、爱岗敬业、奋发图强的职业道德

二、工作内容

工作项目	工作任务
3.1　编制轴类零件的加工工艺	3.1.1　分析小轴零件的工艺特点
	3.1.2　编制小轴零件的加工工艺
3.2　编制盘套类零件的加工工艺	3.2.1　分析滚筒零件的工艺特点
	3.2.2　编制滚筒零件的加工工艺
3.3　编制箱体类零件的加工工艺	3.3.1　分析动力箱零件的工艺特点
	3.3.2　编制动力箱零件的加工工艺
3.4　编制叉架类零件的加工工艺	3.4.1　分析滑轮架零件的工艺特点
	3.4.2　编制滑轮架零件的加工工艺
3.5　编制齿轮类零件的加工工艺	3.5.1　分析双联齿轮零件的工艺特点
	3.5.2　编制双联齿轮零件的加工工艺

工作项目 3.1 编制轴类零件的加工工艺

一、项目概述

熟悉轴类零件的结构特点及技术要求；掌握确定轴类零件主要加工表面的方法；掌握确定轴类零件毛坯的方法；掌握拟定轴类零件加工工艺路线的方法；掌握选择轴类零件定位形式的方法；掌握确定轴类零件装夹方案的方法；掌握选择轴类零件加工机床与工艺装备的方法；掌握编制轴类零件加工工艺的方法。

二、项目分析

轴类零件是机器中最常见的一类零件，主要起支承传动件和传递转矩的作用。轴是旋转体零件，其加工表面主要由内外圆柱面、内外圆锥面、螺纹、花键、键槽及横向孔等组成。

在编制轴类零件的加工工艺时，需要熟悉轴类零件的结构特点及技术要求，能正确确定轴类零件的主要加工表面并拟定加工工艺路线，能正确选择轴类零件加工机床与工艺装备，确定轴类零件的定位形式和装夹方案，并编制合适的轴类零件加工工艺，即需要熟练地完成以下两项工作任务：

（1）分析轴类零件的工艺特点。

（2）编制轴类零件的加工工艺。

工作任务 3.1.1 分析小轴零件的工艺特点

一、任务描述

图 3－1－1－1 所示为某企业需要大量生产的小轴零件。为了能准确地制定该零件的加工工艺方案，现在需要在详细分析该零件图技术要求的基础上，分析该零件的加工工艺特点。

二、学习目标

（1）熟悉轴类零件的结构特点及技术要求。

（2）掌握确定轴类零件主要加工表面的方法。

（3）掌握确定轴类零件毛坯的方法。

三、知识梳理

1. 轴类零件的结构特点及技术要求

1）轴类零件的结构特点

轴类零件是机器中最常见的一类零件，它主要起支承传动件和传递转矩的作用。轴是旋

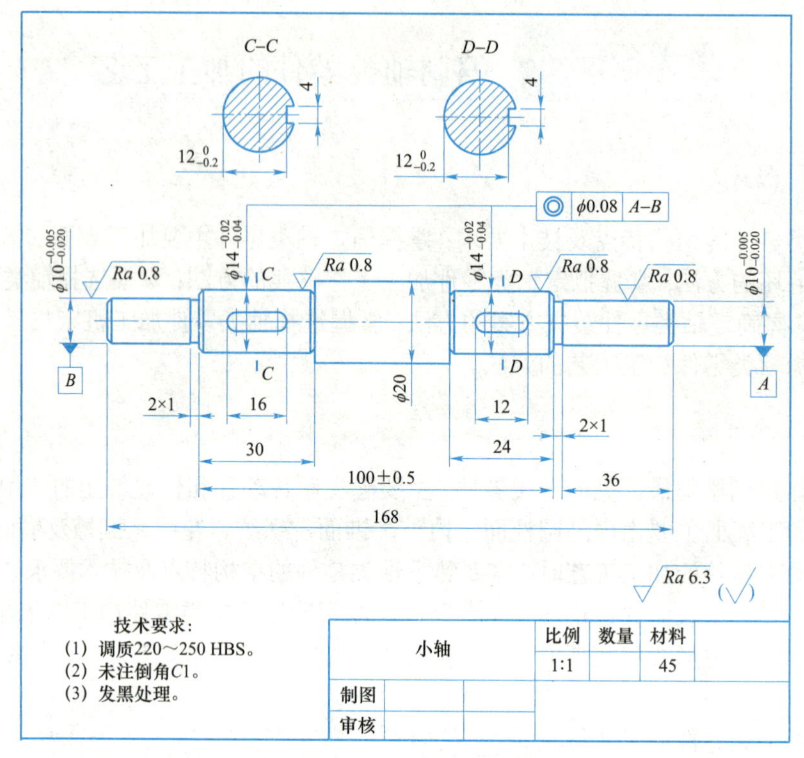

图 3-1-1-1　小轴零件

转体零件，主要由内外圆柱面、内外圆锥面、螺纹、花键、键槽及横向孔等表面组成。轴类零件根据其结构的不同可分为光轴、空心轴、半轴、阶梯轴、花键轴、十字轴、偏心轴、曲轴及凸轮轴等，如图 3-1-1-2 所示。

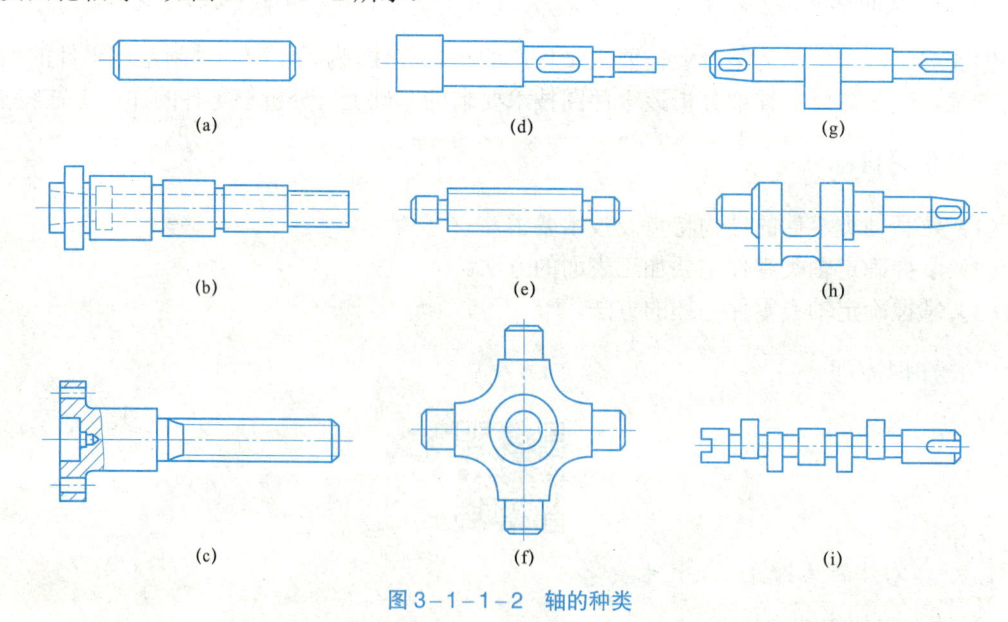

图 3-1-1-2　轴的种类

（a）光轴；（b）空心轴；（c）半轴；（d）阶梯轴；（e）花键轴；（f）十字轴；（g）偏心轴；（h）曲轴；（i）凸轮轴

轴类零件中，阶梯轴应用最广，其加工工艺能较全面地反映轴类零件的加工规律和共性。若按轴的长度 L 和直径 d 的比例来分，又可分为刚性轴（$L/d \leqslant 12$）和挠性轴（$L/d > 12$）两类。对于挠性轴，在加工过程中尤其需要注意避免或减小受力变形带来的加工误差。

2）轴类零件的技术要求

（1）尺寸精度和几何形状精度。

轴的轴颈是轴类零件的重要表面，它的质量好坏直接影响着轴工作时的回转精度。轴颈直径精度根据使用要求通常为 IT6，有时可达 IT5。轴颈的几何形状精度（圆度、圆柱度）应限制在直径公差之内。精度要求高的轴则应在图上专门标注形状公差。

（2）位置精度。

配合轴颈（装配传动件的轴颈）相对支承轴颈（装配轴承的轴颈）的同轴度以及轴颈与支承端面的垂直度通常要求较高。普通精度轴的配合轴颈相对支承轴颈的径向圆跳动一般为 0.01～0.03 mm，精度高的轴为 0.001～0.005 mm；端面圆跳动为 0.005～0.01 mm。

（3）表面粗糙度。

轴类零件的各加工表面均有表面粗糙度的要求。一般说来，支承轴颈的表面粗糙度要求最小，为 *Ra*0.63～0.16 μm；配合轴颈的表面粗糙度次之，为 *Ra*2.5～0.63 μm。

（4）其他技术要求。

热处理、倒角、倒棱及外观修饰等要求。

2. 轴类零件的主要加工表面

轴类零件的主要表面有内外圆柱面、内外圆锥面、螺纹、花键、键槽及横向孔等。其中，外圆表面和键槽最为典型。

1）外圆表面的加工

（1）车削加工。

车削是轴类零件外圆（包括轴肩）的主要加工方法。根据毛坯的制造精度和轴的最终精度要求，一般可分为粗车、半精车和精车。

粗车的目的是切除毛坯硬皮和大部分余量，在工艺系统刚性容许的情况下，应选用较大的切削用量，以提高生产率。粗车后尺寸精度可达 IT11～12 级，表面粗糙度为 *Ra*50～12.5 μm。

半精车和精车可以作为无须淬硬的黑色金属及有色金属的最终加工，也可作为磨削或更高精度加工的预加工。半精车后精度可达 IT8～10，表面粗糙度为 *Ra*6.3～3.2 μm；精车后精度可达 IT7～9，表面粗糙度为 *Ra*1.6～0.8 μm。

（2）外圆磨削。

磨削是外圆表面精加工的主要方法之一，它既可加工未经淬火的表面，又可加工淬硬后的表面，尤其是当淬硬件无法进行车削时，只能通过磨削来消除热处理中产生的变形，并达到要求的尺寸精度和表面粗糙度。

磨削加工可以达到的经济精度是 IT6～7 级，经过粗磨和精磨的工件，表面粗糙度可以达到 *Ra*0.2～0.8 μm。

（3）光整加工。

对于一些尺寸精度和表面粗糙度要求更高的工件，在磨削以后还需进行光整加工，常用的方法有精细磨削、研磨和超精加工等，其中精细磨削能达到IT5精度等级，表面粗糙度能达到*Ra*0.2 μm以下。

2）键槽的加工

键槽是轴类零件上常见的结构，其中以普通平键应用最为广泛。通常将键槽加工安排在半精车或粗磨外圆之后进行，以免产生毛刺损坏精加工外圆的表面，其加工的深度应根据精加工余量而加深。

一般采用铣削来加工键槽。键槽的加工应保证键槽侧面与轴线平行，并相对轴心线对称，要求通过合理选择定位基准来达到。对于轴上键槽来说，一般以轴的外圆表面或两端的中心孔为基准，前者可以装夹在V形块或平口钳中，后者可以装在分度头与尾架顶针之间。

此外，轴上的花键、横向孔等次要表面的加工，一般安排在外圆精车之后、磨削之前进行。因为如果在精车之前就加工出这些表面，在精车时由于断续切削而易产生振动，影响加工质量，又容易损坏刀具，也难以控制加工尺寸。但也不应安排在外圆精磨之后进行，以免破坏外圆表面的加工精度和表面质量。

3）中心孔的加工

中心孔是轴类零件加工全过程中使用的定位基准，其质量对加工精度有着重大影响，所以必须安排修研中心孔工序。修研中心孔一般在车床上用金刚石或硬质合金顶尖加压进行。

3. 轴类零件的材料、毛坯及热处理

1）轴类零件的材料

轴类零件材料常用45钢；对于中等精度而转速较高的轴，可选用40Cr等合金结构钢；对于精度较高的轴，可选用轴承钢GCr15和弹簧钢65Mn等，也可选用球墨铸铁；对于高转速、重载荷条件下工作的轴，选用20CrMnTi、20Mn2B、20Cr等低碳合金钢或38CrMoAl氮化钢。

2）轴类零件的毛坯

轴类零件最常用的毛坯是圆棒料和锻件，有些大型轴或结构复杂的轴采用铸件。毛坯经过加热锻造后，可使金属内部纤维组织沿表面均匀分布，从而获得较高的抗拉、抗弯及抗扭强度，故一般比较重要的轴多采用锻件。依据生产批量的大小，毛坯的锻造方式可分为自由锻造和模锻两种。

3）轴类零件的热处理

轴类零件的使用性能除与所选钢材种类有关外，还与所采用的热处理有关。锻造毛坯在加工前，均需安排正火或退火处理（含碳量大于0.7%的碳钢和合金钢），以使钢材内部晶粒细化，消除锻造应力，降低材料硬度，改善切削加工性能。

为了获得较好的综合力学性能，轴类零件常要求调质处理。毛坯余量大时，调质安排在粗车之后、半精车之前，以便消除粗车时产生的残余应力；毛坯余量小时，调质可安排在粗车之前进行。表面淬火一般安排在精加工之前，这样可纠正因淬火引起的局部变形。对精度要求高的轴，在局部淬火或粗磨之后，还需进行低温时效处理（在160℃油中进行长时间的低温时效），以保证尺寸的稳定。

对于氮化钢（如38GrMoAl），需在渗氮之前进行调质和低温时效处理。其对调质的质量要求也很严格，不仅要求调质后索氏体组织要均匀细化，而且要求离表面8～10 mm层内

铁素体含量不超过 5%，否则会造成氮化脆性而影响其质量。

四、任务实施

1. 小轴零件的结构特点

如图 3-1-1-1 所示，该小轴零件由五段不同直径的回转体组成，总体外形尺寸为ϕ20 mm×168 mm，包括外圆柱面、键槽、砂轮越程槽、倒角等结构。两段直径为ϕ14 mm 的外圆柱面上分布有两个键槽，键槽的尺寸分别为 4×16 mm 和 4×12 mm。四段砂轮越程槽的尺寸均为 2 mm×1 mm，未注倒角尺寸均为 *C*2。尺寸精度方面，四段外圆柱面的尺寸分别为$\phi 14_{-0.04}^{-0.02}$ mm 和$\phi 10_{-0.20}^{-0.05}$ mm，键槽深度尺寸为$12_{-0.2}^{\ 0}$mm，要求均较高。表面粗糙度方面，四段外圆柱面的表面粗糙度均为 *Ra*0.8 μm，其余表面粗糙度为 *Ra*6.3 μm。此外，两段ϕ14 mm 外圆柱面的轴线对两段ϕ10 mm 外圆柱面轴线的同轴度公差为ϕ0.08 mm。

2. 明确小轴的关键加工表面和加工方法

显然，四段ϕ14 mm、ϕ10 mm 外圆柱面具有较高的尺寸精度（IT7）及相互位置精度（同轴度为 0.08 mm）要求，表面粗糙度要求也很高（*Ra*0.8 μm），故是该零件的重要加工表面。鉴于这四段外圆柱面的加工要求较高，查阅相关表格后确定采用如下的加工方法：粗车→半精车→磨削，即采用车削和磨削加工这四段表面。

此外，两处键槽的尺寸精度和表面质量要求均不高，故将两处键槽以及越程槽和倒角等确定为一般加工表面。鉴于这些表面加工要求均不高，决定采用铣削、车削进行加工。

3. 选择小轴的材料及毛坯

由图 3-1-1-1 所示零件图可知，该小轴零件的材料应选择 45 钢，最后需要进行发黑处理。

一般来说，轴类零件的毛坯常用圆棒料和锻件，大型轴或结构复杂的轴采用铸件。该小轴零件的外形较规则，总体尺寸为ϕ20 mm×168 mm，各外圆直径尺寸相差不大，属于中、小型传动轴。故选取热轧圆钢作毛坯。

再分别查表 1-5-1-4（轴的机械加工余量）、表 1-5-1-12（轴、杆类零件外圆热处理后的磨削余量）、表 1-5-1-7（端面的加工余量）和表 1-5-1-8（调质件预留加工余量），得到：粗车、半精车的加工余量分别为 1.7 mm、0.5 mm，热处理后轴的磨削余量为 0.45～0.55 mm，端面的加工余量为 1 mm，调质件预留加工余量为 2.0～2.5 mm。决定取粗车、半精车加工余量分别为 2 mm、0.5 mm，磨削余量为 0.3 mm，端面的加工余量为 1 mm，调质件预留加工余量为 2.0 mm。故选择ϕ25 mm 的热轧圆钢作毛坯，毛坯的下料尺寸为ϕ25 mm×175 mm。

五、任务评价

按表 3-1-1-1 对任务进行评价。

表 3-1-1-1 任务评价

序号	评价内容	评价标准	评价结果（是/否）
1	知识与技能	能解释零件技术要求的含义	□是 □否
		能分析零件的尺寸精度与形位公差	□是 □否
		能分析零件的表面粗糙度要求	□是 □否
		能确定零件的主要加工表面	□是 □否
		能确定零件主要加工表面的加工方法	□是 □否
		能确定零件的材料及毛坯	□是 □否
2	职业素养	具有严谨求实的学习态度	□是 □否
		具有精益求精的工匠精神	□是 □否
		具有互帮互助的团队意识	□是 □否
3	总评	“是”与“否”在本次评价中所占百分比	“是”占____% “否”占____%

六、任务巩固

图 3-1-1-3 所示为某企业需要大量生产的传动轴零件图。为了能准确地制定该零件的加工工艺方案，现在需要在详细分析该零件图技术要求的基础上，分析该零件的加工工艺特点。

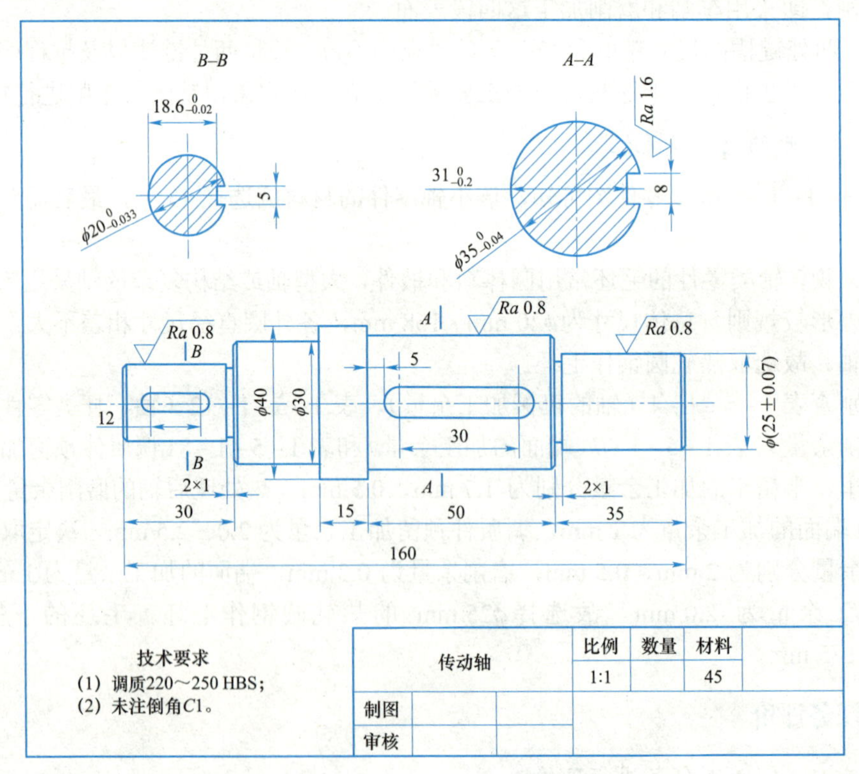

图 3-1-1-3 传动轴

工作任务 3.1.2　编制小轴零件的加工工艺

一、任务描述

图 3-1-2-1 所示为某企业需要大量生产的小轴零件。为了生产出符合要求的产品，现在需要在详细分析该技术要求的基础上，编制该零件的加工工艺。

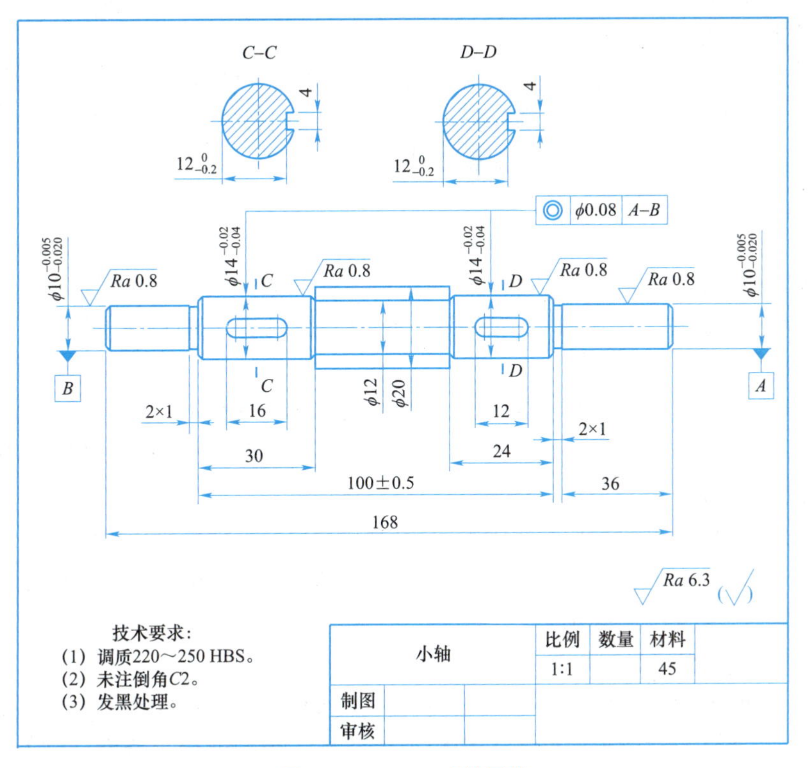

图 3-1-2-1　小轴零件

二、学习目标

（1）掌握拟定轴类零件加工工艺路线的方法。

（2）掌握选择轴类零件定位形式的方法。

（3）掌握确定轴类零件装夹方案的方法。

（4）掌握选择轴类零件加工机床与工艺装备的方法。

（5）掌握编制轴类零件加工工艺的方法。

三、知识梳理

1. 轴类零件的加工工艺路线

1）拟定轴类零件加工工艺路线

通过对轴类零件的技术要求和结构特点进行深入分析，根据生产批量、设备条件、工人技术水平等因素，就可以拟定其机械加工工艺路线。

拟定轴类零件加工工艺路线时，除了应遵循一般的原则外，还应注意以下三点：

（1）外圆表面加工顺序应为先加工大直径外圆，然后再加工小直径外圆，以免一开始就降低了工件的刚度。

（2）轴上矩形花键的加工，通常采用铣削和磨削加工，产量大时常用花键滚刀在花键铣床上加工。以外径定心的花键轴，通常只磨削外径，而内径铣出后不必进行磨削，但如经过淬火而使花键扭曲变形过大，则也要对侧面进行磨削加工。以内径定心的花键，其内径和键槽两侧均需进行磨削加工。

（3）轴上的螺纹一般有较高的精度，如安排在局部淬火之前进行加工，则淬火后产生的变形会影响螺纹的精度，因此螺纹加工宜安排在工件局部淬火之后进行。

轴类零件的主要加工表面是内外圆柱面、螺纹及键槽等，因此加工方法主要是车削、铣削、磨削以及热处理等。

对于 7 级精度、表面粗糙度为 $Ra0.8\sim0.4\ \mu m$ 的一般传动轴，其典型加工路线是：正火→车端面钻中心孔→粗车各表面→精车各表面→铣花键、键槽→热处理→修研中心孔→粗磨外圆→精磨外圆→检验。

对于一般精度的需要特殊热处理的钢轴，其加工路线为：锻造→正火或退火→钻中心孔→粗车→调质→半精车、精车→热处理→粗磨→加工次要表面→精磨。特殊热处理包括：表面淬火、整体淬火、渗碳、渗氮等。

2）划分轴类零件的加工阶段

轴的加工一般划分为三个加工阶段，即粗加工（粗车外圆、钻中心孔）、半精加工（半精车各处外圆、轴肩和修研中心孔等）和精加工（粗、精磨或精车各处外圆）。

各加工阶段大致以热处理工序为界：在粗加工前，锻造毛坯均需安排正火或退火处理，使钢材内部晶粒细化，消除锻造应力，降低材料硬度，改善切削加工性能。调质一般安排在粗加工之后、半精加工之前，以获得良好的物理力学性能。表面淬火一般安排在精加工之前，这样可以纠正因淬火引起的局部变形。精度要求高的轴，在局部淬火或粗磨之后，还需进行低温时效处理。

2. 轴类零件的定位

1）轴类零件的精基准

轴类零件的加工，多以轴两端的中心孔作为精基准。因为轴的设计基准是中心线，这样既符合基准重合原则，又符合基准统一原则，还能在一次装夹中最大限度地完成多个外圆及端面的加工，易于保证各轴颈间的同轴度以及端面的垂直度。

当不能用两端中心孔定位（如带内孔的轴）时，可采用外圆表面或外圆表面和一端孔口作为精基准。

2）轴类零件的粗基准

一般选择重要的外圆面作为定位粗基准，以此定位加工两端面和中心孔，为后续工序准备精基准。

3. 轴类零件的装夹

轴类零件加工时的安装方式主要有三种，即采用两中心孔定位装夹，用外圆表面定位装夹和用各种堵头或拉杆心轴定位装夹。具体来说，一般有以下四种装夹方式。

1）以工件的两中心孔定位装夹（双顶尖）

轴类零件的各外圆表面，锥孔、螺纹表面的同轴度，端面对旋转轴线的垂直度是其相互位置精度的主要项目，而这些表面的设计基准一般都是轴的中心线。因此，若采用两中心孔定位，则符合基准重合的原则。另外，中心孔不仅是车削时的定位基准，也是其他加工工序的定位基准和检验基准，这又符合基准统一原则。当采用两中心孔定位时，还能够最大限度地在一次装夹中加工出多个外圆表面和端面。

2）以工件的两外圆表面定位装夹（双支架）

在加工空心轴的内孔时，不能采用中心孔作为定位基准，可用轴的两外圆表面作为定位基准。当工件是机床主轴时，常以两支承轴颈（支架）作为定位基准进行装夹，可保证机床主轴的内孔相对支承轴颈的同轴度要求，消除基准不重合而引起的误差。

3）以工件的一外圆表面和一中心孔进行定位装夹（一夹一顶）

用两中心孔定位虽然定心精度高，但刚性差，尤其是在粗加工或加工较重的工件时不够稳固，切削用量也不能太大。此时可以采用一端夹住外圆表面，另一端用顶尖顶住中心孔的装夹方法。这种定位装夹方法因夹紧力大，能承受较大的切削力矩，故应用很广。

4）以锥堵或锥套心轴进行定位装夹

在加工空心轴的外圆表面时，往往还采用锥堵或锥套心轴作为定位基准，如图 3-1-2-2 所示。锥堵或锥套心轴应具有较高的精度，锥堵和锥套心轴上的中心孔既是其本身制造的定位基准，又是空心轴外圆精加工的基准。因此必须保证锥堵或锥套心轴上锥面与中心孔有较高的同轴度。在装夹中应尽量减少锥堵的安装环节，减少重复安装误差。在实际生产中，锥堵安装后，中途加工一般不得拆下和更换，直至加工完毕。若外圆和锥孔需反复多次、互为基准进行加工，则在重装锥堵或心轴时必须按外圆找正或重新修磨中心孔。

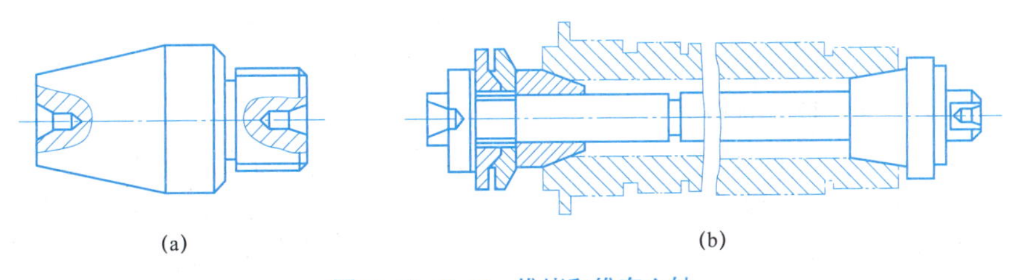

图 3-1-2-2　锥堵和锥套心轴

（a）锥堵；（b）锥套心轴

4. 轴类零件的加工机床与工艺装备

1）加工机床的选择

在不同的生产类型和生产条件下，轴类零件加工采用的加工设备也有所不同。

（1）外圆表面的加工。

车削外圆表面时，单件小批生产多采用普通车床，大批大量生产可采用多刀半自动车床或转塔车床等。磨削外圆表面时，一般在外圆磨床或无心磨床上进行。需要注意的是，无心磨床只适用于磨削光轴、圆柱销等无台阶、无键槽的轴类工件。

（2）键槽加工。

可以在立式铣床或卧式铣床上用键槽铣刀或三面刃盘铣刀加工，前者加工封闭式键槽，后者加工敞开式键槽。

2）夹具的选择

在单件小批生产中，应尽量选用通用夹具和组合夹具，在大批、大量生产中可根据工序加工要求设计制造专用夹具。表 3－1－2－1 所示为车削时常用的通用夹具。

表 3－1－2－1　车削时常用的通用夹具

名称	装夹特点	应用范围
三爪卡盘	三个卡爪可同时移动，自动定心，装夹迅速、方便，但重复定位精度不够高	长径比小于 4，截面为圆形、六方体的中、小型工件
四爪卡盘	四个卡爪都可单独移动，装夹工件慢，需要找正，装夹稳定	长径比小于 4，截面为方形、椭圆形较大、较重的工件
花盘	盘面上有多通槽和 T 形槽，使用螺钉、压板装夹，装夹前需要找正，适应性好	形状不规则的工件，孔或外圆与定位基面垂直的工件
双顶尖	定心准确，精度好，易于确保同轴度的要求	长径比为 4～12 的实心传动轴
双顶尖、中心架	支爪可调，增加工件刚性，可确保同轴度的要求	长径比大于 12 的细长轴工件的粗加工
一夹一顶跟刀架	支爪随刀具一起运动，无接刀痕，可确保同轴度的要求	长径比大于 12 的细长轴的半精加工、精加工

3）刀具的选择

刀具的选择主要取决于工序所采用的加工方法、加工表面的尺寸、工件材料、加工精度和表面粗糙度要求、生产率和经济性等，一般尽可能采用标准刀具，大批、大量生产时可采用高效率的复合刀具及其他专用刀具。

轴类零件加工常用的标准刀具有：

（1）硬质合金焊接式车刀。硬质合金焊接式车刀是由硬质合金刀片和普通结构钢刀杆通过焊接而成。其优点是结构简单、制造方便、刀具刚性好、使用灵活，故应用最为广泛。

（2）可转位车刀。可转位车刀是用机械夹固的方式将可转位刀片固定在刀槽中而组成的车刀，当刀片上一条切削刃磨钝后，松开夹紧机构，将刀片转过一个角度，调换一个新的刀刃，夹紧后即可继续进行切削。与焊接式车刀相比，其优点是耐用度高、更换方便、生产率高，缺点是一次性投资费用较大，无法随意刃磨刀具。

（3）键槽铣刀。图 3－1－2－3 所示为键槽铣刀，用于加工圆头封闭键槽，该铣刀外形似立铣刀。按国家标准规定，直柄键槽铣刀直径 d=2～22 mm，锥柄键槽铣刀直径 d=14～50 mm。键槽铣刀的精度等级有 e8 和 d8 两种，通常分别加工 H9 和 N9 键槽。加工时，键槽铣刀沿刀具轴线做进给运动，故仅在靠近端面部分发生磨损，重磨时只需刃磨端面刃，所以重磨后刀具直径不变，加工精度高。

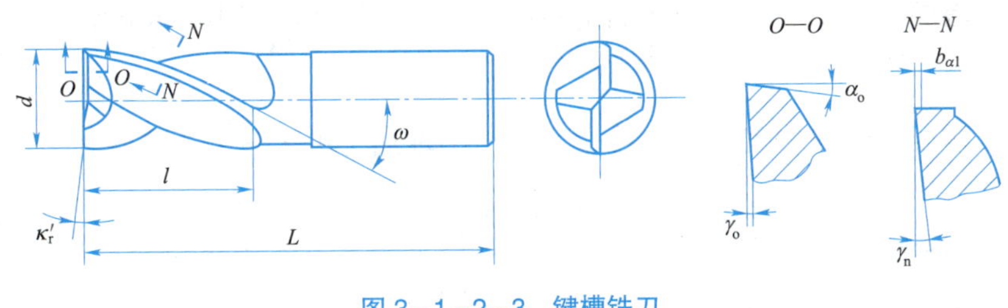

图 3-1-2-3 键槽铣刀

四、任务实施

1. 拟定小轴零件的工艺路线

该小轴零件的两段ϕ14 mm 和两段ϕ10 mm 外圆柱面具有较高的尺寸精度（IT7）、相互位置精度（同轴度为 0.08 mm）和表面粗糙度（Ra0.8 μm）要求，故是该零件的重要加工表面。而两处键槽、越程槽和倒角等为一般加工表面。

该零件主要由回转表面组成，需要采用车削与外圆磨削成形。由于四段重要加工表面的的公差等级（IT7）较高且表面粗糙度（Ra0.8 μm）较小，故车削后还需磨削。因此，外圆表面的加工总体方案可定为：粗车→半精车→磨削。此外，对于两处键槽、越程槽和倒角等一般加工表面，也可以采用铣削、车削方法进行加工。综合考虑，该零件的工艺路线如下：下料→车两端面，钻中心孔→粗车各外圆→调质→半精车各外圆→切槽→倒角→铣键槽→修研中心孔→磨削→发黑→检验。

2. 划分加工阶段

一般来说，对精度要求较高的零件，其粗、精加工应分开，以保证零件的质量。因此将该小轴的加工划分为三个阶段，即粗车（粗车外圆、钻中心孔等）、半精车（半精车各处外圆、台阶等）和磨削（磨削四处外圆）。次要表面的加工安排在半精车之后，磨削之前安排一次修研中心孔，以提高定位基准的定位精度。此外，还要适当安排热处理工序和检验工序。

3. 选取定位形式和装夹方案

精加工时，选取两段ϕ10 mm 外圆柱面的轴线为精基准，即以两端中心孔为基准，采用双顶尖进行装夹，以保证零件的技术要求。采用三爪自定心卡盘装夹热轧圆钢的毛坯外圆，车端面、钻中心孔。

半精加工时，可以采用一夹一顶的方式进行装夹。

粗加工时，则选用热轧圆钢ϕ25 mm 的毛坯外圆为粗基准，采用三爪卡盘进行装夹。需要注意的是，一般不能用毛坯外圆装夹两次钻两端中心孔，而应该以毛坯外圆作粗基准，先加工一个端面，钻中心孔，车出一端外圆；然后以已车过的外圆作基准，用三爪自定心卡盘装夹，车另一端面，钻中心孔。如此加工中心孔，才能保证两端中心孔同轴。

4. 选取加工机床与工艺装备

依据加工需要，选取如表 3－1－2－2 所示的小轴加工机床与工艺装备。

表 3－1－2－2　小轴加工机床与工艺装备

类型	名称	备注
加工机床	锯床、CA6140A 车床、M1432A 磨床、X6132 铣床以及热处理炉等	
夹具	三爪卡盘、顶尖、鸡心夹头、分度头、修研顶尖等	
刀具	中心钻、车刀、立式铣刀、砂轮等	
量具	直尺、游标卡尺、外径千分尺	

5. 确定各工序加工余量及工序尺寸

依据前面的分析结果，取粗车、半精车加工余量分别为 2 mm、0.5 mm，磨削余量为 0.5 mm，端面的加工余量为 1 mm，调质件预留加工余量为 2.0 mm。具体的加工余量及工序尺寸参见机械加工工艺过程卡。

6. 填写小轴零件加工工艺文件

依据上述分析，填写如表 3－1－2－3 所示的小轴零件机械加工工艺过程卡。

表 3－1－2－3　小轴零件机械加工工艺过程卡

<table>
<tr><td colspan="2" rowspan="3">厂名</td><td rowspan="3">机械加工工艺过程卡</td><td>材料种类</td><td colspan="2">圆钢</td><td>产品名称</td><td></td><td colspan="2">零件名称</td><td>小轴</td></tr>
<tr><td>材料规格</td><td>45</td><td>毛重</td><td>公斤</td><td>产品编号</td><td>ZWJ02</td><td>零件编号</td><td>08</td></tr>
<tr><td>下料尺寸</td><td colspan="2">ϕ25 mm × 175 mm</td><td>每一件毛坯可制件数</td><td>1</td><td colspan="2">每台数量</td><td>1</td></tr>
<tr><td rowspan="2">工序</td><td rowspan="2">工序名称</td><td colspan="2" rowspan="2">工序内容</td><td colspan="2" rowspan="2">设备</td><td colspan="3">工具</td><td rowspan="2">单件工时</td><td rowspan="2">准备工时</td></tr>
<tr><td>夹具</td><td>刀具</td><td>量具</td></tr>
<tr><td>1</td><td>下料</td><td colspan="2">ϕ25 mm × 175 mm</td><td colspan="2">锯床</td><td></td><td></td><td>直尺</td><td></td><td></td></tr>
<tr><td>2</td><td>车</td><td colspan="2">1. 夹一端，车右端面见平，钻中心孔。
2.一夹一顶，粗车ϕ14 mm、ϕ10 mm 处外圆，留余量 0.8 mm。
3. 掉头，夹ϕ14 mm 并靠台肩，车另一端面，保证总长 168 mm，钻中心孔。
4. 一夹一顶，粗车左端ϕ20 mm、ϕ14 mm、ϕ10 mm 处外圆，各挡外圆留余量 0.8 mm</td><td colspan="2">CA6140A</td><td>三爪自定心卡盘</td><td>车刀，整体硬质合金中心钻</td><td>游标卡尺（0～300 mm）</td><td></td><td></td></tr>
<tr><td>3</td><td>热处理</td><td colspan="2">调质处理 220～240HBS</td><td colspan="2">热处理炉</td><td></td><td></td><td></td><td></td><td></td></tr>
</table>

续表

工序	工序名称	工序内容	设备	工具			单件工时	准备工时
				夹具	刀具	量具		
4	钳	修研两端中心孔	CA6140A					
5	车	1. 两顶尖装夹，半精车ϕ14 mm、ϕ10 mm 外圆，留余量 0.3 mm；切槽 2 mm×1 mm；倒角（2 处） 2. 掉头，两顶尖装夹，半精车ϕ20 mm 至图样尺寸；半精车ϕ14 mm、ϕ10 mm 外圆，留余量 0.3 mm；切槽 2 mm×1 mm；倒角（2 处）	CA6140A	双顶尖	车刀，螺纹车刀	游标卡尺（0～300 mm），螺纹环规		
6	钳	划两个键槽加工线	钳工台		V 形架、划针	钢尺		
7	铣	铣键槽 4 mm×16 mm、4 mm×12 mm，键槽深度要考虑磨削余量	X6132	分度头，顶尖	铣刀	百分表，游标卡尺（0～125 mm）		
8	钳	修研两端中心孔	CA6140A	修研顶尖	油石			
9	磨	磨外圆ϕ14 mm、ϕ10 mm 至尺寸，掉头一次，保证表面粗糙度和同轴度公差达到要求	M1432A	鸡心夹头，顶尖	砂轮	外径千分尺（25～50 mm），百分表		
10	热	发黑	发黑设备					
11	检验	按图样技术要求检验						

编制	日期	缮写	日期	校对	日期	审核	日期	共 1 页
								第 1 页

五、任务评价

按表 3-1-2-4 对任务进行评价。

表 3-1-2-4 任务评价

序号	评价内容	评价标准	评价结果（是/否）
1	知识与技能	能拟定零件加工工艺路线	□是 □否
		能选择零件定位形式	□是 □否
		能确定零件装夹方案	□是 □否
		能选择零件加工机床与工艺装备	□是 □否
		能编制零件加工工艺	□是 □否
2	职业素养	具有严谨求实的学习态度	□是 □否
		具有精益求精的工匠精神	□是 □否
		具有互帮互助的团队意识	□是 □否
3	总评	“是”与“否”在本次评价中所占百分比	“是”占____% “否”占____%

六、任务巩固

图 3－1－2－4 所示为某企业需要大量生产的传动轴零件。为了生产出符合要求的产品，现在需要在详细分析该零件图技术要求的基础上，编制该零件的加工工艺。

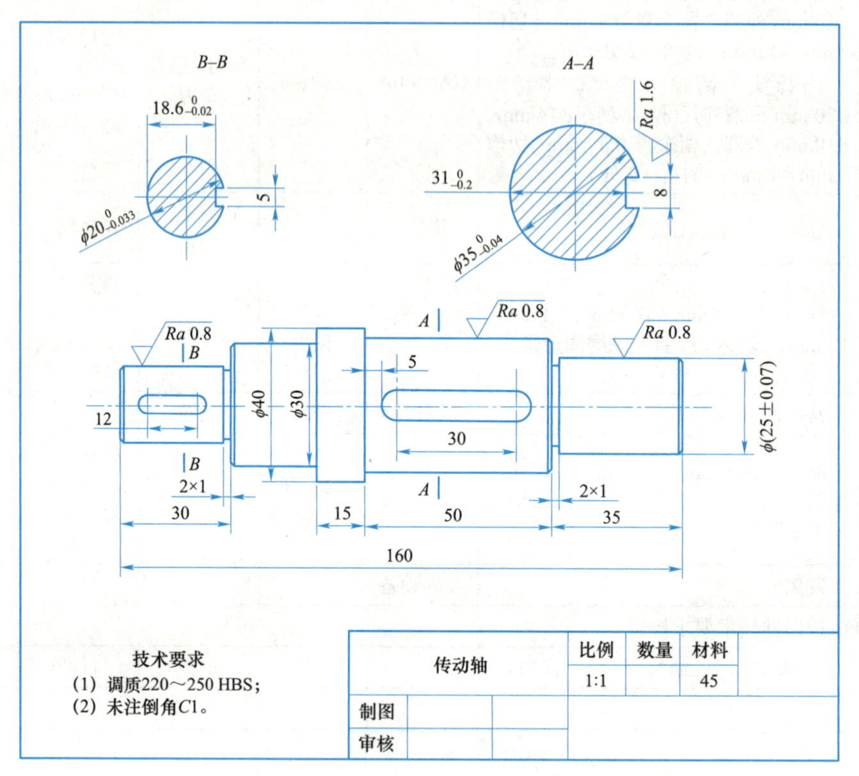

图 3－1－2－4 传动轴零件

工作项目 3.2 编制盘套类零件的加工工艺

一、项目概述

熟悉盘套类零件的结构特点及技术要求；掌握确定盘套类零件主要加工表面的方法；掌握确定盘套类零件毛坯的方法；掌握拟定盘套类零件加工工艺路线的方法；掌握选择盘套类零件定位形式的方法；掌握确定盘套类零件装夹方案的方法；掌握选择盘套类零件加工机床与工艺装备的方法；掌握编制盘套类零件加工工艺的方法。

二、项目分析

盘套类零件是机械加工中常见的一类零件，主要起支承或导向作用。盘套类零件一般指回转体零件中的空心薄壁件，其加工表面主要由内孔面、外圆柱面和端面等组成。

在编制盘套类零件的加工工艺时，需要熟悉盘套类零件的结构特点及技术要求，能正确确定盘套类零件的主要加工表面并拟定加工工艺路线，能正确选择盘套类零件加工机床与工艺装备，确定盘套类零件的定位形式和装夹方案，并编制合适的盘套类零件加工工艺，即需要熟练地完成以下两项工作任务：

（1）分析盘套类零件的工艺特点。

（2）编制盘套类零件的加工工艺。

工作任务 3.2.1　分析滚筒零件的工艺特点

一、任务描述

图 3－2－1－1 所示为某企业需要中批量生产的滚筒零件，为了能准确地制定该零件的加工工艺方案，现在需要在详细识读该零件图的基础上，分析该零件的工艺特点。

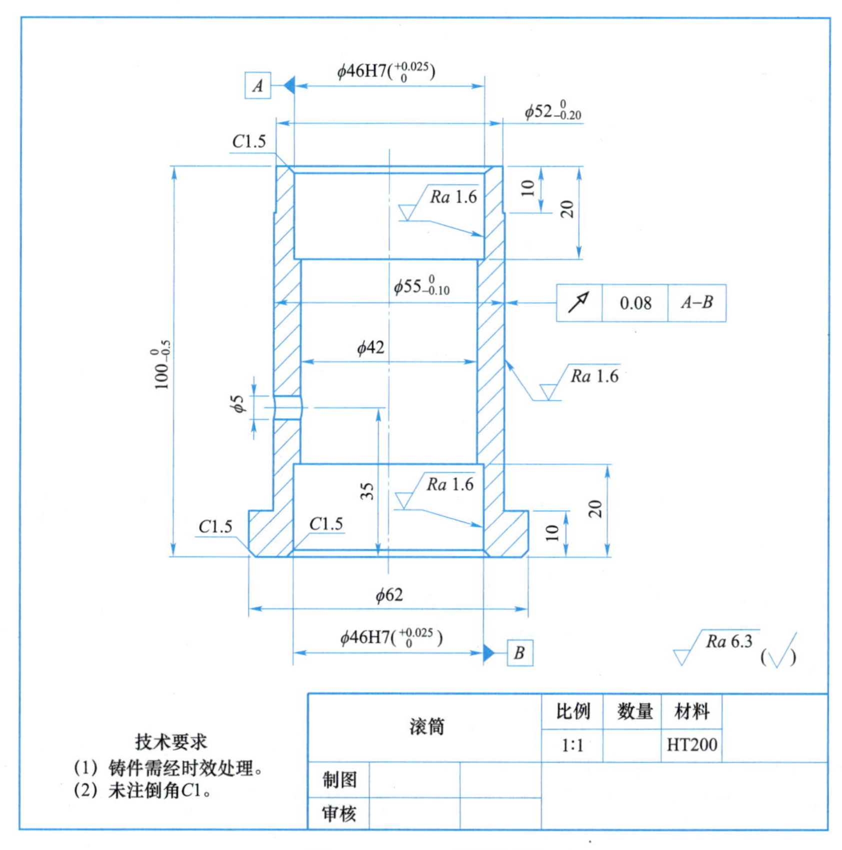

图 3－2－1－1 滚筒零件

二、学习目标

（1）熟悉盘套类零件的结构特点及技术要求。

（2）掌握确定盘套类零件主要加工表面的方法。

（3）掌握确定盘套类零件毛坯的方法。

三、知识梳理

1. 盘套类零件的结构特点及技术要求

1）盘套类零件的结构特点

机器中盘套类零件的应用非常广泛，主要起着支承和导向作用，例如：支承回转轴的各种形式的滑动轴承、夹具中的钻套、内燃机上的气缸套、液压系统的液压缸及一般用途的套筒等都属于盘套类零件，如图 3-2-1-2 所示。

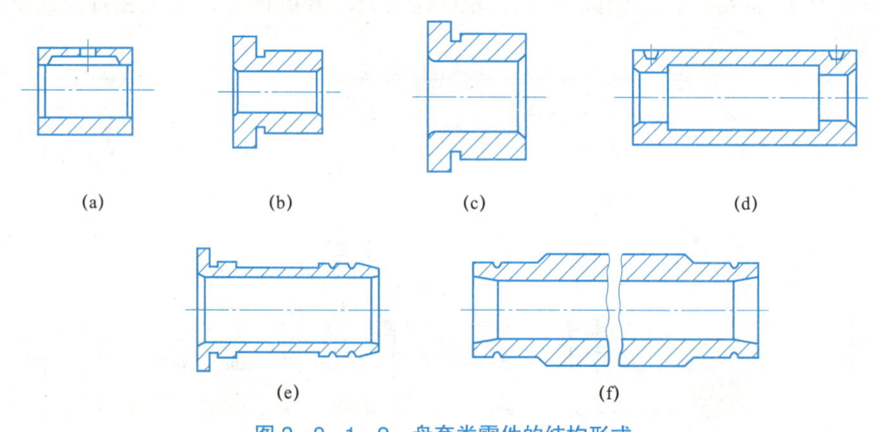

图 3-2-1-2　盘套类零件的结构形式

（a），（b）滑动轴承；（c）钻套；（d）轴承衬套；（e）气缸套；（f）液压缸

盘套类零件主体一般由多个同轴的回转体组成，且在主体上常有沿圆周方向均匀分布的凸缘、肋条、光孔或螺纹孔等局部结构。盘套类零件的结构因用途不同而异，但一般都具有以下特点：

（1）结构简单，多为扁平的圆形或方形盘状结构，易变形。

（2）主要表面为同轴度要求较高的内外圆表面，且这些表面的尺寸精度、形状精度和表面粗糙度要求均较高。

（3）外圆直径一般小于零件的长度，通常长径比小于 5。

2）盘套类零件的主要技术要求

盘套类零件的主要表面是内孔和外圆，它们在机器中所起的作用不同，技术要求差别也较大。根据使用情况可提出以下技术要求：

（1）内孔的技术要求。

内孔主要起支承或导向作用，通常与运动着的轴、刀具或活塞配合。

① 尺寸精度。

内孔的直径尺寸公差一般为 IT7，精密轴套为 IT6，气缸和液压缸由于与其相配的活塞上有密封圈，要求较低，故通常为 IT9。

② 形状精度。

内孔的形状精度公差应控制在孔径公差以内，一些精密套筒控制在孔径公差的 1/2～1/3，甚至更严。对于较长的套筒，除了有圆度要求外，还应有孔的圆柱度要求。

③ 表面质量。

为了保证零件的功用和提高其耐磨性，孔的表面粗糙度值要求为 *Ra*2.5～0.16 μm，某些精密套筒要求更高，*Ra* 值可达 0.04 μm。

（2）外圆的技术要求。

盘套类零件的外圆表面多以过盈或过渡配合与机架或箱体孔相配合起支承作用。

① 外径尺寸公差等级通常为 IT7～IT6。

② 形状精度控制在外径公差以内。

③ 表面粗糙度值为 *Ra*3.2～0.63 μm。

（3）各主要表面间的位置精度要求。

① 内外圆之间的同轴度。

内外圆的同轴度大小一般要根据加工与装配要求而定。若套筒内孔是装入机座之后再进行最终加工的，则对套筒内外圆间的同轴度要求较低；若内孔是在装配前进行最终加工的，则同轴度要求较高，一般为 0.01～0.05 mm。

② 孔轴线与端面的垂直度。

套筒端面（或凸缘端面）如果在工作中承受轴向载荷，或是作为定位基准和装配基准时，端面与孔轴线有较高的垂直度或端面圆跳动要求，一般为 0.02～0.05 mm。

2. 盘套类零件的主要加工表面

盘套类零件内外表面的同轴度以及端面与孔轴线的垂直度一般均有较高的要求，因此主要加工面是内孔、外圆及端面等，其中内孔表面是最主要的加工表面。

与外圆相比，内孔加工所使用的刀具直径、长度和安装等都受到被加工孔尺寸的限制，当加工同样精度的内孔和外圆时，内孔加工难度大，往往需要较多的工序。内孔表面常用的加工方法有钻孔、扩孔、铰孔、镗孔、磨孔、拉孔、研磨孔和滚压孔等。

1）钻孔

采用麻花钻在钻床或车床上进行钻孔，由于钻头强度和刚性较差，排屑困难，切削液不易注入，因此孔的精度和表面质量比较低。一般精度为 IT12～IT13，表面粗糙度 *Ra* 为 12.5～6.3 μm。

为了防止和减少钻孔时钻头偏移，工艺上常采用下列措施：

（1）钻孔前先加工工件端面，保证端面与钻头中心线垂直。

（2）先用钻头或中心钻在端面上预钻一个凹坑，以引导钻头钻削，如图 3-2-1-3 所示。

（3）刃磨钻头时，使两个主切削刃对称。

（4）钻小孔或深孔时选用较小的进给量，可减小轴向力，钻头不易产生弯曲而引起偏移。

（5）采用工件旋转的方式。

（6）采用钻套来引导钻头。

钻孔时，钻头直径一般不超过 ϕ80 mm，当钻大于 ϕ30 mm 的孔时，常采用两次钻削，即先钻较小（被加工孔径的 0.5～0.7 倍）的孔，再用大直径钻头进行扩钻。

2）扩孔

扩孔是用扩孔刀具对已钻出的孔做进一步加工，以扩大孔径并提高精度和降低表面粗糙度，如图 3-2-1-4 所示。扩孔后的精度可达 IT10～IT12，表面粗糙度 Ra 可达 6.3～3.2 μm。

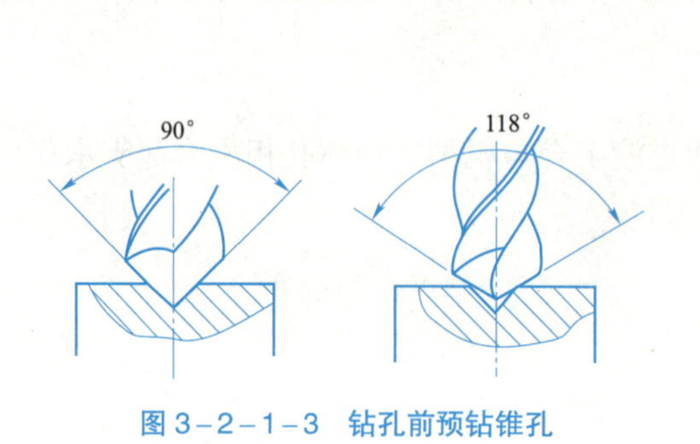

图 3-2-1-3　钻孔前预钻锥孔

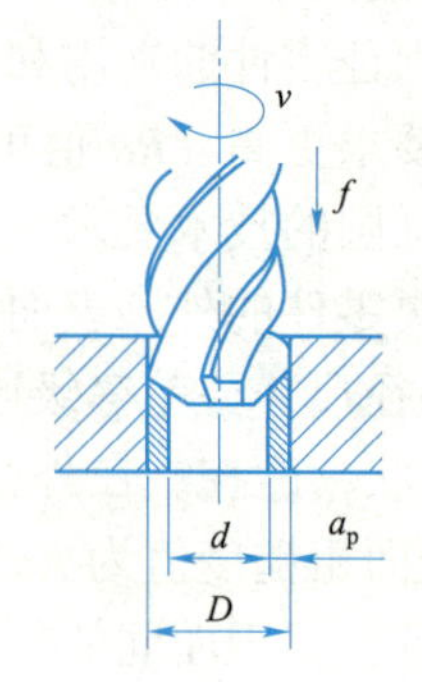

图 3-2-1-4　扩孔

扩孔钻与麻花钻相比，没有横刃，刚性好，导向性好，工作平稳，容屑槽小，故对孔的位置误差有一定的校正能力。扩孔通常作为铰孔前的预加工，也可作为孔的最终加工。

扩孔余量一般为 $D/8$，扩孔钻的形式随直径不同而不同，锥柄扩孔钻的直径为 ϕ13～ϕ32 mm，套式扩孔钻的直径为 ϕ25～ϕ80 mm。

用于铰孔前的扩孔钻，其直径偏差为负值；用于终加工的扩孔钻，其直径偏差为正值。

扩孔钻加工钢料时，切削速度可选为 15～40 m/min，进给量可选为 0.4～2 mm/r，故扩孔生产率比较高。当孔径大于 ϕ100 mm 时，切削力矩很大，很少应用扩孔，应采用镗孔。

3）铰孔

铰孔切削速度低，加工余量微小，使用的铰刀刀齿多。铰孔精度可达 IT6～IT9，表面粗糙度 Ra 可达 1.6～0.4 μm。铰孔主要用于加工中小尺寸的孔，孔径一般为 ϕ3～ϕ80 mm。铰孔分手工铰和机械铰（如图 3-2-1-5 所示，图 3-2-1-5（a）所示为机铰，图 3-2-1-5（b）所示为手铰），手工铰尺寸精度可达 IT6 级；机械铰生产率高，适宜于大批量生产。

图 3-2-1-5　铰孔

为保证铰孔时的加工质量，应注意以下几点。

（1）合理选择铰削余量。

铰孔的余量视孔径和工件材料及精度要求而异，铰孔的进给量太小，往往不能全部切除上道工序的加工痕迹，同时会使切屑太薄，致使刀刃不易切入金属层面而打滑，甚至产生啃刮现象，引起铰刀振动，破坏表面质量；余量太大时，则会因切削力大、发热多而引起铰刀直径增大及颤动，致使孔径扩大。

（2）合理选用切削速度。

合理的切削速度可以减少积屑瘤的产生，防止表面质量下降，铰削铸铁工件时可选 8～10 m/min；铰削钢制工件时的切削速度要比铸铁低，粗铰为 4～10 m/min，精铰为 1.5～5 m/min。

（3）合理选择底孔。

底孔（即前道工序加工的孔）的好坏对铰孔质量影响很大，底孔精度低，就不容易得到高的铰孔精度。例如上一道工序造成轴线歪斜，由于铰削量小，且铰刀与机床主轴常采用浮动连接，故铰孔时就难以纠正。对于精度要求高的孔，在精铰前应先经过扩孔、镗孔等工序，使底孔误差减小，才能保证精铰质量。

（4）合理使用铰刀。

铰刀是定尺寸精加工刀具，使用得合理与否将直接影响铰孔的质量。铰刀的磨损主要发生在切削部分和校准部分交接处的后刀面上。

随着磨损量的增加，切削刃钝圆半径也逐渐加大，致使铰刀切削能力降低，挤压作用明显，铰孔质量下降，实践经验证明，使用过程中若经常用油石研磨该交接处，则可提高铰刀的耐用度。

（5）正确选择切削液。

铰孔时正确选用切削液，对降低摩擦系数、改善散热条件以及冲走细屑均有很好的作用。

选用合适的切削液除了能提高铰孔质量和铰刀耐用度外，还能消除积屑瘤，减少振动，降低孔径扩张量。对钢质的零件铰孔时，通常选用乳化油和硫化油，浓度较高的乳化油对降低表面粗糙度的效果较好，硫化油对提高加工精度效果较明显，如要进一步提高表面质量，也可选用润湿性较好、黏性较小的煤油作切削液。对铸铁零件铰孔时，一般不加切削液。

4）镗孔

镗孔是用镗刀对已经钻出、铸出或锻出的孔做进一步的加工。镗孔一般在镗床上进行，也可以在车床、铣床、数控机床和加工中心上进行。

镗孔可以作为粗加工，也可以作为精加工，可以加工各种零件上不同尺寸的孔，加工范围很广。

镗孔的加工精度为 IT7～IT8，表面粗糙度值 *Ra* 一般为 1.6～0.8 μm。对于直径很大的孔和大型零件的孔，镗孔是唯一的加工方法。

5）拉孔

拉孔是在拉床上用拉刀对已有的工件孔进行半精加工或精加工的切削加工方法。拉刀是多齿切削刀具，在拉削时由于刀齿的齿高逐个增大，因此每个刀齿只切一层极薄的切屑，最后由几个刀齿来对孔进行校准。

拉削不仅参加切削的刀刃长度长，而且同时参加切削的刀齿也多，因此，孔径能在一次拉削中完成。

拉削的速度低，一般为 2～5 m/min，切削过程平稳，切削层的厚度很薄，一般能达到 IT7～IT8 级精度和表面粗糙度 *Ra*1.6～0.4 μm。

6）磨孔

对于淬硬后工件孔的加工，磨孔是主要的加工方法。磨孔时砂轮的尺寸受被加工孔径尺寸的限制，一般砂轮直径为工件孔径的 0.5～0.9 倍。

7）光整加工孔

（1）研磨孔。研磨是一种光整加工方法，孔的形状精度有相应的提高，但不能提高位置精度，其精度可达 IT6～IT7，表面粗糙度为 *Ra*0.4～0.025 μm。

（2）珩磨孔。珩磨是用珩磨头对孔施加一定压力，当其旋转及做直线往复运动时，即可切除极小的加工余量，其精度可达 IT6～IT7，表面粗糙度为 *Ra*0.4～0.025 μm。

3. 盘套类零件的材料、毛坯及热处理

盘套类零件一般是用钢、铸铁、青铜或黄铜等材料制成的。有些滑动轴承为了节省贵重金属，提高轴承的使用寿命，常采用双金属结构，以离心铸造法在钢或铸铁套内壁上浇注巴氏合金等轴承合金材料。有些强度和硬度要求较高的套，如镗床主轴套筒等，可选用优质合金钢，如 18CrNiWA、38CrMoAlA 等。

盘套类零件的毛坯选择与其材料、结构尺寸有关。孔径较大（如 $d>20$ mm）时，一般选用带孔的铸件、锻件或无缝钢管；孔径较小（如 $d\leqslant 20$ mm）时，可采用实心铸件或热轧、冷拉棒料。大批量生产时可采用冷挤压和粉末冶金等先进的毛坯制造工艺，既提高了生产率，又节约了金属材料。

盘套类零件的功能要求和结构特点决定了其热处理方法有渗碳、淬火、表面淬火、调质、高温时效及渗氮等。

四、任务实施

1. 滚筒零件的结构特点

该滚筒零件为典型的薄壁筒形零件，总体外形尺寸为ϕ62 mm × 100 mm，由外圆柱面、内圆柱面、台阶面、端面等多个同轴结构组成。外圆柱面尺寸分别为ϕ62 mm、ϕ55 mm 和ϕ52 mm，内圆柱面尺寸分别为ϕ46 mm 和ϕ42 mm。下方有一凸缘表面，厚度为 10 mm。筒壁上，距离下端面 35 mm 处分布有一ϕ5 mm 小孔。此外，上下端面处均分布有倒角 *C*1.5。

尺寸精度方面，ϕ46 mm、ϕ55 mm 和ϕ52 mm 等尺寸有较高的精度要求，分别为 7 级、10 级和 11 级；表面粗糙度方面，上下ϕ46 mm 内孔处和外圆ϕ55 mm 处均为 *Ra*1.6 μm，其余表面粗糙度为 *Ra*6.3 μm；形位公差方面，ϕ55 mm 外圆柱面的轴线对两段ϕ46 mm 内圆柱面轴线的跳动度公差为ϕ0.08 mm。

2. 明确滚筒零件的主要加工表面和加工方法

显然，两段ϕ46 mm 内圆柱面和ϕ55 mm 外圆柱面具有较高的尺寸精度（最高 IT7）及相互位置精度（跳动度为 0.08 mm）要求，表面粗糙度要求也很高（*Ra*1.6 μm），故是该零件的重要加工表面。考虑到这两个内圆柱面的加工要求较高，批量生产时，车削加工很难达到该尺寸精度等级和粗糙度要求，需采用磨削加工。查阅相关资料后确定采用如下的方法加工两个ϕ46 mm 内孔：粗镗→半精镗→磨削。而外圆柱面ϕ55 mm 对两个ϕ46 mm 内圆柱面有跳

动度要求，表面粗糙度也为 $Ra1.6\ \mu m$，也需要磨削。查阅相关资料后，确定外圆柱面 $\phi55$ mm 的加工方案为：粗车→半精车→磨削。

此外，筒壁的小孔以及倒角等尺寸精度和表面质量要求均不高，故将这些表面确定为一般加工表面。鉴于这些表面加工要求均不高，故决定分别采用钻削、车削等方法进行加工。

3. 选择滚筒零件的材料及毛坯

一般来说，盘套类零件材料的选择主要取决于零件的功能要求、结构特点及使用时的工作条件，常采用铸铁、碳钢、青铜黄金或粉末冶金等材料制成。该滚筒零件的内孔直径较大，为 $\phi46$ mm，宜选用铸件、型材或带孔的锻件。因该零件材料是 HT200，故采用铸件制造。

再分别查表 1-5-1-2（扩孔、镗孔、铰孔余量）、表 1-5-1-3（磨孔余量）、表 1-5-1-4（轴的机械加工余量）、表 1-5-1-12（轴、杆类零件外圆热处理后的磨削余量）、表 1-5-1-7（端面的加工余量）和表 1-5-1-8（调质件预留加工余量）等，得到：镗孔余量 2.0 mm、磨孔余量 0.3 mm，粗车、半精车外圆柱面的加工余量分别为 1.5 mm、0.45 mm（车削一般精度的轧钢件），端面的加工余量为 1 mm。

考虑到毛坯为铸件，查相关资料后取铸件的加工余量为 3 mm。于是选取 $\phi68$ mm × 105 mm 的铸铁（HT200）件为毛坯材料，铸造时，毛坯的内孔取 $\phi40$ mm。

五、任务评价

按表 3-2-1-1 对任务进行评价。

表 3-2-1-1　任务评价

序号	评价内容	评价标准	评价结果（是/否）
1	知识与技能	能解释零件技术要求的含义	□是　□否
		能分析零件的尺寸精度与形位公差	□是　□否
		能分析零件的表面粗糙度要求	□是　□否
		能确定零件的主要加工表面	□是　□否
		能确定零件主要加工表面的加工方法	□是　□否
		能确定零件的材料及毛坯	□是　□否
2	职业素养	具有严谨求实的学习态度	□是　□否
		具有精益求精的工匠精神	□是　□否
		具有互帮互助的团队意识	□是　□否
3	总评	“是”与“否”在本次评价中所占百分比	“是”占____% “否”占____%

六、任务巩固

图 3-2-1-6 所示为某企业需要批量生产的轴承盖零件，该零件用于装配轴承，以支承传动轴运动。现在需要在详细识读该零件图技术要求的基础上，分析该零件的加工工艺特点。

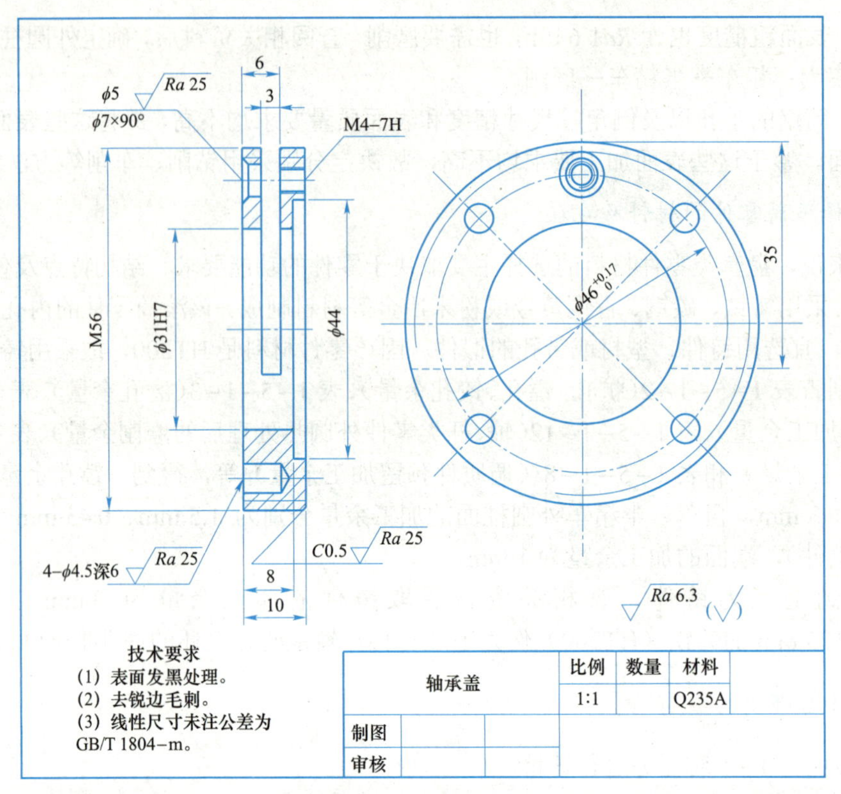

图 3-2-1-6　轴承盖零件

工作任务 3.2.2　编制滚筒零件的加工工艺

一、任务描述

图 3-2-2-1 所示为某企业需要中批量生产的滚筒零件，为了能准确地制定该零件的加工工艺方案，现在需要在详细识读该零件图的基础上，编制该零件的加工工艺。

二、学习目标

（1）掌握拟定盘套类零件加工工艺路线的方法。
（2）掌握选择盘套类零件定位形式的方法。
（3）掌握确定盘套类零件装夹方案的方法。
（4）掌握选择盘套类零件加工机床与工艺装备的方法。
（5）掌握编制盘套类零件加工工艺的方法。

三、知识梳理

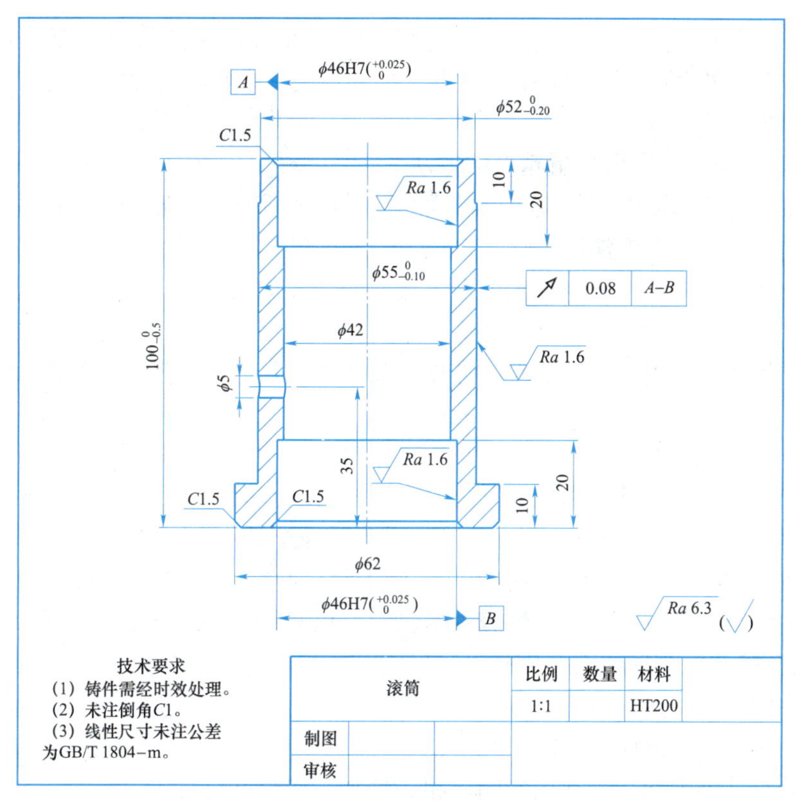

图 3-2-2-1 滚筒零件

1. 盘套类零件加工工艺路线

1）盘套类零件加工工艺方案的选择

大多数盘套类零件加工的关键是围绕如何保证内孔与外圆表面的同轴度、端面与其轴线的垂直度及相应的尺寸精度、形状精度和套筒零件的厚度易变形的工艺特点来进行的。盘套类零件的一般加工工艺路线为：备坯→去内应力处理→车（铣）端面及外圆→钻（扩、镗）孔→插键槽→钻各均布孔→重要配合表面热处理→磨削→终检。

盘套类零件加工中的主要难点是如何保证主要表面的同轴度及装配基面与内孔轴线的垂直度。实践中，常采用以下三种加工方案。

（1）在一次安装中完成内、外主要表面及端面的全部加工。

内、外主要表面及端面的全部加工在一次安装中完成，这样可消除工件的安装误差，并获得很高的相互位置精度。但由于盖类零件长度短，不一定有足够的装夹长度，故多用于尺寸较长的盖类零件或多件合并车削加工。

（2）先加工孔，主要表面的加工分在几次安装中进行。

先加工孔至零件图尺寸，然后以孔为精基准加工外圆。由于使用的夹具（通常为心轴）结构简单，而且制造和安装误差较小，因此可保证较高的相互位置精度，在盖类零件加工中应用较多。

（3）先加工外圆，主要表面的加工分在几次安装中进行。

先加工外圆至零件图尺寸，然后以外圆为精基准完成内孔的全部加工。该方法工件装夹迅速可靠，但一般卡盘安装误差较大，使得加工后工件的相互位置精度较低。如果欲使同轴度误差较小，则须采用定心精度较高的夹具，如弹性膜片卡盘、液性塑料夹头、经过修磨的三爪自定心卡盘和软爪等。

2）保证盘套类零件表面位置精度的方法

盘套类零件内外表面的同轴度以及端面与孔轴线的垂直度一般均有较高的要求，为保证这些要求，通常采用以下方法：

（1）在一次装夹中，完成内外表面及其端面的全部加工。

这种安装方式可消除由于多次安装而带来的安装误差，获得较高的位置精度。但由于工序较集中，对尺寸较大的长套筒装夹不方便，故多用于尺寸较小轴套的车削加工。

（2）主要表面的加工在几次装夹中完成。

内孔与外圆互为基准，反复加工，每一工序都为下一工序准备了精度更高的定位基面，因而可得到较高的位置精度。以精加工好的内孔作为定位基面时，往往选用心轴作定位元件，心轴结构简单，且制造安装误差较小，可保证内外表面较高的同轴度要求，是套筒加工中常见的装夹方法。若以外圆为精基准加工内孔，因卡盘定心精度不高，易使套筒产生夹紧变形，故常采用经过修磨的三爪卡盘或弹性膜片卡盘等，以获得较高的同轴度要求。

3）防止套筒产生变形的工艺措施

套筒零件的工艺特点是壁薄，切削加工时常因夹紧力、切削力、内应力和切削热等因素的影响而产生变形，为此应注意以下几点：

（1）为减小切削力和切削热的影响，粗、精加工应分开进行。

（2）为减小夹紧力的影响，将径向夹紧［见图 3－2－2－2（a）］改为轴向夹紧［见图 3－2－2－2（b）和图 3－2－2－2（c）］；当需径向夹紧时，应尽量使径向夹紧力沿圆周均匀分布，或用弹性套来满足要求，如图 3－2－2－3 所示。

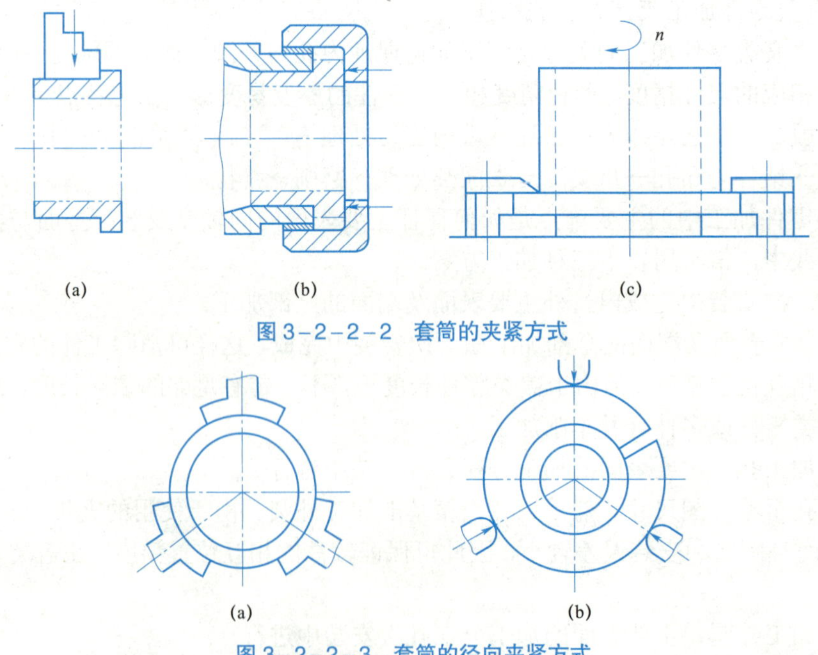

图 3－2－2－2　套筒的夹紧方式

图 3－2－2－3　套筒的径向夹紧方式

（a）采用专用卡爪夹紧；（b）采用弹性套夹紧

（3）为减小热处理变形的影响，将热处理工序安排在粗加工后、精加工前进行，并适当放大精加工余量，以便使热处理引起的变形在精加工中得以纠正。

2. 盘套类零件的定位

（1）盘套类零件的精基准。盘套类零件的加工，多以主要内孔作为精基准。因为盘套类零件的设计基准通常是内孔，故利用内孔定位装夹较为方便，易于保证内、外圆的同轴度及端面的垂直度。

当不能用内孔定位装夹时，可采用外圆表面及一端面作为精基准。如果内、外圆同轴度要求较高，则须采用精度较高的定心夹具。

（2）盘套类零件的粗基准。一般选择不加工的或重要的外圆表面作为定位粗基准，先加工内孔和端面，为后续工序以内孔作精基准做好准备。

3. 盘套类零件的装夹

1）一次安装加工全部表面

当盘套类零件的尺寸较小时，常用长棒料毛坯，棒料穿入机床主轴通孔，用三爪自定心卡盘装夹加工所有表面，容易获取较高的精度。

这种方法最简便，位置精度误差最小，无须配备工装；缺点是加工工步过于集中，控制尺寸时不易定位，技术难度高，生产率也不易提高。因此，适用于单件（修配）或小批生产。

2）以已有内孔定位加工外圆

带轮、齿轮、盘套等都是以已有内孔为安装基准，在加工时应该以内孔为基准，这样就使基准统一，误差小，容易保证位置精度。

以已有孔为基准装夹，首先要将工件内孔及端面做精加工，以便保证垂直度。当工件已有孔精度较低或工件较长时，可在两端孔口各加工出一段60°的锥面，用两个顶尖对顶定位。

中小型的盘套零件一般采用心轴，以内孔作为定位基准来保证工件的同轴度和垂直度。心轴易于制造，使用方便，因此在加工中应用广泛。常用的心轴有实体心轴和胀力心轴。

3）以外圆柱面定位

须先将外圆柱面及端面车好，当工件较长时，可用“一夹一托”装夹。常用软卡爪，因为三爪自定心卡盘使用过程中三爪表面磨损不一，影响定心精度，而软卡爪则是按照工件直径大小车制的，三爪的旋转中心与主轴轴心一致，所以能保证工件的位置精度。

4）采用专用夹具装夹

根据工件情况设计专用夹具进行装夹。

4. 盘套类零件的加工机床与工艺装备

1）盘套类零件加工机床的选择

盘套类零件内外表面的同轴度以及端面与孔轴线的垂直度一般均有较高的要求，因此主要加工面是内孔、外圆及端面等，加工中需要运用车床、镗床和钻床等机床。

（1）车床。一般可在车床上加工盘套类零件上的孔。车削时，工件的装夹较方便，一次装夹可完成孔、端面和外圆等多个表面的车削加工，便于保证位置精度。常选用通用的卧式车床，如C6140A。

（2）镗床。镗床主要是用镗刀对工件上已有的孔进行镗削加工。当工件上的孔和孔系的加工尺寸较大，尺寸精度和位置精度要求较高时，就较适宜采用镗削加工，如各种箱体、汽车发动机缸体等零件上的孔。镗削时，工件安装在工作台或夹具上，镗刀装夹在撞杆上，由主轴驱动旋转为主运动，镗刀或工件移动为进给运动。当采用镗模时，镗杆与主轴为浮动连接，加工精度取决于镗模精度；当不采用镗模时，镗杆与主轴为刚性连接，加工精度取决于机床精度。镗床的主要类型有卧式镗床、坐标镗床和金刚镗床等，其中以卧式镗床应用最为广泛。

（3）钻床。钻床是进行孔加工的主要机床之一，主要用来加工外形较复杂，没有对称回转轴线的工件上的孔，如箱体、机架等零件上的各种用途的孔。在钻床上加工时，工件不动，刀具既做旋转主运动，同时又沿轴向移动，完成进给运动。钻床可完成钻孔、扩孔、铰孔、攻螺纹等工作。钻床种类较多，主要有立式钻床、台式钻床、摇臂钻床、深孔钻床、数控钻床等，钻床主参数是最大钻孔直径。

2）盘套类零件工艺装备的选择

（1）夹具的选择。在单件小批生产中，盖类夹具应尽量选用通用心轴（圆柱心轴及圆锥心轴等），在大批、大量生产中应根据工序加工要求设计、制造高效专用夹具。

（2）刀具的选择。在盖类零件加工中，内孔加工占重要地位。内孔加工的刀具种类很多，按其用途可分为两类：一类是在实心材料上加工出孔的刀具，如麻花钻、扁钻、深孔钻等；另一类是对工件已有孔进行再加工的刀具，如扩孔钻、铰刀、镗刀等，尽可能选择标准刀具。

（3）量具的选择。盘套类零件最主要的是内孔，其通用量具可选用游标卡尺、内径千分尺、内径百分表等。在大批、大量生产中多设计制造专用塞规。外圆表面量具的选择与轴类零件相类似。

四、任务实施

1. 拟定滚筒零件的工艺路线

该滚筒零件为典型的薄壁筒形零件，总体外形尺寸为ϕ62 mm × 100 mm，由外圆柱面、内圆柱面、台阶面、端面等多个同轴结构组成。

由前面分析可知，两段ϕ46 mm 内圆柱面和ϕ55 mm 外圆柱面是该零件的重要加工表面，而筒壁的小孔以及倒角等为该零件的一般加工表面。

两个ϕ46 mm 内孔的加工方案为：粗镗→半精镗→磨削；外圆柱面ϕ55 mm 的加工方案为：粗车→半精车→磨削。综合考虑，该零件的工艺路线如下：铸造→粗车、半精车→半精镗→倒角→磨削→钻孔→检验。

2. 划分加工阶段

一般来说，对精度要求较高的零件，其粗、精加工应分开，以保证零件的质量。因此将该滚筒零件的加工划分为三个阶段：即粗车（粗车外圆、内孔等），半精车、半精镗（半精车各处外圆，半精镗内孔等），磨削（磨削两内孔面和一外圆面）。此外，还要适当安排检验工序。

3. 选取定位形式和装夹方案

加工该滚筒零件时，分别选取外圆柱面ϕ62 mm 的轴线和两段ϕ46 mm 内圆柱面的轴线为精基准。前者采用三爪卡盘装夹，后者以两端中心孔为基准，采用心轴定位，以双顶尖进行装夹。两种定位装夹方式均能保证零件的技术要求。

粗车时，则选用铸铁件的ϕ68 mm 的毛坯外圆为粗基准，采用三爪卡盘进行装夹。

此外，加工筒壁小孔时，以滚筒零件的内孔和端面进行定位，采用专用夹具进行装夹。

4. 选取加工机床与工艺装备

依据加工需要，分别选取如表 3－2－2－1 所示的加工机床与工艺装备。

表 3－2－2－1　滚筒加工机床与工艺装备

类型	名称	备注
加工机床	CA6140A 车床、T611B 镗床、M1432A 磨床、Z5140 钻床等	
夹具	三爪卡盘、心轴、顶尖、鸡心夹头、专用镗夹具、专用钻夹具等	
刀具	车刀、镗刀、砂轮、钻头等	
量具	直尺、游标卡尺、内径千分尺等	

5. 确定各工序加工余量及工序尺寸

依据前面的分析结果，考虑到毛坯为铸件，查相关资料后取铸件的总体加工余量为 3 mm。具体的加工余量及工序尺寸请参见机械加工工艺过程卡。

6. 填写滚筒零件加工工艺文件

依据上述分析，填写如表 3－2－2－2 所示的滚筒零件机械加工工艺过程卡。

表 3－2－2－2　滚筒零件机械加工工艺过程卡

<table>
<tr><td colspan="2" rowspan="3">厂名</td><td rowspan="3">机械加工工艺过程卡</td><td>材料种类</td><td colspan="2">铸件</td><td>产品名称</td><td colspan="2"></td><td>零件名称</td><td>滚筒</td></tr>
<tr><td>材料规格</td><td>HT200</td><td>毛重</td><td>公斤</td><td>产品编号</td><td>GT02</td><td>零件编号</td><td>026</td></tr>
<tr><td>铸件尺寸</td><td colspan="2">ϕ68 mm×105 mm（内孔ϕ40 mm）</td><td>每一毛坯可制件数</td><td colspan="2">1</td><td>每台数量</td><td>1</td></tr>
<tr><td rowspan="2">序号</td><td rowspan="2">名称</td><td rowspan="2" colspan="3">工　序　内　容</td><td rowspan="2">设　备</td><td colspan="3">工　　具</td><td rowspan="2">单件工时</td><td rowspan="2">准备工时</td></tr>
<tr><td>夹具</td><td>刀具</td><td>量具</td></tr>
<tr><td>1</td><td>铸造</td><td colspan="3">保证总体尺寸ϕ68 mm×105 mm，内孔尺寸ϕ40 mm</td><td></td><td></td><td></td><td></td><td></td><td></td></tr>
<tr><td>2</td><td>车</td><td colspan="3">夹一端，车一端平面至总长 102 mm。车ϕ62 mm 外圆柱面至尺寸，保证长度 10 mm。车内孔ϕ42 mm 至尺寸</td><td>CA6140</td><td>三爪卡盘</td><td>车刀</td><td>游标卡尺、内径千分尺</td><td></td><td></td></tr>
<tr><td>3</td><td>车</td><td colspan="3">掉头，夹ϕ62 mm 外圆柱面，车另一端面至总长 100 mm。粗车、半精车外圆柱面ϕ55 mm 至ϕ55.7 mm。粗车、半精车外圆柱面ϕ52 mm 至尺寸，保证长度 10 mm。倒角</td><td>CA6140</td><td>三爪卡盘</td><td>车刀</td><td>游标卡尺、内径千分尺</td><td></td><td></td></tr>
</table>

续表

序号	工种	机械加工说明	设备	工具			单件工时	准备工时
				夹具	刀具	量具		
4	镗	分别粗镗、半精镗两内孔 ϕ46 mm 至 ϕ45.7 mm，留余量 0.3 mm	T611B	专用镗夹具	镗刀	内径千分尺		
5	磨	夹 ϕ62 mm 外圆柱面，磨两内孔 ϕ46 mm 至尺寸	M1432	三爪卡盘	砂轮	内径千分尺		
6	磨	工件套心轴，双顶尖装夹，磨外圆面 ϕ55 mm 至尺寸，保证长度 70 mm	M1432	心轴、双顶尖	砂轮	游标卡尺		
7	钻	钻小孔 ϕ5 mm 至尺寸	Z5140	专用钻夹具	钻头	游标卡尺		
8	检验	按图样技术要求检验						

编制	日期	缮写	日期	校对	日期	审核	日期	共 1 页
								第 1 页

五、任务评价

按表 3-2-2-3 对任务进行评价。

表 3-2-2-3　任务评价

序号	评价内容	评价标准	评价结果（是/否）
1	知识与技能	能拟定零件加工工艺路线	□是　□否
		能选择零件定位形式	□是　□否
		能确定零件装夹方案	□是　□否
		能选择零件加工机床与工艺装备	□是　□否
		能编制零件加工工艺	□是　□否
2	职业素养	具有严谨求实的学习态度	□是　□否
		具有精益求精的工匠精神	□是　□否
		具有互帮互助的团队意识	□是　□否
3	总评	“是”与“否”在本次评价中所占百分比	“是”占_____% “否”占_____%

六、任务巩固

图 3-2-2-4 所示为某企业需要批量生产的轴承盖零件，该零件用于装配轴承，以支承传动轴运动。现在需要在详细识读该零件图技术要求的基础上，编制该零件的加工工艺方案。

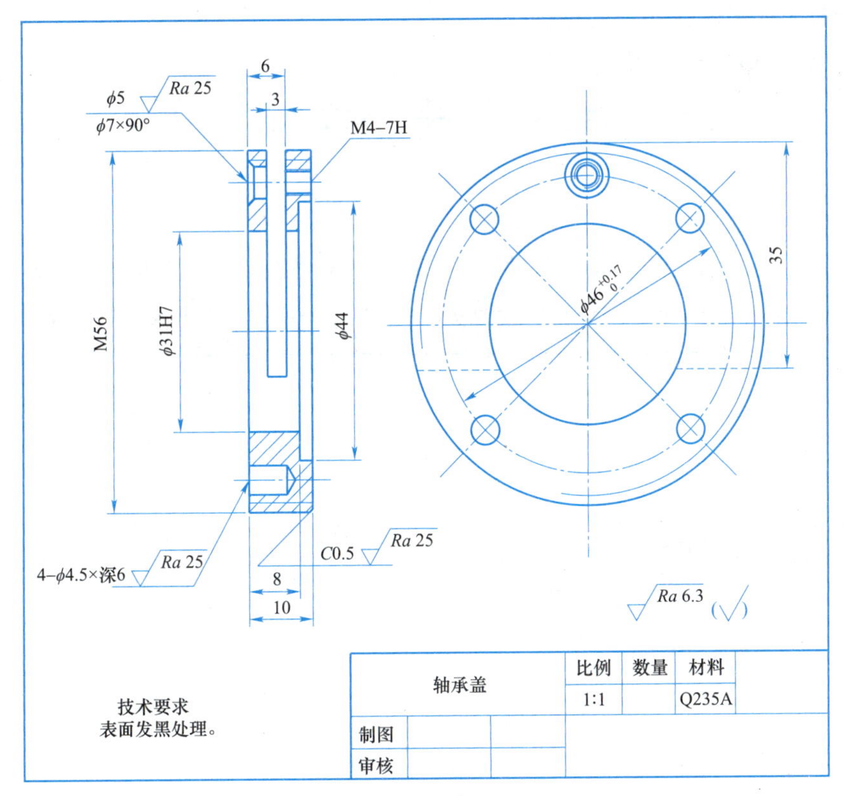

图 3-2-2-4　轴承盖零件

工作项目 3.3　编制箱体类零件的加工工艺

一、项目概述

熟悉箱体类零件的结构特点及技术要求；掌握确定箱体类零件主要表面的加工方法；掌握确定箱体类零件毛坯的方法；掌握拟定箱体类零件加工工艺路线的方法；掌握选择箱体类零件定位形式的方法；掌握确定箱体类零件装夹方案的方法；掌握选择箱体类零件加工机床与工艺装备的方法；掌握编制箱体类零件加工工艺的方法。

二、项目分析

箱体类零件通常作为箱体部件装配时的基准零件，它将一些轴、套、轴承和齿轮等零件装配起来，使其保持正确的相互位置关系，以传递转矩或改变转速来完成规定的运动。其加工表面主要由孔系、平面、外圆柱面等组成。

编制箱体类零件的加工工艺时，需要熟悉箱体类零件的结构特点及技术要求，能正确确定箱体类零件的主要加工表面并拟定加工工艺路线，能正确选择箱体类零件加工机床与工艺装备，确定箱体类零件的定位形式和装夹方案，并编制合适的箱体类零件加工工艺，即需要熟练地完成以下两项工作任务：

（1）分析箱体类零件的工艺特点。
（2）编制箱体类零件的加工工艺。

工作任务 3.3.1　分析动力箱零件的工艺特点

一、任务描述

图 3–3–1–1 所示为某企业需要批量生产的动力箱零件。为了能准确地制定该零件的加工工艺方案，现在需要在详细分析该零件图技术要求的基础上，分析该零件的加工工艺特点。

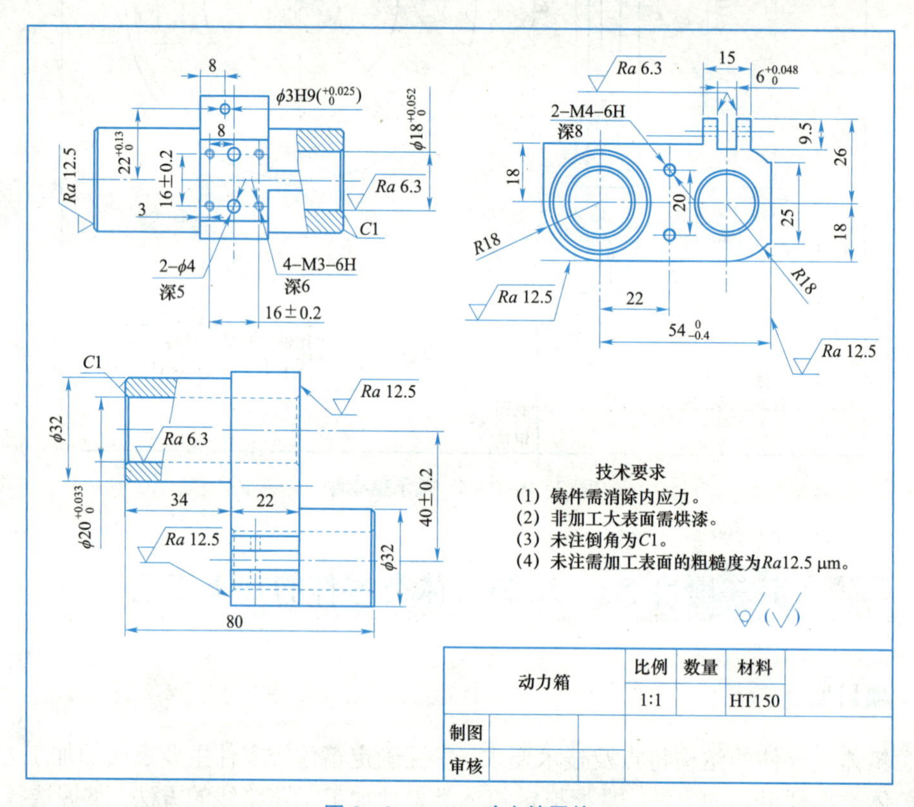

图 3–3–1–1　动力箱零件

二、学习目标

（1）熟悉箱体类零件的结构特点及技术要求。
（2）掌握确定箱体类零件主要加工表面的方法。
（3）掌握确定箱体类零件毛坯的方法。

三、知识梳理

1. 箱体类零件的结构特点及技术要求

1）箱体类零件的功用

箱体类零件是机器或部件的基础零件，它将一些轴、套、轴承和齿轮等零件装配起来，使其保持正确的相互位置关系，并按照一定的传动关系协调地传递运动或动力。因此，箱体类零件的加工质量对机器的工作精度、使用性能和寿命都有直接的影响。

2）箱体类零件的结构特点

如图 3–3–1–2 所示，常见的箱体类零件有机床主轴箱、进给箱、减速箱、泵壳等。根据箱体零件的结构形式不同，箱体类零件可分为两大类：整体式箱体，如图 3–3–1–2（a）、图 3–3–1–2（b）和图 3–3–1–2（d）所示；分离式箱体，如图 3–3–1–2（c）所示。前者是整体制造、整体加工，加工较困难，但装配精度高；后者可分别制造，便于加工和装配，但增加了装配工作量。

箱体的结构形式虽然多种多样，但其共同的特点是：多为铸造件，形状复杂，壁薄且不均匀，内部呈腔形，加工难度大，加工部位多，既有精度要求较高的孔系和平面，也有许多精度要求较低的紧固孔。统计资料表明，一般中型机床制造厂用于箱体类零件的机械加工工作量占整个产品加工量的 15%～20%。

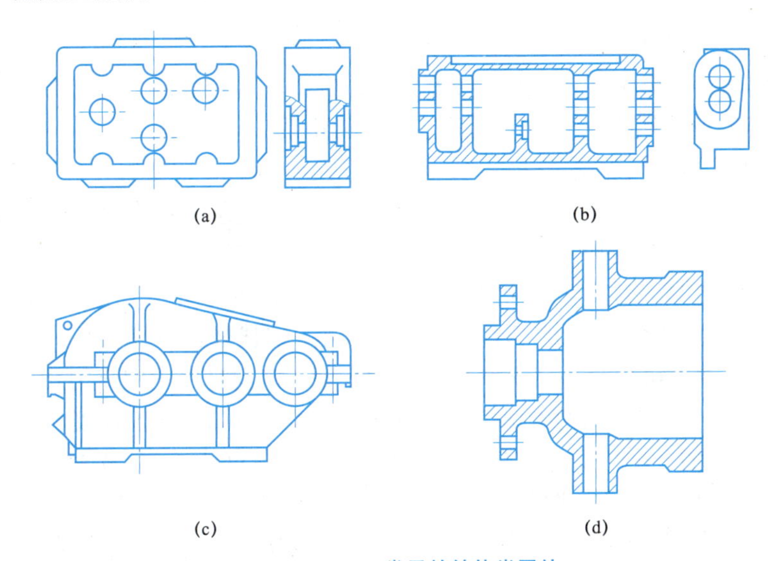

图 3–3–1–2　常见的箱体类零件

（a）组合机床主轴箱；（b）车床进给箱；（c）分离式减速箱；（d）泵壳

3）箱体类零件的主要技术要求

（1）主要平面的精度。

箱体的装配基准面是最主要平面，并且往往是加工时的定位基准，所以应有较高的平面度和较小的表面粗糙度值，否则将直接影响箱体加工时的定位精度及箱体与机座总装时的接触刚度和相互位置精度。

一般箱体装配基准面的平面度在 0.1～0.03 mm，表面粗糙度 *Ra* 值为 2.5～0.63 μm，其他主要平面对装配基准面垂直度为 0.1/300 mm。

（2）孔径精度。

箱体类零件的轴承孔的精度要求是较高的，一般轴承孔的尺寸公差等级为 IT6，其余孔为 IT8～IT7。孔的几何形状精度未作规定的，一般控制在尺寸公差的 1/2 范围内即可。

（3）孔与孔的位置精度。

同一轴线上各孔的同轴度误差和孔端面对轴线的垂直度误差，会使轴和轴承装配到箱体内出现歪斜，从而造成主轴径向圆跳动和轴向窜动，也加剧了轴承磨损。孔系之间的平行度误差会影响齿轮的啮合质量。一般孔距允差为±0.025～0.060 mm，而同一中心线上的支承孔的同轴度约为最小孔尺寸公差的一半。

（4）孔和平面的位置精度。

主要孔对箱体安装基面的平行度，决定了主轴与安装基面的相互位置关系，这项精度常在总装时通过刮研来达到。一般规定在垂直和水平两个方向上，只允许主轴前端向上和向前偏。

（5）表面粗糙度。

一般轴承孔的表面粗糙度为 *Ra*0.4 μm，其他各纵向孔的表面粗糙度为 *Ra*1.6 μm，孔的内端面的表面粗糙度为 *Ra*3.2 μm，装配基准面和定位基准面的表面粗糙度为 *Ra*2.5～0.63 μm，其他平面的表面粗糙度为 *Ra*10～2.5 μm。

2. 箱体类零件的主要加工表面

箱体多为铸造件，形状复杂，既有精度要求较高的平面和孔系，也有许多精度要求较低的紧固孔，故箱体类零件的主要加工表面是平面和孔系。

1）箱体类零件平面的加工方法

箱体平面加工的常用方法有刨、铣和磨三种。刨削和铣削常用作平面的粗加工和半精加工，而磨削则用作平面的精加工。

刨削加工的特点是：刀具结构简单，机床调整方便，通用性好。在龙门刨床上可以利用几个刀架，在工件的一次安装中完成几个表面的加工，能比较经济地保证这些表面间的相互位置精度要求。精刨还可代替刮研来精加工箱体平面。精刮时采用宽直刃精刨刀，在经过拉修和调整的刨床上，以较低的切削速度（一般为 4～12 m/min）在工件表面上切去一层很薄的金属（一般为 0.007～0.1 mm）。精刨后的表面粗糙度值可达 0.63～2.51 mm，平面度可达 0.002 mm/m。因为宽刃精刨的进给量很大（5～25 mm/双行程），故生产率较高。

铣削生产率高于刨削，在中批以上生产中多用铣削加工平面。当加工尺寸较大的箱体平面时，常在多轴龙门铣床上用几把铣刀同时加工各有关平面，以保证平面间的相互位置精度并提高生产率。近年来端铣刀在结构、制造精度、刀具材料和所用机床等方面都有很大进展，如不重磨刃端铣刀的齿数少，平行切削刃的宽度大，每齿进给量 a_f 可达数毫米。

平面磨削的加工质量比刨削和铣削都高，而且还可以加工淬硬零件，磨削平面的粗糙度 *Ra* 可达 0.32～1.25 μm。当生产批量较大时，箱体的平面常用磨削来精加工。为了提高生产率和保证平面间的相互位置精度，工厂还常采用组合磨削来精加工平面。

2）箱体类零件孔系的加工方法

箱体上若干有相互位置精度要求的孔的组合，称为孔系。孔系可分为平行孔系、同轴孔系和交叉孔系，如图 3－3－1－3 所示。孔系加工是箱体加工的关键，根据箱体加工批量和孔系精度要求的不同，孔系加工所用的方法也是不同的，现分别予以讨论。

（1）平行孔系的加工。

下面主要介绍如何保证平行孔系孔距精度的方法。

① 找正法。

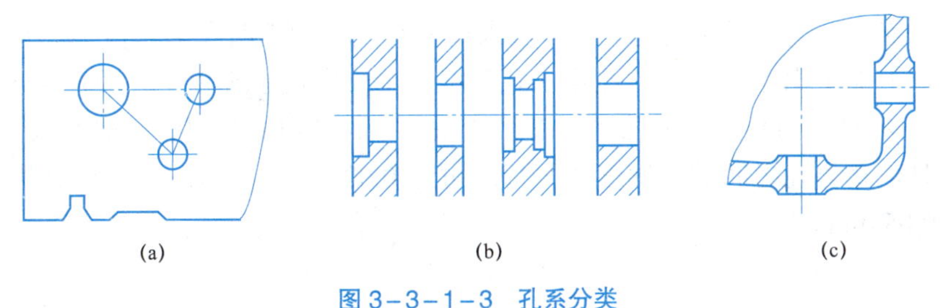

图 3-3-1-3　孔系分类

（a）平行孔系；（b）同轴孔系；（c）交叉孔系

找正法是在通用机床（镗床、铣床）上利用辅助工具来找正所要加工孔的正确位置的加工方法。这种找正法加工效率低，一般只适于单件小批生产。找正时除根据划线用试镗方法外，有时也借用心轴量块或用样板找正，以提高找正精度。

图 3-3-1-4 所示为心轴和量块找正法。镗第一排孔时将心轴插入主轴孔内（或直接利用镗床主轴），然后根据孔和定位基准的距离组合一定尺寸的块规来校正主轴位置，校正时用塞尺测定块与心轴之间的间隙，以避免块规与心轴直接接触而损伤块规，如图 3-3-1-4（a）所示。镗第二排孔时，分别在机床主轴和已加工孔中插入心轴，采用同样的方法来校正主轴轴线的位置，以保证孔心距的精度，如图 3-3-1-4（b）所示。这种找正法其孔心距精度可达±0.03 mm。

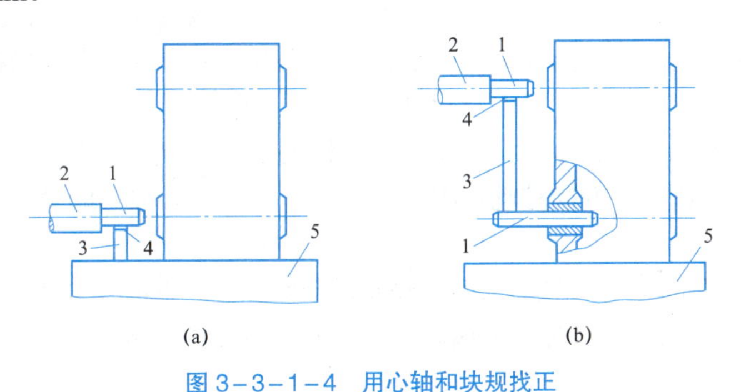

图 3-3-1-4　用心轴和块规找正

（a）第一工位；（b）第二工位

1—心轴；2—镗床主轴；3—块规；4—塞尺；5—镗床工作台

图 3-3-1-5 所示为样板找正法，用 10～20 mm 厚的钢板制成样板 1，装在垂直于各孔的端面上（或固定于机床工作台上），样板上的孔距精度较箱体孔系的孔距精度高（一般±0.01～±0.03 mm），样板上的孔径较工件的孔径大，以便于镗杆通过。样板上的孔径要求不高，但要有较高的形状精度和较小的表面粗糙度值，当样板准确地装到工件上后，在机床主轴上装一个千分表 2，按样板找正机床主轴，找正后，即换上镗刀加工。此法加工孔系不易出差错，找正方便，孔距精度可达±0.05 mm。这种样板的成本低，仅为镗模成本的 1/7～1/9，单件小批生产中大型的箱体加工可用此法。

② 镗模法。

在成批生产中，广泛采用镗模加工孔系，如图 3-3-1-6 所示。工件 5 装夹在镗模上，镗杆 4 被支承在镗模的导套 6 里，导套的位置决定了镗杆的位置，装在镗杆上的镗刀 3 将工件上相应的孔加工出来。当用两个或两个以上的支承 1 来引导镗杆时，镗杆与机床主轴 2

必须采用浮动连接。当采用浮动连接时，机床精度对孔系加工精度影响很小，因而可以在精度较低的机床上加工出精度较高的孔系。孔距精度主要取决于镗模，一般可达±0.05 mm。能加工公差等级 IT7 的孔，其表面粗糙度可达 *Ra*5～1.25 μm。当从一端加工、镗杆两端均有导向支承时，孔与孔之间的同轴度和平行度可达 0.02～0.03 mm；当分别由两端加工时，可达 0.04～0.05 mm。

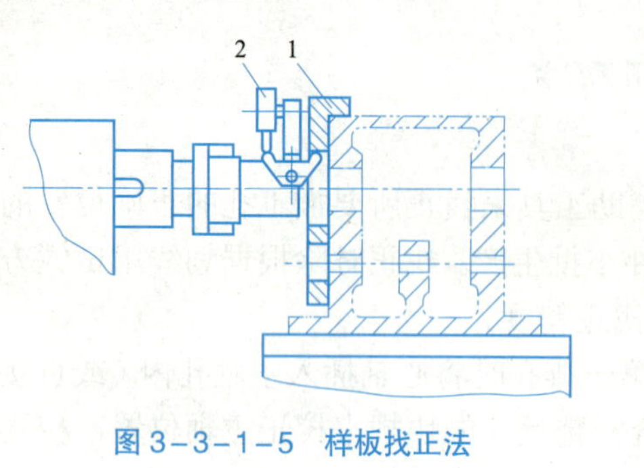

图 3-3-1-5　样板找正法

1—样板；2—千分表

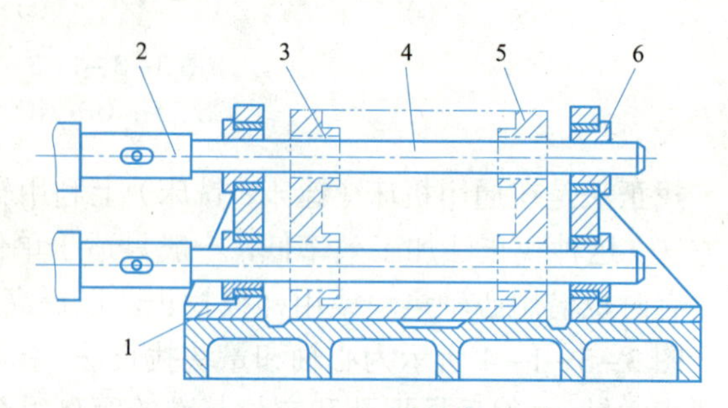

图 3-3-1-6　用镗模加工孔系

1—镗架支承；2—镗床主轴；3—镗刀；4—镗杆；5—工件；6—导套

③ 坐标法。

坐标法镗孔是在普通卧式镗床、坐标镗床或数控镗铣床等设备上，借助于精密测量装置，调整机床主轴与工件间在水平和垂直方向的相对位置，来保证孔心距精度的一种镗孔方法。

采用坐标法加工孔系时，要特别注意选择基准孔和镗孔顺序，否则坐标尺寸累积误差会影响孔距精度。基准孔应尽量选择本身尺寸精度高、表面粗糙度值小的孔（一般为主轴孔），这样在加工过程中便于校验其坐标尺寸。孔心距精度要求较高的两孔应连在一起加工，加工时，应尽量使工作台朝同一方向移动，因为工作台多次往复，故其间隙会产生误差，会影响坐标精度。

现在国内外许多机床厂，已经直接用坐标镗床或加工中心机床来加工一般机床箱体，这样就可以加快生产周期，适应机械行业多品种小批量生产的需要。

（2）同轴孔系的加工。

在成批生产中，箱体上同轴孔的同轴度几乎都由镗模来保证。在单件小批生产中，其同轴度用下面几种方法来保证。

① 用已加工孔作支承导向。

如图 3-3-1-7 所示，当箱体前壁上的孔加工好后，在孔内装一导向套，以支承和引导镗杆加工后壁上的孔，从而保证两孔的同轴度要求。这种方法只适于加工箱壁较近的孔。

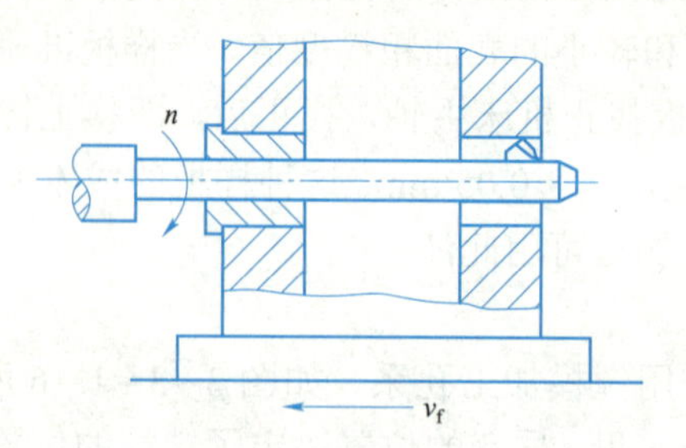

图 3-3-1-7　利用已加工孔导向

② 利用镗床后立柱上的导向套支承导向。

这种方法其镗杆系两端支承，刚性好。但此法调整麻烦，镗杆长，很笨重，故只适于单件小批生产中大型箱体的加工。

③ 采用掉头镗。

当箱体箱壁相距较远时，可采用掉头镗。工件在一次装夹下，镗好一端孔后，将镗床工作台回转 180°，调整工作台位置，使已加工孔与镗床主轴同轴，然后再加工另一端孔。

当箱体上有一较长并与所镗孔轴线有平行度要求的平面时，镗孔前应先用装在镗杆上的百分表对此平面进行校正［见图 3-3-1-8（a）］，使其和镗杆轴线平行，校正后加工孔 B，孔 B 加工后，回转工作台，并用镗杆上装的百分表沿此平面重新校正，这样即可保证工作台准确地回转 180°，如图 3-3-1-8（b）所示。然后再加工孔 A，从而保证孔 A、B 同轴。

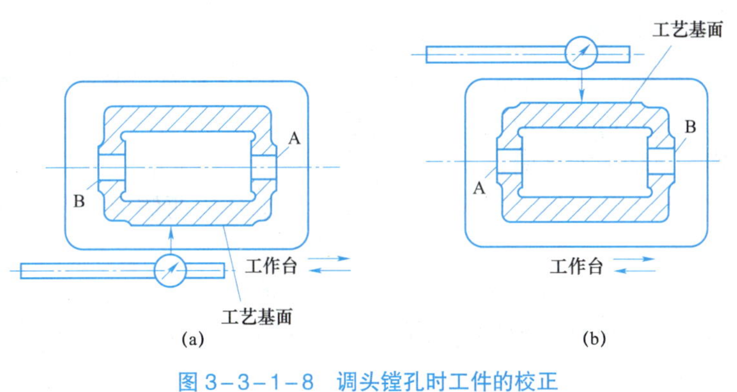

图 3-3-1-8　调头镗孔时工件的校正

（a）第一工位；（b）第二工位

3. 箱体类零件的材料、毛坯及热处理

箱体类零件材料常选用各种牌号的灰铸铁，因为灰铸铁具有较好的耐磨性、铸造性和可切削性，而且吸振性好，成本低。某些负荷较大的箱体可采用铸钢件，也有些简易箱体为了缩短毛坯制造的周期而采用钢板焊接结构。

汽车、摩托车的曲轴箱选用铝合金作为曲轴箱的主体材料，其毛坯一般采用铸件，因曲轴箱是大批大量生产，且毛坯的形状复杂，故采用压铸毛坯，镶套与箱体在压铸时铸成一体。压铸的毛坯精度高、加工余量小，有利于机械加工。

热处理是箱体零件加工过程中的一个十分重要的工序，需要合理安排。由于箱体零件的结构复杂，壁厚也不均匀，因此，在铸造时会产生较大的残余应力。为了消除残余应力，减少加工后的变形和保证精度的稳定，在铸造之后必须安排人工时效处理。对一些高精度或形状特别复杂的箱体零件，在粗加工之后还要安排一次人工时效处理，以消除粗加工所造成的残余应力。

四、任务实施

1. 动力箱零件的结构特点

该零件主要由两段回转体和中间连接平台组成，总体外形尺寸为 80 mm×72 mm×44 mm，包括外圆柱面、内孔面、端平面、台阶面、光孔、螺纹孔、沟槽、倒角等结构。

两段外圆柱面分布在零件两侧，外形均为ϕ32 mm，长度分别为 34 mm 和 24 mm，内部分布有ϕ20 mm 和ϕ18 mm 的通孔。在中间连接平台的前侧有一尺寸为 22 mm×25 mm 的小平面，其上分布有两个光孔ϕ4 mm 和四个螺纹孔 M3。另在中间连接平台的左侧台阶平面处分布有两个 M4 螺纹孔。在零件的上方有一凸起结构，宽 15 mm，内有 6 mm×9.5 mm 的深槽和ϕ3H9 通孔。此外，零件多处分布有倒角 *C*1。

尺寸精度方面，两段内孔面的尺寸精度分别为$\phi 18^{+0.052}_{0}$ mm 和$\phi 20^{+0.033}_{0}$ mm，深槽宽度尺寸为$6^{+0.048}_{0}$ mm，小孔的尺寸ϕ3H9$\left(^{+0.025}_{0}\right)$，要求均较高。此外，16 mm±0.2 mm、40 mm±0.2 mm、$22^{+0.013}_{0}$ mm、$54^{0}_{-0.40}$ mm 等尺寸也有一定的精度要求。表面粗糙度方面，两段内圆柱面ϕ20 mm 和ϕ18 mm 以及深槽 6 mm×9.5 mm 侧面处的表面粗糙度均为 *Ra*6.3 μm，其余加工表面的表面粗糙度为 *Ra*12.5 μm。

2. 明确动力箱的关键加工表面和加工方法

显然，两段ϕ20 mm、ϕ18 mm 内圆柱面和通孔ϕ3H9 具有较高的尺寸精度（IT9），表面粗糙度要求也为 *Ra*6.3 μm，故是该零件的重要加工表面。此外，两ϕ32 mm 外圆柱面、左右端面、底平面及前侧小平面、上方的深槽以及多处的光孔、螺纹孔等均有一定的精度要求，故应确定为次重要加工表面，而中间连接平台的两侧面以及多处的倒角应确定一般加工表面。

综合考虑这些表面的加工要求后，结合现有生产条件，查阅相关表格后确定采用如下的加工方法。ϕ20 mm、ϕ18 mm 内圆柱面：钻孔→粗车→精车；ϕ3H9 通孔：钻孔→铰削；ϕ32 mm 外圆柱面及端面：粗车→精车；螺纹孔：钻孔→攻丝。

3. 选择动力箱的材料及毛坯

一般来说，箱体类零件材料常选用各种牌号的灰铸铁，因为灰铸铁具有较好的耐磨性、铸造性和可切削加工性，而且吸振性好，成本低。该动力箱零件结构较复杂，综合考虑后，决定选取 HT150 为毛坯材料。

再分别查表 1-5-1-2（扩孔、镗孔、铰孔余量）、表 1-5-1-4（轴的机械加工余量）、表 1-5-1-7（端面的加工余量），确定其毛坯尺寸为 90 mm×80 mm×50 mm，毛坯的两段外圆柱面（ϕ32 mm）的直径均取ϕ40 mm。

五、任务评价

按表 3-3-1-1 对任务进行评价。

表 3-3-1-1 任务评价

序号	评价内容	评价标准	评价结果（是/否）
1	知识与技能	能解释零件技术要求的含义	□是 □否
		能分析零件的尺寸精度与形位公差	□是 □否
		能分析零件的表面粗糙度要求	□是 □否
		能确定零件的主要加工表面	□是 □否
		能确定零件主要加工表面的加工方法	□是 □否
		能确定零件的材料及毛坯	□是 □否

续表

序号	评价内容	评价标准	评价结果（是/否）
2	职业素养	具有严谨求实的学习态度	□是　□否
		具有精益求精的工匠精神	□是　□否
		具有互帮互助的团队意识	□是　□否
3	总评	“是”与“否”在本次评价中所占百分比	“是”占____% “否”占____%

六、任务巩固

图 3-3-1-9 所示为某企业需要批量生产的变速箱箱体零件。为了能准确地制定该零件的加工工艺方案，现在需要在详细分析该零件图技术要求的基础上，分析该零件的加工工艺特点。

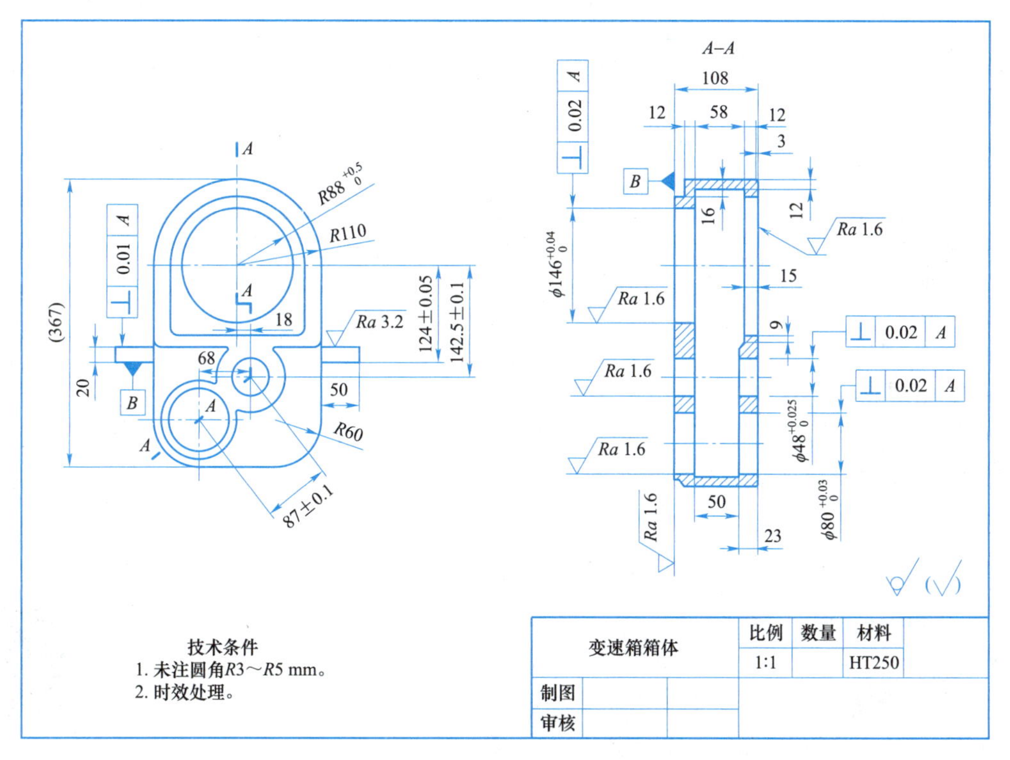

图 3-3-1-9　变速箱箱体零件

工作任务 3.3.2　编制动力箱零件的加工工艺

一、任务描述

图 3-3-2-1 所示为某企业需要大量生产的动力箱零件。为了生产出符合要求的产品，现在需要在详细分析该零件图技术要求的基础上，编制该零件的加工工艺。

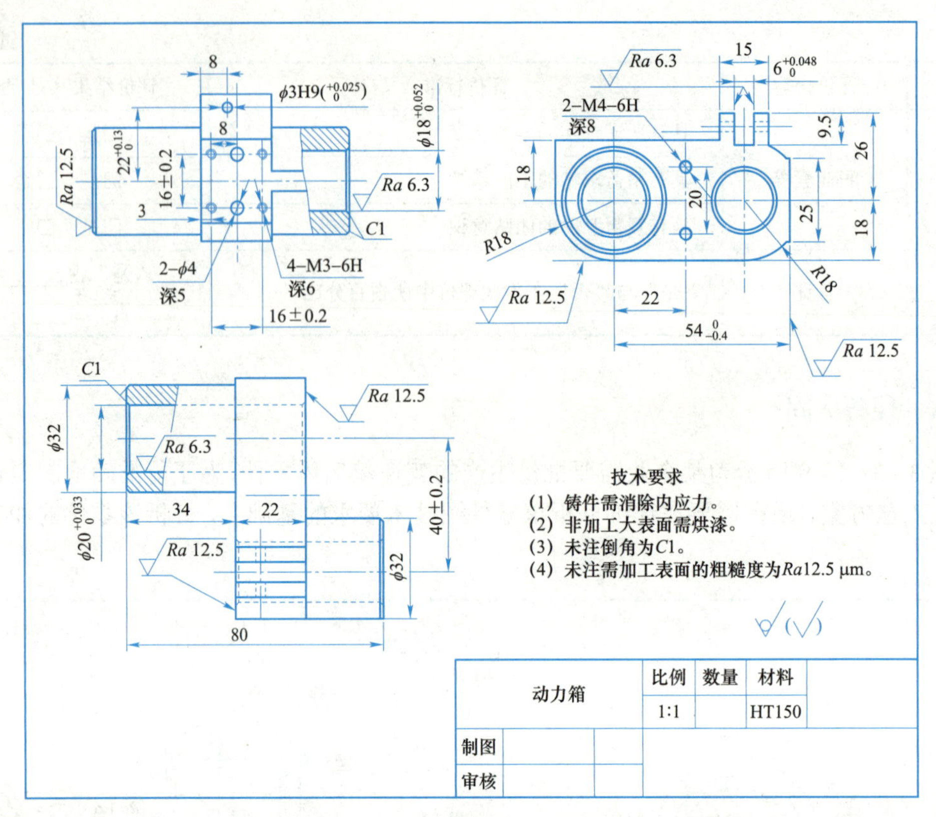

图 3-3-2-1 动力箱零件

二、学习目标

（1）掌握拟定箱体类零件加工工艺路线的方法。

（2）掌握选择箱体类零件定位形式的方法。

（3）掌握确定箱体类零件装夹方案的方法。

（4）掌握选择箱体类零件加工机床与工艺装备的方法。

（5）掌握编制箱体类零件加工工艺的方法。

三、知识梳理

1. 箱体类零件的加工工艺路线

1）拟定箱体类零件加工工艺路线

在拟定箱体零件机械加工工艺规程时，有一些基本原则应该遵循。

（1）先面后孔。

因为箱体孔的精度要求高，加工难度大，故一般先以孔为粗基准加工平面，再以平面为精基准加工孔，这样不仅为孔的加工提供了稳定可靠的精基准，同时还可以使孔的加工余量较为均匀。另外由于箱体上的孔分布在箱体各平面上，故先加工好平面，钻孔时，钻头不易引偏，扩孔或铰孔时刀具也不易崩刃。

先加工平面，后加工孔是箱体加工的一般规律。平面面积大，用其定位稳定可靠；支承孔大多分布在箱体外壁平面上，先加工外壁平面可切去铸件表面的凹凸不平及夹砂等缺陷，这样可减少钻头引偏，防止刀具崩刃等，对孔加工有利。

（2）粗精分开、先粗后精。

箱体的结构形状复杂，主要平面及孔系加工精度高，一般应将粗、精加工工序分阶段进行，先进行粗加工，后进行精加工。

（3）工序集中，先主后次。

箱体零件上相互位置要求较高的孔系和平面，一般尽量集中在同一工序中加工，以保证其相互位置要求和减少装夹次数。紧固螺纹孔、油孔等次要加工工序一般安排在平面和支承孔等主要加工表面精加工之后进行。

（4）工序间合理安排热处理。

箱体类零件壁厚不均匀，在铸造时会产生较大的残余应力。为了消除残余应力，减少加工后的变形和保证精度的稳定，在铸造之后必须安排人工时效处理。

普通精度的箱体类零件，一般在铸造之后安排一次人工时效处理；对一些高精度或形状特别复杂的箱体类零件，在粗加工之后还要安排一次人工时效处理，以消除粗加工所造成的残余应力；有些精度要求不高的箱体类零件毛坯，有时不安排时效处理，而是利用粗、精加工工序间的停放和运输时间，使之得到自然时效。人工时效的方法，除了加热保温法外，也可采用振动时效来达到消除残余应力的目的。

2）划分箱体类零件的加工阶段

（1）粗、精分开。箱体的结构形状复杂，主要平面及孔系加工精度高，一般应将粗、精加工工序分阶段进行，先进行粗加工，后进行精加工。

（2）工序集中。箱体的体积、重量较大，故应尽量减少工件的运输和装夹次数，工序安排应相对集中，箱体类零件上相互位置要求较高的孔系和平面一般尽量集中在同一工序中加工，以保证其相互位置要求和减少装夹次数。紧固螺纹孔、油孔等次要加工工序一般在平面和支承孔等主要加工表面精加工之后进行。

（3）合件加工。对剖分式箱体还应遵循先组装后镗孔的原则，即整个加工过程可分为两大阶段：先对箱盖与底座的对合面和定位基准分别进行加工，然后再对装合好的整个箱体进行加工——合件加工。

2. 箱体类零件的定位

1）箱体类零件的精基准

精基准选择一般采用基准统一的方案，常以箱体零件的装配基准或专门加工的一面两孔为定位基准，使整个加工工艺过程基准统一，夹具结构类似，基准不重合误差降至最小甚至为零（当基准重合时）。

2）箱体类零件的粗基准

箱体类零件一般都用它上面的重要孔和另一个相距较远的孔作为粗基准，以保证孔加工时余量均匀。

3. 箱体类零件的装夹

虽然箱体类零件一般都选择重要孔（如主轴孔）为粗基准，但根据生产类型不同，实现以主轴孔为粗基准的工件装夹方式是不同的。

1）划线装夹

单件小批生产时，由于毛坯精度较低，故一般采用划线装夹。如图 3-3-2-2 所示的车床主轴箱的划线。

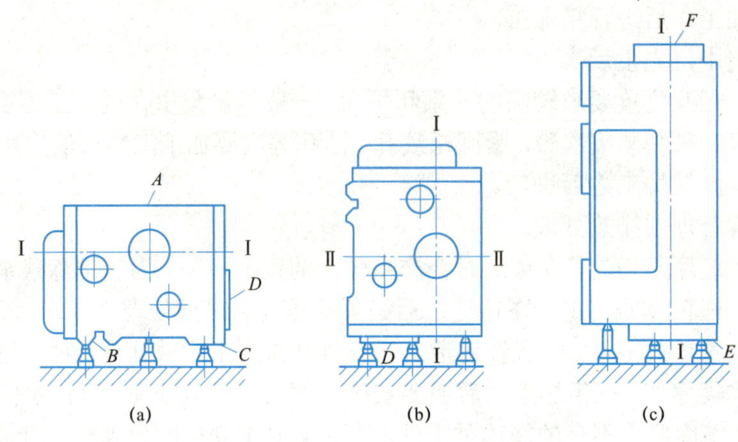

图 3-3-2-2　主轴箱的划线

2）在夹具上装夹

大批大量生产时，毛坯精度较高，可直接以主轴孔进行定位装夹。例如，采用如图 3-3-2-3 所示的夹具装夹。

先将工件放在 1、3、5 支承面上，并使箱体侧面紧靠支架 4、端面紧靠挡销 6，进行工作预定位。然后操纵手柄 9，将液压控制的两个短轴 7 伸入主轴孔中，每个短轴上有三个活动支柱 8，分别顶住主轴孔的毛坯面，将工件抬起，离开 1、3、5 各支承面，这时主轴孔轴心线与两短轴轴心线重合，实现了以主轴孔为粗基准定位。为了限制工件绕两短轴的回转自由度，在工件抬起后，调节两可调支承 12，辅以简单找正，使顶面基本成水平，再用螺杆 11 调整辅助支承 2，使其与箱体底面接触。最后操纵手柄 10，将液压控制的两个夹紧块 13 插入箱体两端相应的孔内夹紧，即可加工。

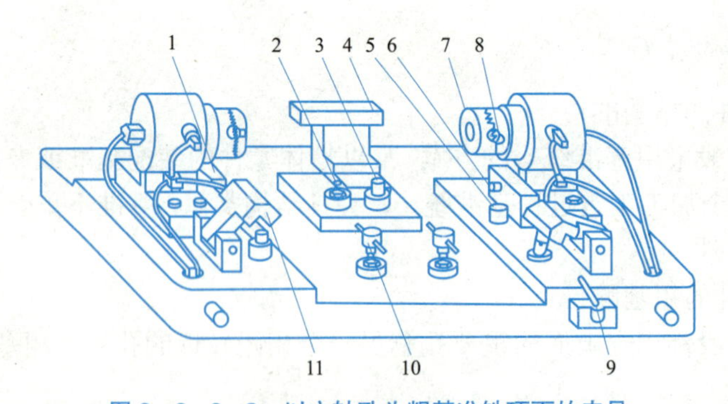

图 3-3-2-3　以主轴孔为粗基准铣顶面的夹具

1，3，5—支承面；2—辅助支承；4—支架；6—挡销；7—短轴；8—活动支柱；
9，10—手柄；11—螺杆；12—可调支承；13—夹紧块

4. 箱体类零件的加工机床与工艺装备

1）加工机床的选择

镗床是箱体加工最常用的设备，分为卧式和立式（坐标）镗床两种，可进行单孔和孔系（多孔）、深孔、通孔、阶梯孔、交叉孔和盲孔的加工；由于镗床刚度好，加工表面圆柱度、同轴度、平行度、垂直度要求都相当高，且可进行二维和三维方位孔的加工，故可称为万能机床。

镗床立轴装上铣刀、钻头、磨头或内孔滚压工具，可进行铣、钻、磨和滚压等多种加工。此外还可利用机床尾座，装上与主轴相连的胎具和靠模，加工大小不等的内球面形状零件。利用镗床独有的平旋盘和辐射刀架，能实现径向进给送刀，加工出比机床主轴直径大十多倍的轴孔端面和各种沟槽结构，其工作台可水平方向360° 自由旋转，进行复杂零件的分度加工。

箱体零件的加工精度很大程度上取决于机床的精度和操作者的技术水平。随着数控技术的发展，高精度柔性好的卧式或立式加工中心得到越来越多的应用，一次安装箱体零件可完成钻、锪、扩、镗、铣、铰、攻螺纹等多种工序，使其换刀方便、调整精确的优势得以充分发挥。

2）刀具的选择

箱体类零件平面加工常用的标准刀具有立铣刀及可转位面铣刀。

（1）立铣刀。

立铣刀主要用在铣床或镗床上加工平面、凹槽、阶台面，也可以利用靠模加工成形表面，如图3－3－2－4所示。

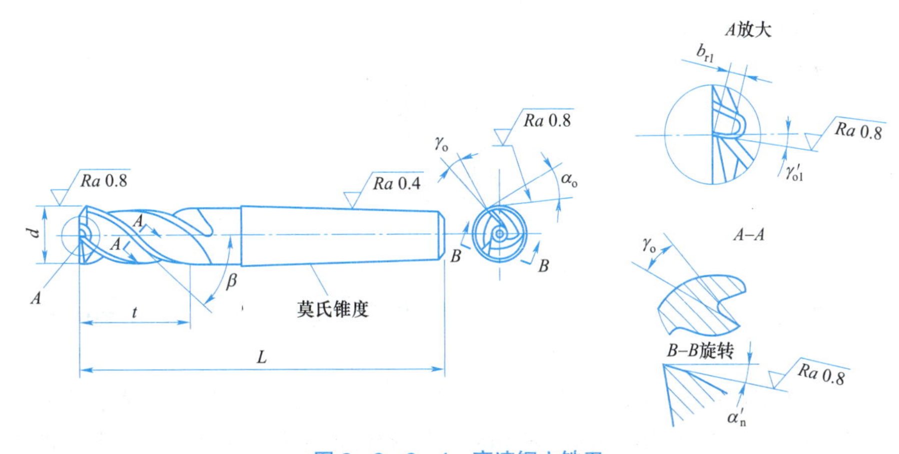

图3－3－2－4　高速钢立铣刀

（2）可转位面铣刀。

图3－3－2－5所示为可转位面铣刀，该铣刀将刀片直接装夹在刀体槽中，切削刃用钝后，将刀片转位或更换刀片即可继续使用。

3）量具的选择

表面粗糙度：通常用目测或样板比较法，只有当 *Ra* 值很小时才考虑使用光学量仪或粗糙度仪。

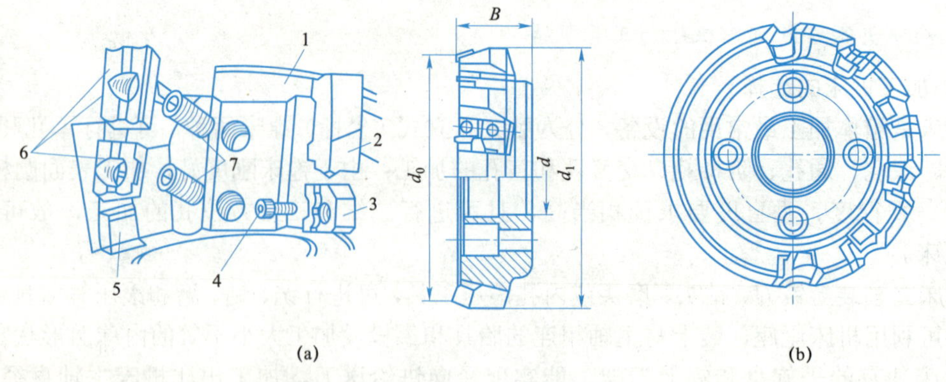

图 3-3-2-5　可转位面铣刀

（a）可转位面铣刀的夹紧；（b）可转位面铣刀

1—刀体；2—轴向支承块；3—刀垫；4—内六角螺钉；5—刀片；6—楔块；7—紧固螺钉

孔的尺寸精度：一般用塞规检验；单件小批生产时可用内径千分尺或内径千分表检验；若精度要求很高，则可用气动量仪检验。

平面的直线度：可用平尺和厚薄规或水平仪与桥板检验。

平面的平面度：可用自准直仪或水平仪与桥板检验，也可用涂色检验。

同轴度检验：一般工厂常用检验棒检验同轴度。

孔间距和孔轴线平行度检验：根据孔距精度的高低，可分别使用游标卡尺或千分尺，也可用块规测量。

三坐标测量机可同时对零件的尺寸、形状和位置等进行高精度的测量。

四、任务实施

1. 拟定动力箱零件的工艺路线

该零件主要由两段回转体和中间连接平台组成，总体外形尺寸为 80 mm×72 mm×44 mm。

由前面分析可知，该零件由外圆柱面、内孔面、端平面、台阶面、光孔、螺纹孔、沟槽、倒角等结构组成。两段ϕ20 mm、ϕ18 mm 内圆柱面和通孔ϕ3H9 是该零件的重要加工表面。此外，两ϕ32 mm 外圆柱面、左右端面、底平面及前侧小平面、上方的深槽以及多处的光孔、螺纹孔等是该零件的次重要加工表面。而中间连接平台的两侧面以及多处的倒角则是一般加工表面。

综合考虑这些表面的加工要求，结合现有生产条件，查阅相关表格后确定采用以下工艺路线：铸造→人工时效→刨削→车削→铣削→钳→钻削→铰→油漆→检验。其中，ϕ20 mm、ϕ18 mm 内圆柱面：钻孔→粗车→精车；ϕ3H9 通孔：钻孔→铰削；ϕ32 mm 外圆柱面及端面：粗车→精车；螺纹孔：钻孔→攻丝。

2. 划分加工阶段

一般来说，对精度要求较高的零件，其粗、精加工应分开，以保证零件的质量。根据该零件的结构特点和加工要求将其加工过程划分为两大阶段，即粗加工阶段（粗刨平面，粗车外圆、内孔和端面，粗铣槽，钻孔等）和精加工阶段（精刨平面，精车外圆、内孔和端面，精铣槽，铰孔等）。此外，还要适当安排热处理工序和检验工序。

3. 选取定位形式和装夹方案

一般来说，箱体零件的精基准常采用箱体零件的装配基准或专门加工的一面两孔定位，使得基准统一。而粗基准常采用箱体零件上的重要孔以及另一个相距较远的孔，以保证孔加工时余量均匀。

该动力箱零件的结构较复杂，需要综合采用刨削、车削、铣削、钻削、钳工等多种加工方法来加工外圆柱面、内孔面、沟槽、平面等多种表面，因而其定位形式与装夹方案也相对较复杂。粗刨底平面时，以铸件毛坯的两端面在平口钳上装夹并通过划线找正其位置。随后的加工则主要以底部的平面和两个圆柱孔或端面、台阶面等进行定位，通过所设计的专用车夹具、铣夹具和钻夹具等进行装夹。

4. 选取加工机床与工艺装备

依据加工需要，选取如表 3－3－2－1 所示的加工机床与工艺装备。

表 3－3－2－1　动力箱加工机床与工艺装备

类型	名称	备注
加工机床	B665 刨床、CA6140A 车床、X6132 铣床和 Z512 钻床等	
夹具	平口钳、专用车夹具、专用铣夹具、专用钻夹具等	
刀具	刨刀、车刀、铣刀、锉刀、钻头、丝锥、铰刀等	
量具	游标卡尺、百分表、外径千分尺、内径千分尺、孔塞规、螺纹塞规	

5. 确定各工序加工余量及工序尺寸

依据前面的分析结果，分别选取以下加工余量：铰孔余量为 0.1 mm，粗车、半精车外圆柱面的加工余量分别为 1.5 mm、0.45 mm，端面的加工余量为 1 mm。考虑到毛坯为铸件，查相关资料后取铸件的加工余量为 3 mm。于是选取 90 mm × 80 mm × 50 mm 的铸铁（HT150）件作为毛坯材料，毛坯的两段外圆柱面均取 ϕ40 mm。具体的加工余量及工序尺寸请参见机械加工工艺过程卡。

6. 填写动力箱零件加工工艺文件

依据上述分析，填写如表 3－3－2－2 所示的动力箱零件机械加工工艺过程卡。

表 3-3-2-2　动力箱零件机械加工工艺过程卡

厂名	机械加工工艺过程卡	材料种类	铸件		产品名称			零件名称	动力箱
		材料规格	HT150	毛重	kg	产品编号	YBJ021	零件编号	07
		铸件尺寸			每一毛坯可制件数	1		每台数量	1

序号	工序名称	工序内容	设　备	工　具			单件工时	准备工时
				夹具	刀具	量具		
1	铸	铸造，铸件清理，去毛刺、飞边						
2	热处理	人工时效处理						
3	刨	粗、精刨底面，保证尺寸 18 mm，兼顾 $R18$ mm 及 26 mm 等尺寸	B665	平口钳	刨刀	游标卡尺、百分表		
4	刨	粗、精刨前侧端面，保证尺寸 $54_{-0.4}^{\ 0}$ mm，兼顾尺寸 $R18$ mm	B665	平口钳	刨刀	游标卡尺、百分表		
5	车	粗、精车左端面、$\phi32$ mm 外圆及左侧台阶平面，保证长度尺寸 34 mm	C6140A	车夹具 1	车刀	游标卡尺、外径千分尺		
6	车	钻$\phi18$ mm 孔，粗、精车$\phi20$ mm 孔，倒角	C6140A	车夹具 1	车刀、钻头	游标卡尺、塞规 20H8		
7	车	掉头，粗、精车右侧端面至尺寸 80 mm，车$\phi32$ mm 外圆及平面至 22 mm 厚度	C6140A	车夹具 2	车刀	游标卡尺		
8	车	钻$\phi16$ mm 孔，粗精车$\phi18$ mm 孔，倒角	C6140A	车夹具 2	车刀、钻头	游标卡尺、塞规 18H9		
9	铣	粗、精铣 6 mm × 9.5 mm 槽	X6132	铣夹具	铣刀	游标卡尺		
10	钳	去毛刺	钳工台	平口钳	锉刀等			
11	钻	钻前侧端面两个$\phi4$ mm 孔和 4－M3 螺纹底孔（$\phi2.5$ mm）	Z512	钻夹具	钻头等	游标卡尺		
12	钻	钻左侧台阶面上 2－M4 螺纹底孔（$\phi3.3$ mm）	Z512	钻夹具	钻头等	内径千分尺		
13	钻	钻零件上方$\phi3$H9 通孔	Z512	钻夹具	钻头等	内径千分尺		
14	钻	攻 4－M3、2－M4 螺纹	Z512	钻夹具	丝锥等	螺纹塞规		
15	铰	铰$\phi3$H9 孔至尺寸	Z512	钻夹具	铰刀	塞规 3H9		

续表

<table>
<tr><td rowspan="3">厂名</td><td rowspan="3">机械加工
工艺过程卡</td><td>材料种类</td><td colspan="2">铸件</td><td>产品名称</td><td colspan="2"></td><td>零件名称</td><td>动力箱</td></tr>
<tr><td>材料规格</td><td>HT150</td><td>毛重</td><td>kg</td><td>产品编号</td><td>YBJ021</td><td>零件编号</td><td>07</td></tr>
<tr><td>铸件尺寸</td><td colspan="2"></td><td>每一毛坯
可制件数</td><td colspan="2">1</td><td>每台数量</td><td>1</td></tr>
</table>

<table>
<tr><td rowspan="2">序号</td><td rowspan="2">工序名称</td><td rowspan="2">工序内容</td><td rowspan="2">设　备</td><td colspan="3">工　　具</td><td rowspan="2">单件工时</td><td rowspan="2">准备工时</td></tr>
<tr><td>夹具</td><td>刀具</td><td>量具</td></tr>
<tr><td>16</td><td>涂漆</td><td>按图样技术要求烘漆</td><td></td><td></td><td></td><td></td><td></td><td></td></tr>
<tr><td>17</td><td>检验</td><td>按图样技术要求检验</td><td></td><td></td><td></td><td></td><td></td><td></td></tr>
</table>

<table>
<tr><td>编　制</td><td>日　期</td><td>缮　写</td><td>日　期</td><td>校　对</td><td>日　期</td><td>审　核</td><td>日　期</td><td>共　2　页</td></tr>
<tr><td></td><td></td><td></td><td></td><td></td><td></td><td></td><td></td><td>第　2　页</td></tr>
</table>

五、任务评价

按表 3－3－2－3 对任务进行评价。

表 3－3－2－3　任务评价

<table>
<tr><td>序号</td><td>评价内容</td><td>评价标准</td><td>评价结果（是/否）</td></tr>
<tr><td rowspan="5">1</td><td rowspan="5">知识与技能</td><td>能拟定零件加工工艺路线</td><td>□是　□否</td></tr>
<tr><td>能选择零件定位形式</td><td>□是　□否</td></tr>
<tr><td>能确定零件装夹方案</td><td>□是　□否</td></tr>
<tr><td>能选择零件加工机床与工艺装备</td><td>□是　□否</td></tr>
<tr><td>能编制零件加工工艺</td><td>□是　□否</td></tr>
<tr><td rowspan="3">2</td><td rowspan="3">职业素养</td><td>具有严谨求实的学习态度</td><td>□是　□否</td></tr>
<tr><td>具有精益求精的工匠精神</td><td>□是　□否</td></tr>
<tr><td>具有互帮互助的团队意识</td><td>□是　□否</td></tr>
<tr><td>3</td><td>总评</td><td>“是”与“否”在本次评价中所占百分比</td><td>“是”占____%
“否”占____%</td></tr>
</table>

六、任务巩固

图 3－3－2－6 所示为某企业需要大量生产的变速箱箱体零件。为了生产出符合要求的产品，现在需要在详细分析该零件图技术要求的基础上，编制该零件的加工工艺。

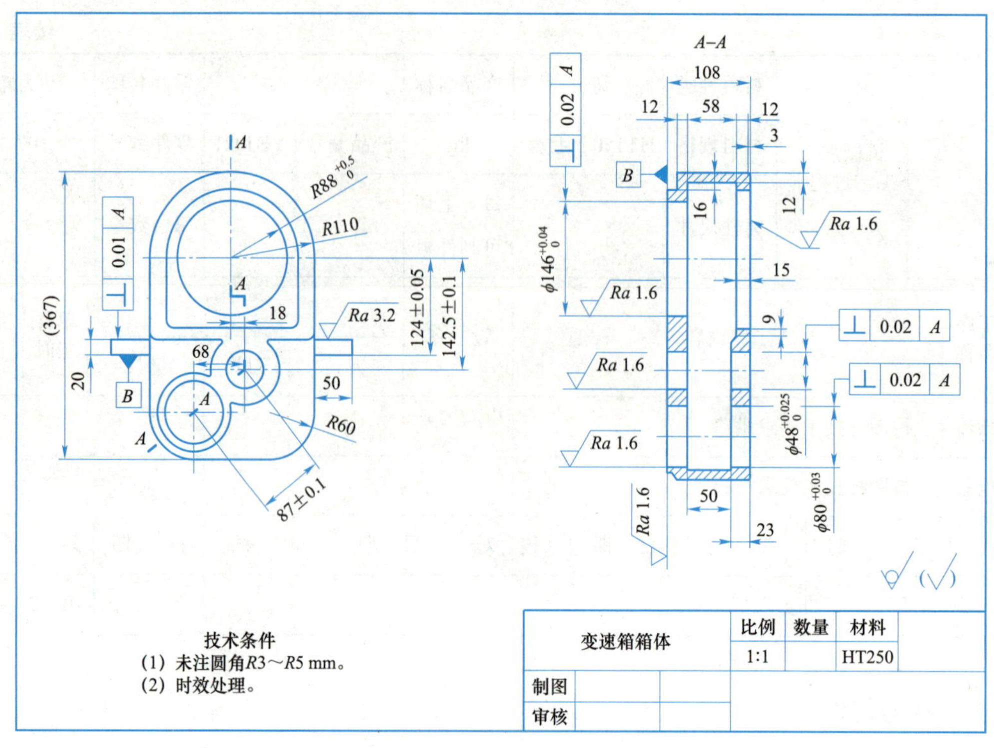

图 3-3-2-6　变速箱箱体零件

工作项目 3.4　编制叉架类零件的加工工艺

一、项目概述

熟悉叉架类零件的结构特点及技术要求；掌握确定叉架类零件主要加工表面的方法；掌握确定叉架类零件毛坯的方法；掌握拟定叉架类零件加工工艺路线的方法；掌握选择叉架类零件定位形式的方法；掌握确定叉架类零件装夹方案的方法；掌握选择叉架类零件加工机床与工艺装备的方法；掌握编制叉架类零件加工工艺的方法。

二、项目分析

叉架类零件是机器中最常见的一类零件，主要起支承传动件和传递转矩的作用。轴是旋转体零件，其加工表面主要由沟槽、内外圆柱面、平面等组成。

叉架零件属于异形类零件，在机器设备中主要起连接、拨动和支承等作用，常见的有支架、拨叉、连杆、摇杆、杠杆等。

编制叉架类零件的加工工艺时，需要熟悉叉架类零件的结构特点及技术要求；能正确确定叉架类零件的主要加工表面并拟定加工工艺路线；能正确选择叉架类零件加工机床与工艺装备，确定叉架类零件的定位形式和装夹方案，并编制合适的叉架类零件加工工艺，即需要熟练地完成以下两项工作任务：

（1）分析叉架类零件的工艺特点。

（2）编制叉架类零件的加工工艺。

工作任务 3.4.1 分析滑轮架零件的工艺特点

一、任务描述

图 3–4–1–1 所示为某企业需要批量生产的滑轮架零件。为了能准确地制定该零件的加工工艺方案，现在需要在详细分析该零件图技术要求的基础上，分析该零件的加工工艺特点。

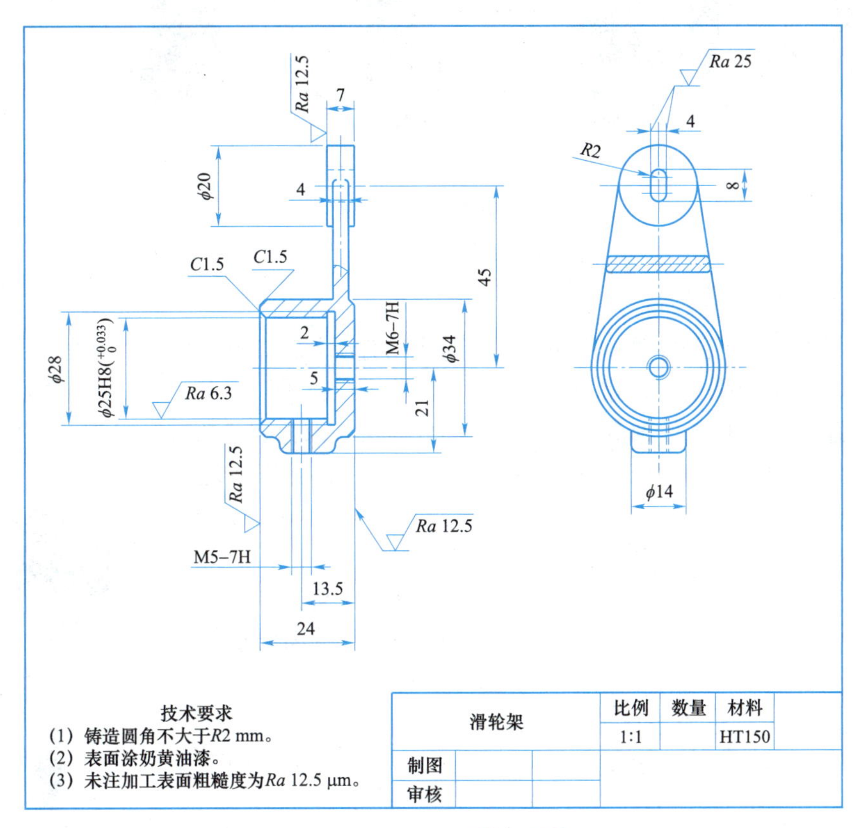

图 3–4–1–1 滑轮架零件

二、学习目标

（1）熟悉叉架类零件的结构特点及技术要求。

（2）掌握确定叉架类零件主要加工表面的方法。

（3）掌握确定叉架类零件毛坯的方法。

三、知识梳理

1. 叉架类零件的结构特点及技术要求

叉架零件在机器设备中主要起连接、拨动、支承等作用，常见的有支架、拨叉、连杆、摇杆、杠杆等，如图 3–4–1–2 所示。其中支架用于机构的连接；拨叉在变速箱中用于改变轴上滑移齿轮或离合器的位置，以达到变速或运动的离合的目的；连杆在机器中传递摆动或回转运动。

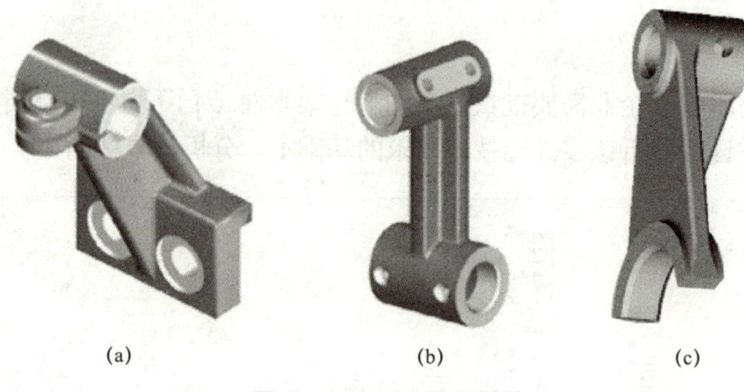

图 3-4-1-2　叉架零件

（a）斜支架（b）摇杆（c）拨叉

1）叉架类零件的结构特点

叉架零件属于异形类零件，用途不同，形状也有所差异，但共同特点是呈很不规则的非对称结构，从功能上来讲，通常可分成以下三个部分（见图 3-4-1-3 所示拨叉零件），即接合部分、连接部分和工作部分。由于工作部分与接合部分被连接部分隔离，叉架零件呈细长杆件，故刚性较差，在加工过程中易产生装夹变形，加工面之间的相关尺寸也不易测量，定位相对困难。

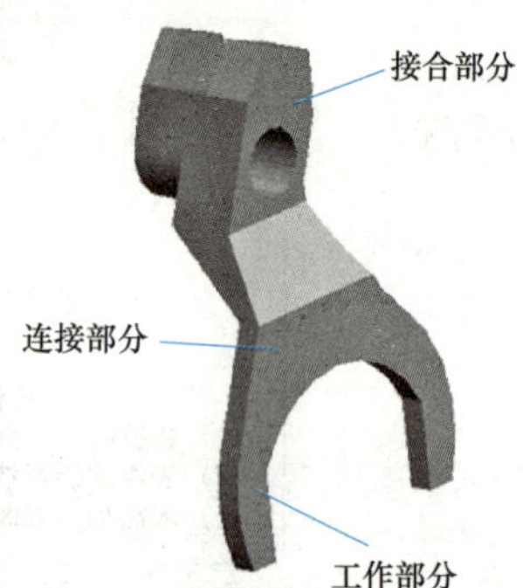

图 3-4-1-3　拨叉零件

2）叉架类零件的主要技术要求

如图 3-4-1-3 所示叉架零件上，接合部分的孔装在轴上，它是零件的设计基准。孔的尺寸精度为 IT7～IT10 级，端面要求与孔垂直，工作部分上的辅助孔或工作平面与主要孔有孔距、位置的要求，两者要求平行或垂直，连接部分一般不需要进行机械加工。为了提高叉架零件的使用寿命，两侧工作面有时还需淬硬至 HRC40～50。

叉架零件各部分的技术要求都是根据其用途确定的，由于形状复杂，为保证正确定位，加工时往往需要设计专用夹具。

2. 叉架类零件的主要加工表面

沟槽是叉架零件上常见的加工表面，其加工方法主要有以下几种：

（1）直槽一般都在立式或卧式铣床上进行铣削，如图 3-4-1-4（a）所示。

（2）T 形槽、V 形槽和燕尾槽在刨床上刨削，或在铣床上用相应的铣刀来铣削，如图 3-4-1-4（b）和图 3-4-1-4（c）所示。

（3）孔内键槽采用插削和拉削加工，如图 3-4-1-4（d）所示。

3. 叉架类零件的材料及毛坯

叉架零件为受力零件，有些还需要承受交变的冲击载荷。根据其不同的工作条件，需要选用合适的材料及毛坯类型。

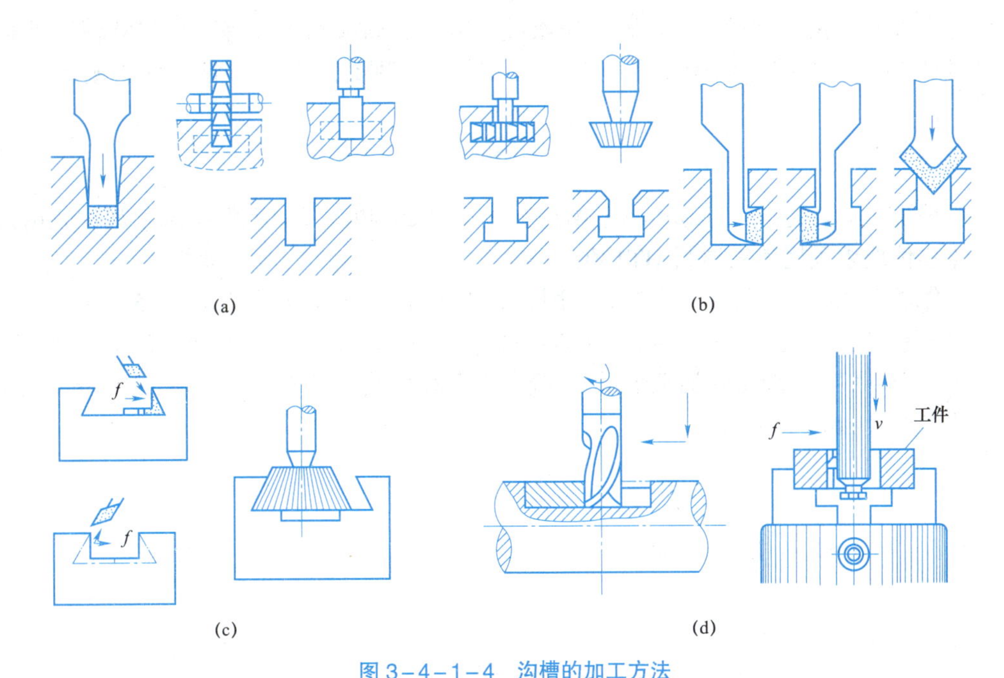

图 3-4-1-4　沟槽的加工方法

（a）直槽的刨与铣；（b）T 形槽的铣与刨；（c）燕尾槽的刨与铣；（d）键槽的铣与插

一般情况下，叉架零件可选用碳素结构钢 35、45 或 40Cr 等，毛坯可选用锻件或精密的铸件。由于叉架类零件的外形较复杂，自由锻达不到所需形状，因此需要选用模锻件。如果在工作中不承受冲击载荷，生产批量也不太大，则可以选用铸钢或灰铸铁的铸件毛坯。叉架零件上需钻削加工的孔，尤其是直径小于ϕ50 mm 的孔，毛坯制造时通常将其做成实心。若事先在毛坯上留孔，则钻头反而容易钻偏。

四、任务实施

1. 滑轮架零件的结构特点

该滑轮架零件的外形较规则，由两段通过筋板相连的圆柱体组成，总体外形为 24 mm × 34 mm × 76 mm，下方的大圆柱体外径为ϕ34 mm，内有ϕ25 mm 的不通孔以及沟槽、螺纹孔、倒角等结构；上方的小圆柱体外径为ϕ20 mm，内有 8 mm × 2 mm 的腰圆槽。可见，该零件主要由外圆柱面、内孔面、沟槽、腰圆槽、螺纹孔、端面、筋板、倒角等结构组成。

尺寸精度方面，$\phi 25\mathrm{H}8\left(\begin{smallmatrix}+0.033\\0\end{smallmatrix}\right)$有较高的要求，其余均为未注公差尺寸。表面粗糙度方面，ϕ25 mm 内孔的表面粗糙度为 Ra6.3 μm，其余需加工表面的表面粗糙度均为 Ra12.5 μm 或 Ra25 μm。

2. 明确滑轮架的关键加工表面和加工方法

显然，ϕ25 mm 内孔具有较高的尺寸精度（IT8）及表面粗糙度（Ra6.3 μm）要求，故是该零件的重要加工表面。查阅相关表格后确定采用以下的加工方法加工该内孔：钻孔→扩孔→铰孔。

此外，外圆柱面、沟槽、腰圆槽、螺纹孔、端面、筋板和倒角等处的尺寸精度和表面质量要求均不高，故将它们确定为一般加工表面，分别采用车削、钻削和铣削等方法进行加工。

3. 选择滑轮架的材料及毛坯

一般来说，叉架类零件可选用碳素结构钢35、45或40Cr等，毛坯可选用锻件或精密的铸件。该零件要求采用铸铁材料HT150。

该零件需要综合采用铸造、车削、钻削、铣削等加工方法，分别查表1－5－1－2（扩孔、镗孔、铰孔余量表）、表1－5－1－4（轴的机械加工余量）、表1－5－1－5（铣平面的加工余量）和表1－5－1－7（端面的加工余量），确定其毛坯的尺寸为34 mm×30 mm×76 mm，铸件的内孔取ϕ20 mm×15 mm。

五、任务评价

按表3－4－1－1对任务进行评价。

表3－4－1－1　任务评价

序号	评价内容	评价标准	评价结果（是/否）
1	知识与技能	能解释零件技术要求的含义	□是　□否
		能分析零件的尺寸精度与形位公差	□是　□否
		能分析零件的表面粗糙度要求	□是　□否
		能确定零件的主要加工表面	□是　□否
		能确定零件主要加工表面的加工方法	□是　□否
		能确定零件的材料及毛坯	□是　□否
2	职业素养	具有严谨求实的学习态度	□是　□否
		具有精益求精的工匠精神	□是　□否
		具有互帮互助的团队意识	□是　□否
3	总评	“是”与“否”在本次评价中所占百分比	“是”占_____% “否”占_____%

六、任务巩固

图3－4－1－5所示为某企业需要批量生产的导轮座零件。为了能准确地制定该零件的加工工艺方案，现在需要在详细分析该零件图技术要求的基础上，分析该零件的加工工艺特点。

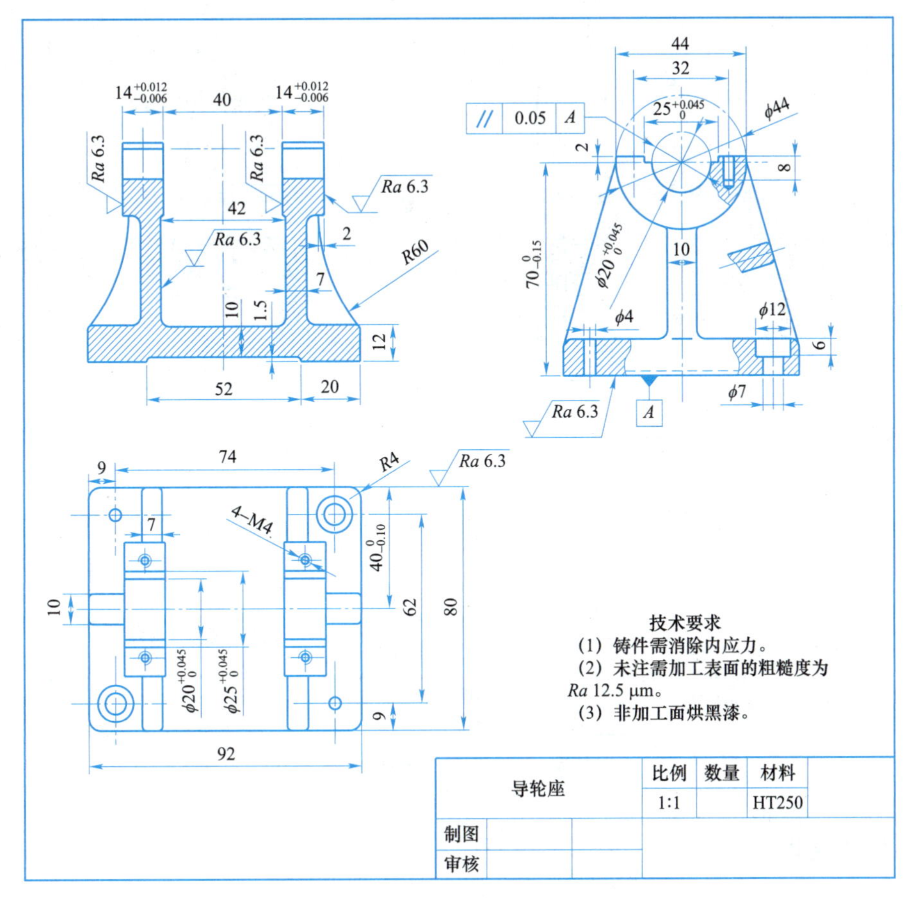

图 3–4–1–5　导轮座零件

工作任务 3.4.2　编制滑轮架零件的加工工艺

一、任务描述

图 3–4–2–1 所示为某企业需要批量生产的滑轮架零件。为了生产出符合要求的产品，现在需要在详细分析该零件图技术要求的基础上，编制该零件的加工工艺。

二、学习目标

（1）掌握拟定叉架类零件加工工艺路线的方法。

（2）掌握选择叉架类零件定位形式的方法。

（3）掌握确定叉架类零件装夹方案的方法。

（4）掌握选择叉架类零件加工机床与工艺装备的方法。

（5）掌握编制叉架类零件加工工艺的方法。

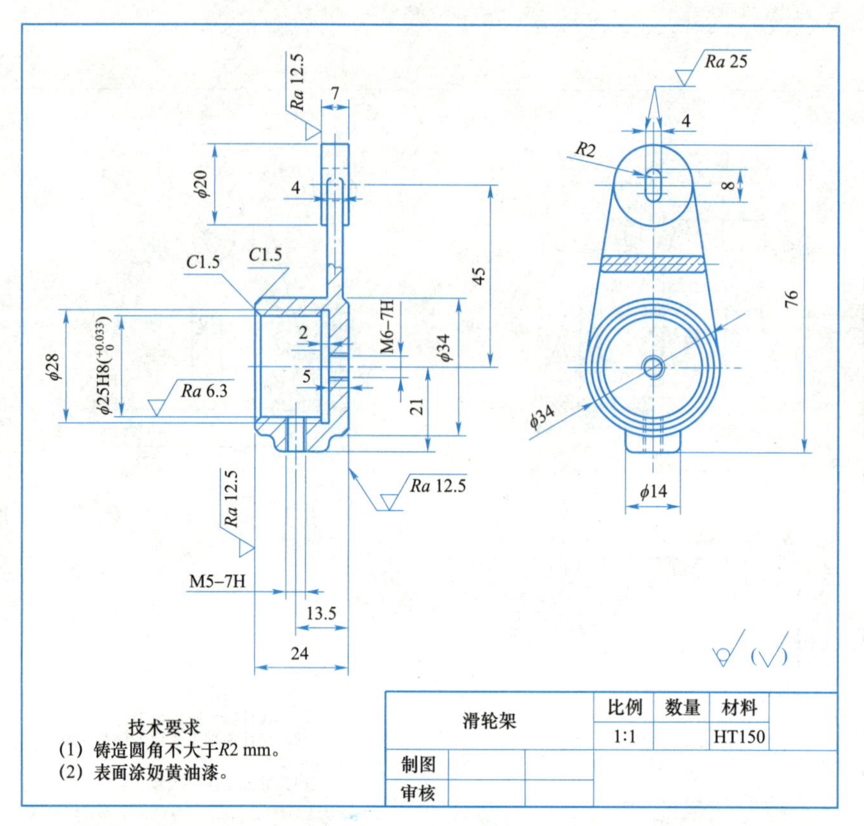

图 3-4-2-1　滑轮架零件

三、知识梳理

1. 叉架类零件的加工工艺路线

为了保证工作部分对接合部分主要孔的位置精度要求，一般按以下方案安排叉架零件的加工工艺路线。

（1）如叉架零件工作部分和接合部分的端面在同一平面上，则首先应加工出此平面，以它为定位基准，加工主要孔及接合部分，并保证达到其相互位置的要求，然后以孔为基准，加工其余各加工面，如槽、螺孔和凸肩等。

（2）如叉架零件工作部分和接合部分的端面不在同一平面上，则可以首先加工出接合部分的主要孔及一个端面，然后加工另一侧的端面，最后加工其余的表面。

2. 叉架类零件的定位

由于叉架零件属于异形类零件，用途不同，形状也有所差异，故其定位基准的选择应依据零件的具体结构形式来确定，但必须遵循定位基准的基本选择原则。

选择精基准时应从保证零件加工精度出发，同时考虑定位准确、装夹方便、夹具结构简单。选择精基准时应遵循以下原则：基准重合原则、基准统一原则、自为基准原则和互为基准原则等。

选择粗基准时应遵循以下原则：余量均匀原则、保证不加工面位置正确的原则、只能有效使用一次的原则等。

3. 叉架类零件的装夹

叉架类零件最常用的加工方法是铣削加工。在铣床上加工叉架类零件时，一般采用以下几种装夹方法：

1）直接装夹在铣床工作台上

大型工件常直接装夹在工作台上，用螺柱、压板压紧，这种方法需用百分表、划针等工具找正加工面和铣刀的相对位置，如图 3–4–2–2（a）所示。

2）用平口虎钳装夹

对于形状简单的中、小型工件，一般可装夹在机床用平口虎钳中，如图 3–4–2–2（b）所示，使用时需保证平口虎钳在机床中的正确位置。

3）用分度头装夹

如图 3–4–2–2（c）所示，对于需要分度的工件，一般可直接装夹在分度头上。另外，不需要分度的工件用分度头装夹加工也很方便。

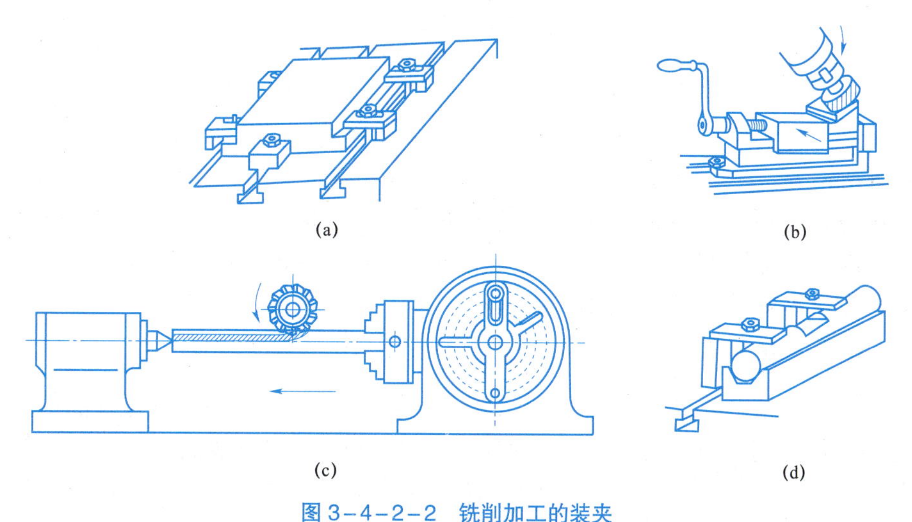

图 3–4–2–2　铣削加工的装夹

（a）铣床工作台；（b）平口虎钳；（c）分度头；（d）V 形架

4）用 V 形架装夹

这种方法一般适用于轴类零件，它除了具有较好的对中性以外，还可承受较大的切削力，如图 3–4–2–2（d）所示。

5）用专用夹具装夹

专用夹具定位准确，夹紧方便，效率高，一般适用于成批、大量生产中。

4. 叉架类零件的加工机床与工艺装备

1）机床的选择

叉架类零件在机器设备中主要起连接、拨动、支承等作用，常见的有支架、拨叉、连杆、摇杆、杠杆等。这类零件的主要加工表面是孔、端面、槽、螺孔和凸肩等，涉及的机械加工类型主要有钳工、车、铣、钻、磨等，因此需要运用车床、铣床、钻床、磨床等多种加工机床，应根据不同零件的生产类型和生产条件去选用。

2）夹具的选择

拨叉是非规则零件，采用通用夹具很难装夹。如果生产批量较大的话，为提高生产效率和加工质量稳定性，各工序应尽可能设计专用夹具。

3）刀具的选择

为了缩短生产准备周期，应尽可能采用通用的或标准化的刀具。为进一步提高拨叉加工各工序的效率，必要时也可采用高效率的复合刀具及其他专用刀具，如钻扩铰复合刀具等。

4）量具的选择

支架类零件重要的加工表面为孔，需要采用量具来控制加工质量，应尽可能选用通用量具来进行测量。如果孔的精度要求较高，则需要设计专用的孔用通、止规进行测量。

四、任务实施

1. 拟定滑轮架零件的工艺路线

该滑轮架零件的外形较规则，由两段通过筋板相连的圆柱体组成，总体外形为24 mm×34 mm×76 mm。

由前面分析可知，ϕ25 mm内孔是该零件的重要加工表面，而外圆柱面、沟槽、腰圆槽、螺纹孔、端面、筋板和倒角等为一般加工表面。综合考虑，该零件的工艺路线如下：铸造→人工时效→车→铣→钻→钳→涂漆→检验。

2. 划分加工阶段

一般来说，对精度要求较高的零件，其粗、精加工应分开，以保证零件的质量。为此，将该滑轮架的加工划分为两大阶段，即粗加工（粗车外圆、粗车端面、钻孔、扩孔等）和精加工（精车端面、内孔、沟槽，铣平面和沟槽，铰孔，攻丝等）。此外，还要适当安排热处理工序和检验工序。

3. 选取定位形式和装夹方案

该滑动架零件需要加工的表面较多，加工中需要综合运用车削、铣削、钻削、铰削、钳工等多种加工方法，因而其定位形式与装夹方案也相对较复杂。

粗加工时，选用铸件毛坯件的ϕ34 mm外圆柱面为粗基准，采用三爪卡盘进行装夹。精加工时，主要以零件上的端平面和内孔进行定位，分别针对车削、铣削、钻削等具体加工情况设计专用的夹具进行装夹。

4. 选取加工机床与工艺装备

依据加工需要，分别选取如表3-4-2-1所示的加工机床与工艺装备。

表 3-4-2-1　滑轮架加工机床与工艺装备

类型	名称	备注
加工机床	CA616A 车床、X50B 铣床、Z512 钻床、钳工台等	
夹具	三爪卡盘、车夹具、铣夹具、钻夹具、虎钳等	
刀具	车刀、铣刀、钻头、丝锥、铰刀、锉刀等	
量具	游标卡尺、内径千分尺、外径千分尺、塞规等	

5. 确定各工序加工余量及工序尺寸

该零件需要综合采用铸造、车削、钻削、铣削等加工方法。参考前面已查取得相关参数，最终选择 HT150 铸铁件作毛坯，毛坯的尺寸为 30 mm×34 mm×76 mm，铸件的内孔取 ϕ20 mm×15 mm。具体的加工余量及工序尺寸请参见机械加工工艺过程卡。

6. 填写滑轮架零件加工工艺文件

依据上述分析，填写如表 3-4-2-2 所示的滑轮架零件机械加工工艺过程卡。

表 3-4-2-2　滑轮架零件机械加工工艺过程卡

<table>
<tr><td rowspan="3">厂名</td><td rowspan="3">机械加工工艺过程卡</td><td>材料种类</td><td colspan="2">铸件</td><td>产品名称</td><td colspan="2"></td><td>零件名称</td><td>滑轮架</td></tr>
<tr><td>材料规格</td><td>HT150</td><td>毛重</td><td>公斤</td><td>产品编号</td><td>Hlj16</td><td>零件编号</td><td>09</td></tr>
<tr><td>毛坯尺寸</td><td colspan="2">76 mm×30 mm×34 mm</td><td>每一毛坯可制件数</td><td colspan="2">1</td><td>每台数量</td><td>1</td></tr>
</table>

序号	工序名称	工序内容	设备	工具：夹具	工具：刀具	工具：量具	单件工时	准备工时
1	铸造	铸造。铸件清理，去飞边、去毛刺						
2	热处理	人工时效						
3	车	夹毛坯ϕ34 mm 外圆，车右端大平面，保证总长 26 mm，兼顾尺寸 7 mm	C616A	三爪卡盘	车刀	游标卡尺		
4	车	掉头，车左端面，保证尺寸 24 mm	C616A	车夹具	车刀	游标卡尺		
5	车	钻 M6 底孔ϕ5 mm	C616A	车夹具	钻头	内径千分尺		
6	车	扩孔ϕ23 mm，切槽ϕ28 mm×2 mm	C616A	车夹具	扩孔钻、切槽刀	游标卡尺、内径千分尺		
7	车	铰孔ϕ25 mm 至尺寸，倒角	C616A	车夹具	铰刀	塞规 25H8		
8	铣	铣削ϕ20 mm 外圆柱两侧端平面，保证尺寸 7 mm	X50B	铣夹具	立铣刀	游标卡尺		
9	铣	铣削 4 mm×8 mm 槽	X50B	铣夹具	键槽铣刀	游标卡尺		

续表

厂名	机械加工工艺过程卡	材料种类	铸件		产品名称			零件名称	滑轮架
		材料规格	HT150	毛重	公斤	产品编号	Hlj16	零件编号	09
		毛坯尺寸	76 mm×30 mm×34 mm		每一毛坯可制件数	1		每台数量	1

序号	工序名称	工序内容	设备	工具			单件工时	准备工时
				夹具	刀具	量具		
10	钻	钻 M5 底孔 ϕ4.2 mm	Z512	钻夹具	钻头	内径千分尺		
11	钻	攻螺纹 M5－7H、M6－7H	Z512	钻夹具	丝锥等	塞规等		
12	钳	去毛刺	钳工台	虎钳	锉刀等			
13	漆	非加工面涂奶黄色漆						
14	检验	按图样技术要求检验						

编制	日期	缮写	日期	校对	日期	审核	日期	共 1 页
								第 1 页

五、任务评价

按表 3－4－2－3 对任务进行评价。

表 3－4－2－3　任务评价

序号	评价内容	评价标准	评价结果（是/否）
1	知识与技能	能拟定零件加工工艺路线	□是　□否
		能选择零件定位形式	□是　□否
		能确定零件装夹方案	□是　□否
		能选择零件加工机床与工艺装备	□是　□否
		能编制零件加工工艺	□是　□否
2	职业素养	具有严谨求实的学习态度	□是　□否
		具有精益求精的工匠精神	□是　□否
		具有互帮互助的团队意识	□是　□否
3	总评	“是”与“否”在本次评价中所占百分比	“是”占_____% “否”占_____%

六、任务巩固

图 3－4－2－3 所示为某企业需要大量生产的导轮座零件。为了生产出符合要求的产品，

现在需要在详细分析该零件图技术要求的基础上，编制该零件的加工工艺。

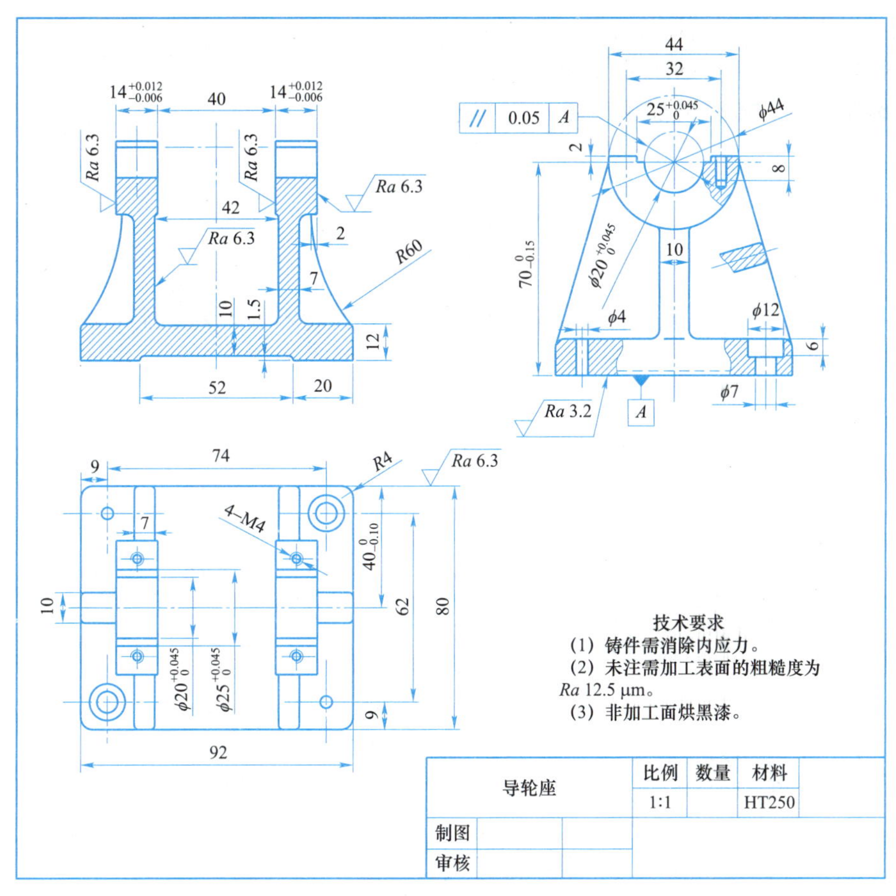

图 3-4-2-3　导轮座零件

工作项目 3.5　编制齿轮类零件的加工工艺

一、项目概述

熟悉齿轮类零件的结构特点及技术要求；掌握确定齿轮类零件主要加工表面的方法；掌握确定齿轮类零件毛坯的方法；掌握拟定齿轮类零件加工工艺路线的方法；掌握选择齿轮类零件定位形式的方法；掌握确定齿轮类零件装夹方案的方法；掌握选择齿轮类零件加工机床与工艺装备的方法；掌握编制齿轮类零件加工工艺的方法。

二、项目分析

齿轮类零件是机械传动中应用极为广泛的传动零件之一，其功用是按照一定的速比传递运动和动力。齿轮类零件的加工表面主要由齿形表面、内外圆柱面、端面等组成。

编制齿轮类零件的加工工艺时，需要熟悉齿轮类零件的结构特点及技术要求，能正确确定齿轮类零件的主要加工表面并拟定加工工艺路线，能正确选择齿轮类零件加工机床与工艺装备，确定齿轮类零件的定位形式和装夹方案，并编制合适的齿轮类零件加工工艺，即需要熟练地完成以下两项工作任务：

（1）分析齿轮类零件的工艺特点。

（2）编制齿轮类零件的加工工艺。

工作任务 3.5.1　分析双联齿轮零件的工艺特点

一、任务描述

图 3-5-1-1 所示为某企业需要批量生产的双联齿轮零件。为了能准确地制定该零件的加工工艺方案，现在需要在详细分析该零件图技术要求的基础上，分析该零件的加工工艺特点。

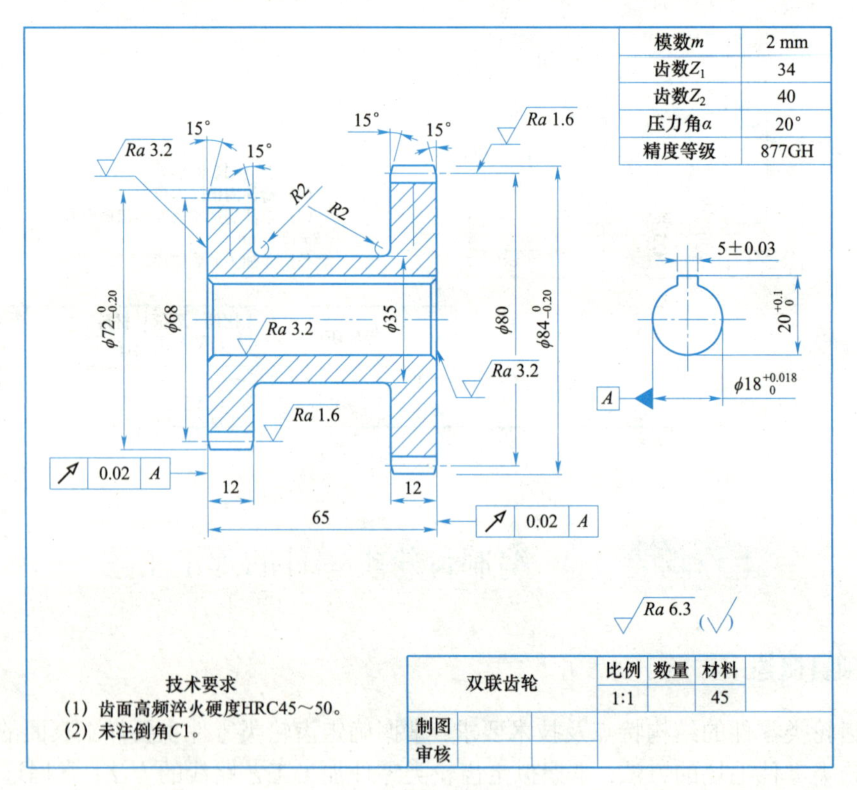

图 3-5-1-1　双联齿轮

二、学习目标

（1）熟悉齿轮类零件的结构特点及技术要求。

（2）掌握确定齿轮类零件主要加工表面的方法。

（3）掌握确定齿轮类零件毛坯的方法。

三、知识梳理

1. 齿轮类零件的结构特点及技术要求

1）齿轮类零件的结构特点

齿轮是机械传动中应用极为广泛的传动零件之一，其功用是按照一定的速比传递运动和动力。

齿轮的结构因其使用要求不同而具有各种不同的形状和尺寸，一般分为齿圈和轮体两大部分。齿圈上分布着所需要的各种齿形，而轮体上则设有安装用的孔或轴颈。按照齿圈上轮齿的分布形式，齿轮可分为直齿、斜齿和人字齿轮等；按照轮体的结构特点，齿轮大致可分为盘形齿轮、套筒齿轮、内齿轮、轴齿轮、扇形齿轮和齿条（即齿圈半径无限大的圆柱齿轮）等，如图 3－5－1－2 所示。其中盘形齿轮应用最广。

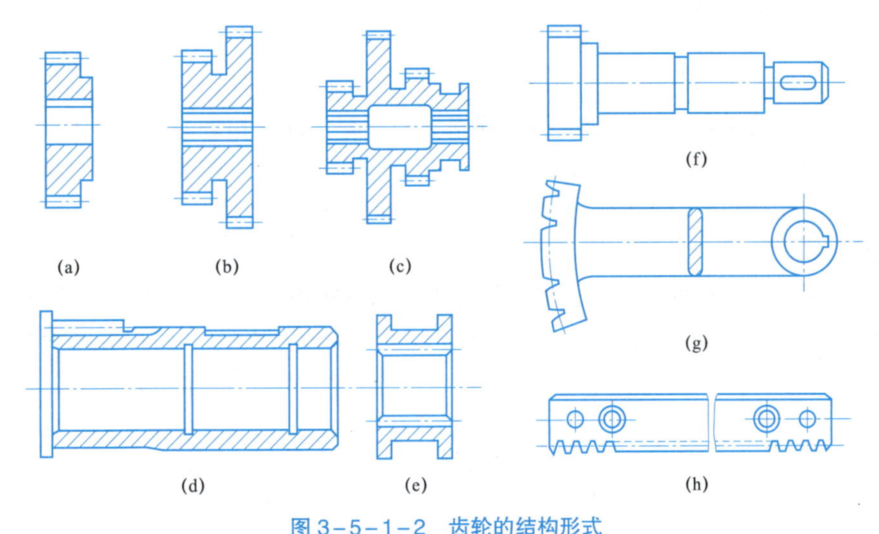

图 3－5－1－2　齿轮的结构形式

2）齿轮类零件的技术要求

（1）齿轮传动的精度要求。

齿轮本身的制造精度，对整个机器的工作性能、承载能力及使用寿命都有很大影响。根据其使用条件，齿轮传动应满足以下四项精度要求：

① 传递运动的精确性。传递运动的精确性表示齿轮在传递运动的过程中，当主动齿轮转过一个角度时，从动齿轮应按给定的速比转过相应角度的准确程度。一般要求齿轮在每一转范围内转角误差的最大值不能超过一定的规定值，也就是要求齿轮每一转中传动比的变化量不超过一定限度。

② 传递运动的平稳性。传递运动的平稳性又称为工作平稳件，即齿轮传动时瞬时传动比的变化量在一定限度内。这就要求齿轮在转过一齿转角内的最大转角误差在规定范围之

内，从而减小齿轮传递运动中的冲击、振动和噪声。

③ 载荷分布的均匀性。要求齿轮在传递力的过程中，齿面接触要均匀，并保证有一定的接触面积和符合要求的接触位置，从而保证齿轮在传递动力时，不致因载荷分布不均而使接触应力集中，引起齿面过早磨损，并导致齿轮寿命降低。

④ 齿侧间隙的合理性。一对相互啮合的齿轮，其齿面间必须留有一定的间隙，即为齿侧间隙，其作用是储存润滑油，使齿面工作时减少磨损；同时可以补偿热变形、弹性变形、加工误差和安装误差等因素引起的齿侧间隙减小，防止卡死。应当根据齿轮副的工作条件，来确定合理的齿侧间隙。

以上四项精度要求应根据齿轮传动装置的用途和工作条件等予以合理地确定。例如，对于高速重载齿轮传动，由于其圆周速度高、传动力矩大，容易引起振动和噪声，因而主要要求齿轮有很好的工作平稳性。对于低速重载齿轮传动，则要求接触均匀性好，这样载荷分布均匀，可以延长齿轮的使用寿命。然而，滚齿机分度蜗杆副、读数仪表所用的齿轮传动副，对传动准确性要求高，对工作平稳性也有一定要求，而对载荷的均匀性要求一般不严格。

齿轮的几何参数较多，不同参数的误差可能影响齿轮传动的某项精度要求，因而齿轮加工中需检验的参数也就较多。国家标准 GB/T 10095.1—2008 渐开线圆柱齿轮精度标准规定，其检验项目共 15 个。按这些项目的误差特性及其对传动性能的主要影响，标准中将单个齿轮的公差与极限偏差项目划分成三个公差组。

在齿轮的三个公差组中，每一组的各项指标的误差特性是相近的，为简化检验项目，标准中又将各公差组分成若干检验组，生产中可根据齿轮副的工作要求和生产规模，在各公差组中选一合适的检验组进行检验。具体内容可参见有关标准和手册。

（2）齿坯加工精度。

齿坯加工中，主要要求保证基准孔（或轴）的尺寸精度和形状精度、基准端面相对于基准孔（或轴）的位置精度。不同精度的孔（或轴）的齿坯公差以及表面粗糙度等要求分别见表 3–5–1–1～表 3–5–1–3。

表 3–5–1–1　齿坯公差

<table>
<tr><td colspan="2">齿轮精度等级</td><td>5</td><td>6</td><td>7</td><td>8</td><td>9</td></tr>
<tr><td>孔</td><td>尺寸公差
形状公差</td><td>IT5</td><td>IT5</td><td colspan="2">IT7</td><td>IT8</td></tr>
<tr><td>轴</td><td>尺寸公差
形状公差</td><td colspan="2">IT5</td><td colspan="2">IT6</td><td>IT7</td></tr>
<tr><td colspan="2">顶圆直径</td><td>IT7</td><td colspan="4">IT8</td></tr>
<tr><td colspan="7">注：当齿轮三个公差组的精度等级不同时，按最高等级确定公差值</td></tr>
</table>

当顶圆不作为测量齿厚基准时，尺寸公差按 TT11 给定，但应小于 0.1 mm。

表 3-5-1-2　齿坯基准面径向和端面圆跳动公差　μm

分度圆直径/mm	精度等级				
	1 和 2	3 和 4	5 和 6	7 和 8	9 和 12
0～125	2.8	7	11	18	28
125～400	3.6	9	14	22	36
400～800	5.0	12	20	32	50

表 3-5-1-3　齿坯基准面的表面粗糙度值 *Ra*　μm

精度等级	3	4	5	6	7	8	9	10
孔	≤0.2	≤0.2	0.2～0.4	≤0.8	0.8～1.6	≤1.6	≤3.2	≤3.2
颈端	≤0.1	0.1～0.2	≤0.2	≤0.4	≤0.8	≤1.6	≤1.6	≤1.6
端面、顶圆	0.1～0.2	0.2～0.4	0.4～0.6	0.3～0.6	0.8～1.6	1.6～3.2	≤3.2	≤3.2

2. 齿轮类零件的主要加工表面

1）齿形加工

齿轮加工的关键是齿形加工。按照加工原理，齿形加工可以分为成形法和展成法，齿形加工的常用方法和适用范围见表 3-5-1-4。

表 3-5-1-4　齿形加工的常用方法及适用范围

齿形加工方法		刀具	机床	加工精度及适用范围
成形法	铣齿	模数铣刀	铣床	加工精度及生产率都较低，一般精度为 9 级以下
	拉齿	齿轮拉刀	拉床	加工精度及生产率都较高，但拉刀多为专用，制造困难，价格高，故只在大量生产时用，宜于拉内齿轮
展成法	滚齿	齿轮滚刀	滚齿机	加工精度一般可达 6～10 级，生产率高，通用性大，常用于加工直齿、斜齿的外啮合圆柱齿轮和蜗轮
	插齿	插齿刀	插齿机	加工精度一般可达 7～9 级，生产率较高，通用性大，适于加工内外啮合齿轮（包括阶梯齿轮）、扇形齿轮、齿条等
	剃齿	剃齿刀	剃齿机	加工精度一般可达 5～7 级，生产率高，主要用于齿轮滚插齿预加工后、淬火前的精加工
	冷挤齿轮	挤轮	挤齿轮	加工精度一般可达 6～8 级，生产率比剃齿高，成本低，多用于齿形淬硬前的精加工，以代替剃齿，属于无切屑加工
	珩齿	珩磨轮	珩齿机或剃齿机	能加工 6～7 级精度齿轮，多用于经过剃齿和高频淬火后，齿形的精加工
	磨齿	砂轮	磨齿机	加工精度一般可达 3～7 级，加工精度高，但生产率较低，加工成本高，多用于齿形淬硬后的精密加工

2）齿坯加工

齿形加工之前的齿轮加工称为齿坯加工。齿坯的孔（或轴径）、端面或外圆经常是齿轮加工、测量和装配的基准，齿坯的精度对齿轮的加工精度有着重要的影响。因此，齿坯加工在整个齿轮加工中占有重要的位置。

齿坯加工方案的选择主要与齿轮的轮体结构、技术要求和生产批量等因素有关。对轴、盘套类齿轮的齿坯，其加工工艺和一般轴类、套类零件的加工工艺基本相类同。下面主要对盘齿轮的齿坯加工方案进行介绍。

① 大批量生产的齿坯加工。大批量的齿坯加工，通常在由高生产率机床（如拉床、单轴或多轴自动、半自动车床等）组成的流水线或自动线上进行。通常的加工方案为：钻孔（扩孔）→拉孔→多刀粗车外圆、端面→半精车端面→推孔→精车端面、外圆。生产中习惯将其称为“钻→拉→多刀车”工艺过程。

这种加工方案的特点是生产效率高，即先加工出基准孔，然后以孔定位在高效机床上加工出所有外圆、端面、凹槽及倒角。在采用多刀、多轴半自动机床上加工齿轮齿坯外形时，齿坯基准端面的端跳动比较大，因此，对于较高精度齿轮的齿坯，通常还要采用心轴在普通车床或外圆磨床上对齿坯的基准端面进行精加工，且在精加工之前要精修基准孔。

② 中、小批量生产的齿坯加工。中、小批量生产中，齿坯加工方案除了受齿坯结构和尺寸大小的影响外，受现场设备条件及生产厂的工艺习惯影响较大。总的特点是采用通用设备，即卧式车床或转塔车床粗车、精车、钻孔，在拉床上拉孔。常采用的加工方案为：粗车端面（有时也粗车外圆）→钻孔→拉孔→半精车端面、外圆→推孔→精车端面、外圆。生产中习惯称为“车→拉→车”工艺过程。

这种加工方案的特点是加工质量稳定，生产率较高。值得加以说明的是：在小批生产或缺乏生产条件的情况下，孔精加工也可根据孔径大小而采用铰孔或镗孔。

3）齿端加工

齿端的加工方式有倒圆、倒尖、倒棱和去毛刺，如图 3-5-1-3 所示。经倒圆、倒尖、倒棱后的齿轮，沿轴向移动时容易进入啮合。齿端倒圆应用最多，图 3-5-1-4 所示为指状铣刀倒圆的原理。需要注意的是，齿端加工必须安排在齿形淬火前、滚（插）齿之后进行。

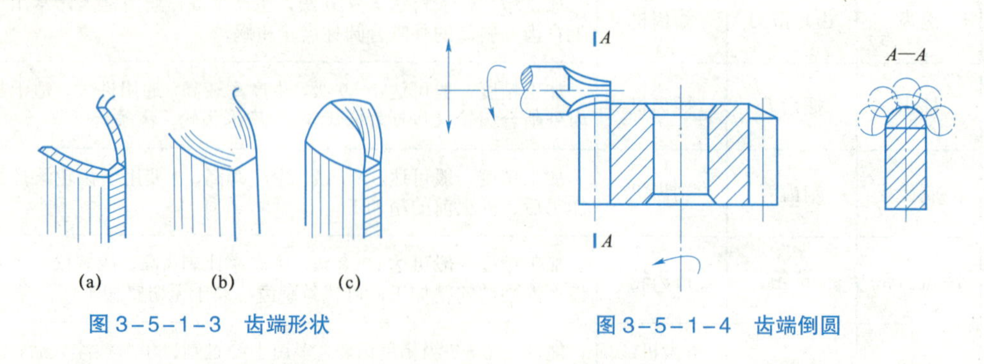

图 3-5-1-3　齿端形状

图 3-5-1-4　齿端倒圆

3. 齿轮类零件的材料、毛坯及热处理

1）齿轮类零件的材料

齿轮是传递运动和动力的零件，为了使其传动准确、可靠和工作长期稳定，还要求齿轮

具有足够的强度，这除了与齿轮的结构尺寸有关外，还与齿轮的材料有着极为重要的关系。由于齿轮传动时所受的载荷是反复变化的，其工作过程中两齿面不断啮合接触，有时还存在着较大的滑动摩擦，这就要求齿轮材料具有足够的硬度，以保持较好的耐磨性。有些受冲击载荷的齿轮还要求其具有一定的韧性。对精密齿轮传动的齿轮，则要求其具有高的尺寸稳定性。当然，齿轮材料的选择还要考虑其经济性和加工工艺性等。

齿轮材料的种类很多，这些材料可以通过适当的热处理来改善力学性能，提高齿轮的承载能力和耐磨性，以满足齿轮的不同要求。实际生产中常用的材料有以下几种：

① 中碳结构钢（如 45 钢）。可进行调质处理或表面淬火。这种钢经热处理后，综合力学性能较好，主要适用于低速、轻载或中载的一般用途的齿轮。

② 中碳合金结构钢（如 40Cr）。可进行调质处理或表面淬火。这种钢经热处理后综合力学性能较 45 钢好，且热处理变形小，适用于速度较高、载荷大及精度较高的齿轮。某些高速齿轮，为提高齿面的耐磨性，减少热处理后变形，不再进行磨齿，可选用氮化钢（如 38CrMoAlA）进行氮化处理。

③ 渗碳钢（如 20Cr 和 20CrMnTi 等）。可进行渗碳或碳氮共渗。这种钢经渗碳淬火后，齿面硬度可达 58～63HRC，而心部又有较高的韧性，既耐磨又能承受冲击载荷，适用于高速、中载或有冲击载荷的齿轮。

④ 铸铁及其他非金属材料（如夹布胶木与尼龙等）。这些材料强度低，容易加工，适用于一些较轻载荷下的齿轮传动。

2）齿轮类零件的毛坯

齿轮毛坯的选择决定于齿轮的材料、结构形状、尺寸大小、使用条件以及生产批量等多种因素。对于钢质齿轮，除了尺寸较小且不太重要的齿轮直接采用轧制棒料外，一般均采用锻造毛坯。生产批量较小或尺寸较大的齿轮采用自由锻造；生产批量较大的中小齿轮采用模锻。对于直径很大且结构比较复杂、不便锻造的齿轮，可采用铸钢毛坯。铸钢齿轮的晶粒较粗，力学性能较差，且加工性能不好，故加工前应先经过正火处理，消除内应力和硬度的不均匀性，以改善切削加工性能。

3）齿轮类零件的热处理

齿轮加工中根据不同的目的，安排两种热处理工序：

（1）毛坯热处理。在齿坯粗加工前后安排预备热处理，其主要目的是消除锻造及粗加工引起的残余应力、改善材料的可切削性能和提高综合力学性能。

齿坯热处理常采用正火或调质处理。经过正火的齿轮，淬火后虽然其变形比调质齿轮淬火后变形大，但其加工性能较好，拉孔和切齿工序中刀具磨损较慢，加工表面粗糙度值较小，因而生产中应用最多。齿轮正火一般都安排在粗加工之前，而调质处理则多安排在齿坯粗加工之后。

（2）齿面热处理。齿形加工后，为提高齿面的硬度和耐磨性，常进行渗碳淬火、高频感应加热淬火、碳氮共渗和渗氮等热处理工序。当经过渗碳淬火的齿轮变形较大、精度要求较高时，需要进行磨齿加工。高频淬火齿轮变形较小，但其基准孔或基准轴径受热影响而丧失了原有的精度，淬火后应予以修正。

四、任务实施

1. 双联齿轮零件的结构特点

该双联齿轮零件包括三段不同直径的回转体，总体外形尺寸为ϕ84 mm×65 mm，由齿形面、外圆柱面、内孔、端面、键槽、倒角、圆弧等结构组成。两处齿轮的齿数分别为34 mm、40 mm，模数为2 mm，压力角为20°，齿轮精度等级为877GH，齿的厚度为12 mm。

尺寸精度方面，除了齿轮精度等级为877GH外，两个齿轮的齿顶圆（齿坯）直径分别为$\phi 72_{-0.2}^{\ 0}$ mm 和$\phi 84_{-0.2}^{\ 0}$ mm（IT11），内孔的直径为$\phi 18_{\ 0}^{+0.018}$ mm（IT7），平键的深度尺寸为$\phi 20_{\ 0}^{+0.1}$ mm（IT10）、宽度尺寸为5 mm±0.03 mm（IT9）。表面粗糙度方面，两个齿轮的齿形处为*Ra*1.6 μm，内孔和两个端面处为*Ra*3.2 μm，其余需要加工处的表面粗糙度为*Ra*6.3 μm。形位公差方面，两个端面对内孔轴线的跳动度为0.02 mm。

2. 明确双联齿轮的关键加工表面和加工方法

显然，两个齿轮的齿形、内孔ϕ18 mm和平键、两个端面、两个齿顶圆柱面等处具有较高的尺寸精度（IT7）及相对位置精度（跳动度 0.02 mm）要求，表面粗糙度要求也较高（*Ra*1.6 μm），故是该双联齿轮零件的重要加工表面。而ϕ35 mm外圆、倒角、圆角等处为一般加工表面。

查阅相关资料并综合考虑现有生产条件后，确定这些加工面按以下的方法加工。齿形：滚齿→齿面淬火→磨齿：端面：粗车→精车→磨削：内孔：钻孔→扩孔→粗铰→精铰；平键：插削

3. 选择双联齿轮的材料及毛坯

齿轮应按照使用的工作条件选用合适的材料，一般齿轮选用中碳钢和低、中碳合金钢，要求较高的重要齿轮可选用氮化钢，非传力齿轮也可以用铸铁、夹布胶木或尼龙等材料。而齿轮毛坯的选择决定于齿轮的材料、结构形状、尺寸大小、使用条件以及生产批量等多种因素。该双联齿轮，齿面需要经高频淬火处理，显示其强度要求较高且耐磨，故选取锻件为毛坯，材料为45钢。

加工该双联齿轮时，需要综合采用车、钻、铰、磨、滚、插、热处理等多种加工方法。参考前面已查取的相关参数，经综合考虑后，决定取锻件毛坯的尺寸为ϕ90 mm×75 mm。

五、任务评价

按表3－5－1－5对任务进行评价。

表 3-5-1-5 任务评价

序号	评价内容	评价标准	评价结果（是/否）
1	知识与技能	能解释零件技术要求的含义	□是 □否
		能分析零件的尺寸精度与形位公差	□是 □否
		能分析零件的表面粗糙度要求	□是 □否
		能确定零件的主要加工表面	□是 □否
		能确定零件主要加工表面的加工方法	□是 □否
		能确定零件的材料及毛坯	□是 □否
2	职业素养	具有严谨求实的学习态度	□是 □否
		具有精益求精的工匠精神	□是 □否
		具有互帮互助的团队意识	□是 □否
3	总评	“是”与“否”在本次评价中所占百分比	“是”占_____% “否”占_____%

六、任务巩固

图 3-5-1-5 所示为某企业需要批量生产的圆柱齿轮零件。为了能准确地制定该零件的加工工艺方案，现在需要在详细分析该零件图技术要求的基础上，分析该零件的加工工艺特点。

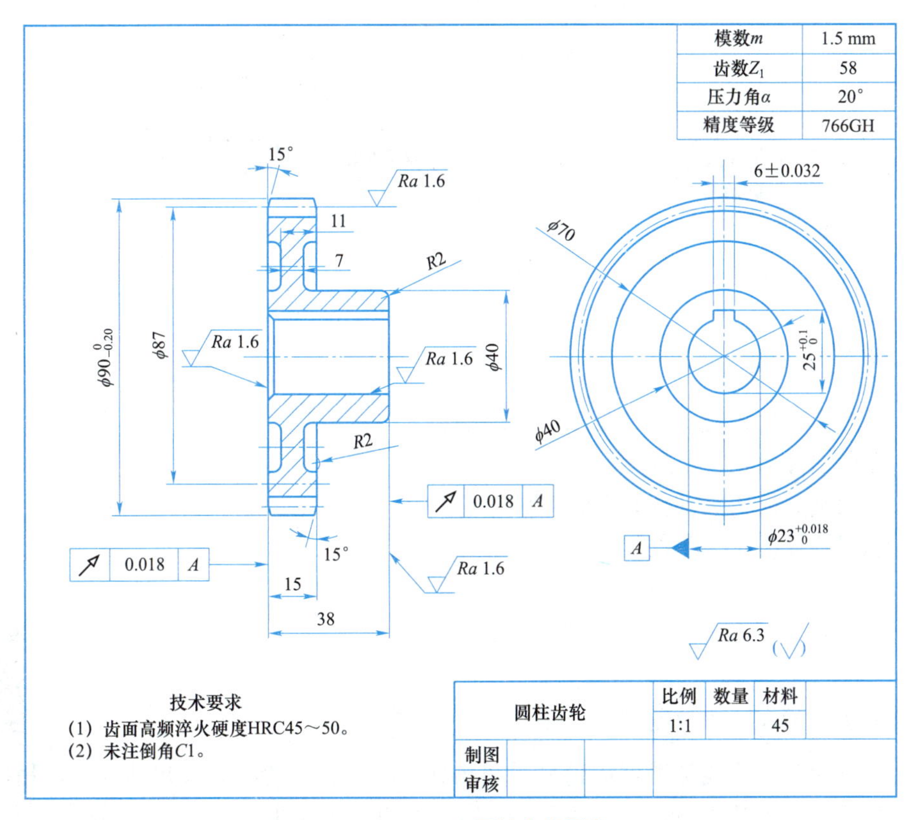

图 3-5-1-5 圆柱齿轮零件

工作任务 3.5.2 编制双联齿轮零件的加工工艺

一、任务描述

图 3-5-2-1 所示为某企业需要大量生产的双联齿轮零件。为了生产出符合要求的产品，现在需要在详细分析该零件图技术要求的基础上，编制该零件的加工工艺。

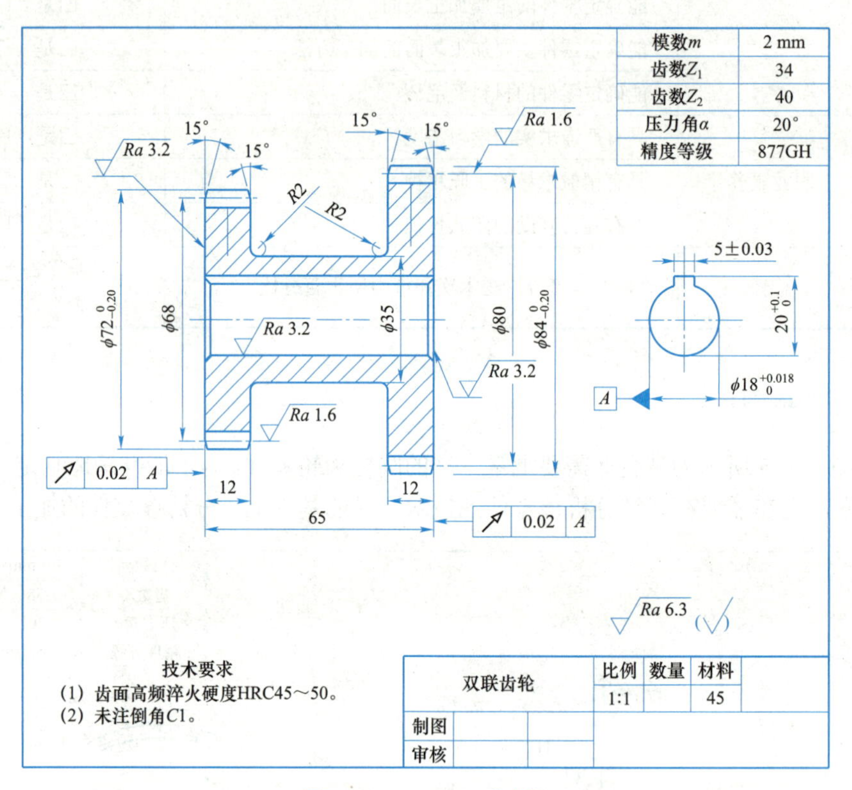

图 3-5-2-1 双联齿轮

二、学习目标

（1）掌握拟定齿轮类零件加工工艺路线的方法。

（2）掌握选择齿轮类零件定位形式的方法。

（3）掌握确定齿轮类零件装夹方案的方法。

（4）掌握选择齿轮类零件加工机床与工艺装备的方法。

（5）掌握编制齿轮类零件加工工艺的方法。

三、知识梳理

1. 齿轮类零件的加工工艺路线

齿轮加工的工艺路线是根据齿轮材质和热处理要求、齿轮结构及尺寸大小、精度要求、生产批量和车间设备条件而定。一般可归纳为以下的工艺路线：毛坯制造→齿坯热处理→齿坯加工→齿形加工→齿圈热处理→齿轮定位表面精加工→齿圈精加工。

2. 齿轮类零件的定位

1）定位基准的选择

齿轮加工时的定位基准应尽可能与设计基准相一致，以避免由于基准不重合而产生的误差，即要符合“基准重合”原则。在齿轮加工的整个过程中（如滚、剃、珩、磨等）也应尽量采用相同的定位基准，即选用“基准统一”的原则。

对于小直径轴齿轮，可采用两端中心孔或锥体作为定位基准，符合“基准统一”原则；对于大直径的轴齿轮，通常用轴颈和一个较大的端面组合定位，符合“基准重合”原则；带孔齿轮则以孔和一个端面组合定位，既符合“基准重合”原则，又符合“基准统一”原则。

2）精基准的修整

齿轮淬火后其孔常发生变形，孔直径可缩小 0.01～0.05 mm。为确保齿形精加工质量，必须对基准孔予以修整，修整的方法一般采用磨孔或推孔。对于成批或大批大量生产的未淬硬的外径定心的花键孔及圆柱孔齿轮，常采用推孔。推孔生产率高，并可用加长推刀前导引部分来保证推孔的精度。对于以小径定心的花键孔或已淬硬的齿轮，以磨孔为好，可稳定地保证精度。磨孔应以齿面定位，符合互为基准原则。

3. 齿轮类零件的装夹

带轴齿轮主要采用顶尖孔定位。对于空心轴，则在中心内孔钻出后，用两端孔口的斜面定位；孔径大时则采用锥堵。顶尖定位的精度高，且能做到基准重合和统一。

带孔齿轮在齿面加工时常采用以下两种装夹方式。

1）以内孔和端面定位装夹

这种装夹方式是以工件内孔定位，确定定位位置，再以端面作为轴向定位基准，并对着端面夹紧。这样可使定位基准、设计基准、装配基准和测量基准重合，定位精度高，适合于批量生产。但对于夹具的制造精度要求较高。

2）以外圆和端面定位装夹

当工件和定位心轴的配合间隙较大时，采用千分表校正外圆以确定中心的位置，并以端面进行轴向定位，从另一端面夹紧。这种装夹方式因每个工件都要校正，故生产率低；同时对齿坯的内、外圆同轴要求高，而对夹具精度要求不高，故适用于单件、小批生产。

4. 齿轮类零件的加工机床与工艺装备

1）齿轮类零件的加工机床

（1）滚齿机。

滚齿机是齿轮加工机床中应用最广泛的一种机床，在滚齿机上可切削直齿、斜齿圆柱齿轮，还可加工蜗轮、链轮等，其是用滚刀按展成法加工直齿、斜齿和人字齿圆柱齿轮以及蜗轮的齿轮加工机床。这种机床使用特制的滚刀时也能加工花键和链轮等各种特殊齿形的工件。普通滚齿机的加工精度为 IT6～7 级，高精度滚齿机为 IT3～4 级。滚齿机的最大加工直径达 15 m，按布局分为立式和卧式两类。

（2）插齿机。

以插齿刀作为刀具来加工齿轮、齿条等的齿形，这种加工方法称为“插齿”。插齿时，插齿刀做上下往复的切削运动，同时与工件做相对的滚动。

插齿机主要用于加工多联齿轮和内齿轮，加附件后还可加工齿条。在插齿机上使用专门刀具还能加工非圆齿轮、不完全齿轮和内外成形表面，如方孔、六角孔、带键轴（键与轴联成一体）等，其加工精度可达 IT5～7 级，最大加工工件直径达 12 m。插齿机也分立式和卧式两种，前者使用最普遍。

2）齿轮类零件的检验

齿轮检验按其目的可分为验收检验和工艺检验。验收检验时可选用与齿轮使用条件相近的齿轮单面啮合综合检验，或选用相关表格中推荐的公差，根据需要组合进行检验，以便按齿轮精度要求全面地评定齿轮的加工质量，确定其是否合格。工艺检验时可采用齿形误差、基节偏差、公法线长度变动和齿圈径向跳动等单项检验项目，以分析该工序的加工误差，评定机床－刀具－工件系统的精度。齿轮侧隙用齿厚偏差与公法线平均长度偏差等指标来评定。具体可查阅相关资料。

四、任务实施

1. 拟定双联齿轮零件的工艺路线

由前面分析可知，该双联齿轮的齿形、内孔 ϕ18 mm 和平键、两个端面、两个齿顶圆柱面等处具有较高的尺寸精度（IT7）及相对位置精度（跳动度 0.02 mm）要求，表面粗糙度要求也较高（Ra1.6 μm），故是该双联齿轮零件的重要加工表面。而 ϕ35 mm 外圆、倒角、圆角等处为一般加工表面。

查阅相关资料并综合考虑现有生产条件后，确定该零件的工艺路线如下：锻造→正火→车削→钻削→铰削→磨削→滚齿→去毛刺→齿面淬火→磨削→插键槽→检验。

2. 划分加工阶段

一般来说，对精度要求较高的零件，其粗、精加工应分开，以保证零件的质量。因此将该双联齿轮的加工划分为三个阶段，即粗加工（粗车外圆、端面等）、半精加工（半精车各外圆、端面、半精铰内孔等）和精加工（磨削齿面、铰内孔等）。插键槽等次要表面的加工安排在扩孔之后进行，此外，还要适当安排热处理工序和检验工序。

3. 选取定位形式和装夹方案

粗加工时，选用锻件毛坯外圆为粗基准，采用三爪卡盘进行装夹。精加工时，则采用以下两种定位装夹方式：

（1）由内孔和端面定位，通过三爪卡盘、心轴等进行装夹。

（2）外圆和端面定位，通过三爪卡盘、心轴等进行装夹。

4. 选取加工机床与工艺装备

依据加工需要，选取如表 3－5－2－1 所示的双联齿轮加工机床与工艺装备。

表 3-5-2-1　双联齿轮加工机床与工艺装备

类型	名称	备注
加工机床	CA6140A 车床、M1432A 磨床、Y3180 滚齿机、B5020 插床、钳工台、热处理设备等	
夹具	三爪卡盘、心轴等	
刀具	车刀、铰刀、插刀、砂轮等	
量具	游标卡尺、百分表、千分尺、塞规	

5. 确定各工序加工余量及工序尺寸

当加工该双联齿轮时，需要综合采用车、钻、铰、磨、滚、插、热处理等多种加工方法。参考前面已查取的有关参数，经综合考虑后，决定取锻件毛坯的尺寸为ϕ90 mm×75 mm。具体的加工余量及工序尺寸请参见机械加工工艺过程卡。

6. 填写双联齿轮零件加工工艺文件

依据上述分析，填写如表 3-5-2-2 所示的双联齿轮零件机械加工工艺过程卡。

表 3-5-2-2　双联齿轮零件机械加工工艺过程卡

厂名	机械加工工艺过程卡	材料种类	锻件		产品名称			零件名称	双联齿轮
		材料规格	HT150	毛重	公斤	产品编号	SLC02	零件编号	03
		下料尺寸	ϕ75 mm×90 mm		每一毛坯可制件数	1		每台数量	1

工序	工序名称	工序内容	设备	工具			单件工时	准备工时
				夹具	刀具	量具		
1	锻	锻造，毛坯ϕ75 mm×90 mm						
2	热	正火						
3	车	夹左端外圆面，找正后，粗车右侧各外圆柱面和端面，均留余量 1.5 mm	C6140A	三爪卡盘	车刀	游标卡尺、百分表		
4	车	掉头，夹已加工的右侧外圆面，找正后，粗车、半精车左侧各外圆柱面和端面，保证总长 66.5 mm，保证外圆柱尺寸ϕ72 mm 和ϕ35 mm，兼顾左侧齿厚尺寸 12.3 mm。倒角	C6140A	三爪卡盘	车刀	游标卡尺、百分表		
5	车	掉头，夹已加工的左侧外圆面，半精车右侧各外圆柱面和端面，保证总长 65.6 mm，保证外圆柱尺寸ϕ84 mm，兼顾右侧齿厚尺寸 12.3 mm，倒角	C6140A	三爪卡盘	车刀	游标卡尺、百分表		
6	钻	钻、扩ϕ18 mm 孔，留铰削余量 0.2 mm	C6140A	三爪卡盘	钻头、扩孔钻等	内径千分尺		
7	插	插键槽至图纸要求	B5020	三爪卡盘或平口钳	插刀			

续表

厂名	机械加工工艺过程卡	材料种类	锻件		产品名称			零件名称	双联齿轮
		材料规格	HT150	毛重	公斤	产品编号	SLC02	零件编号	03
		下料尺寸	ϕ75 mm×90 mm		每一毛坯可制件数	1		每台数量	1

工序	工序名称	工序内容	设备	工具			单件工时	准备工时
				夹具	刀具	量具		
8	铰	粗铰、精铰ϕ18 mm内孔至尺寸，倒角	C6140A	三爪卡盘	铰刀	塞规		
9	磨	夹左端面，磨右端面至总长65.3 mm	M1432A	三爪卡盘	砂轮	游标卡尺		
10	磨	夹右端面，磨左端面至总长65 mm	M1432A	三爪卡盘	砂轮	游标卡尺		
11	滚齿	以左端面和内孔定位滚右侧齿形，留磨齿余量0.3 mm	Y3180	心轴	砂轮	专用检具		
12	滚齿	以右端面和内孔定位滚左侧齿形，留磨齿余量0.3 mm	Y3180	心轴	砂轮	专用检具		
13	钳	去毛刺	钳工台	平口钳	锉刀等			
14	热处理	齿面高频淬火HRC45～50						
15	磨	磨双侧齿轮齿形至图纸要求	M1432A	心轴	砂轮	专用检具		
16	检验	按图样技术要求检验						

编制	日期	缮写	日期	校对	日期	审核	日期	共2页
								第2页

五、任务评价

按表3-5-2-3对任务进行评价。

表3-5-2-3 任务评价

序号	评价内容	评价标准	评价结果（是/否）
1	知识与技能	能拟定零件加工工艺路线	□是 □否
		能选择零件定位形式	□是 □否
		能确定零件装夹方案	□是 □否
		能选择零件加工机床与工艺装备	□是 □否
		能编制零件加工工艺	□是 □否

续表

序号	评价内容	评价标准	评价结果（是/否）
2	职业素养	具有严谨求实的学习态度	□是　□否
		具有精益求精的工匠精神	□是　□否
		具有互帮互助的团队意识	□是　□否
3	总评	“是”与“否”在本次评价中所占百分比	“是”占____% “否”占____%

六、任务巩固

图 3-5-2-2 所示为某企业需要大量生产的圆柱齿轮零件。为了生产出符合要求的产品，现在需要在详细分析该零件图技术要求的基础上，编制该零件的加工工艺。

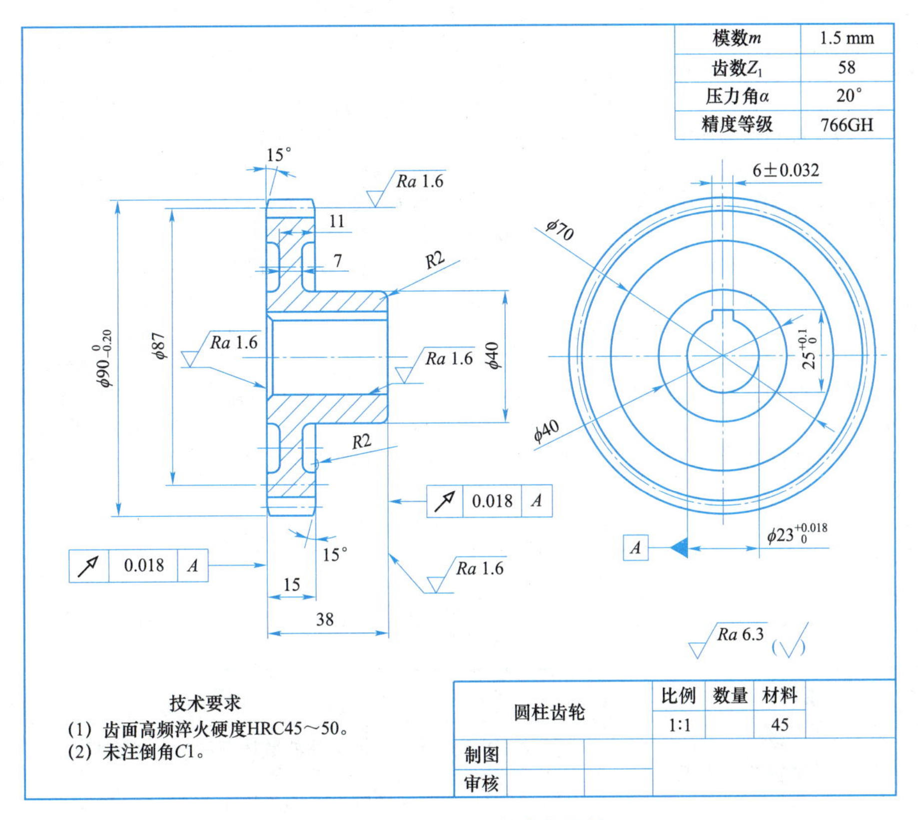

图 3-5-2-2　圆柱齿轮零件

工作领域 4　零件数控加工工艺的编制

一、工作目标

知识目标	能力目标	素质目标
（1）熟悉数控加工的主要内容及数控机床的工作过程。 （2）熟悉数控加工工艺的特点。 （3）掌握数控车床和铣床的结构、分类与应用特点。 （4）掌握数控车削和铣削加工工艺的特点及主要内容。 （5）掌握数控加工程序的编制方法。 （6）掌握数控加工工艺的分析与设计方法。 （7）掌握拟定数控车削和铣削加工工艺过程的方法。 （8）掌握数控车削和铣削时工件定位形式的确定方法。 （9）掌握数控车削和铣削时工件装夹方案的确定方法。 （10）掌握数控车削和铣削加工时工艺装备的选择方法。 （11）掌握数控加工工艺文件的编制方法	（1）能够解释数控加工的主要内容及数控机床的工作过程。 （2）能够解释数控加工工艺的特点。 （3）能够解释数控车床和铣床的结构、分类与应用特点。 （4）能够解释数控车削和铣削加工工艺的特点及主要内容。 （5）能够编制数控加工程序。 （6）能够分析与设计数控加工工艺。 （7）能够拟定数控车削和铣削加工工艺过程。 （8）能够确定数控车削和铣削时工件的定位形式。 （9）能够确定数控车削和铣削时工件的装夹方案。 （10）能够选择数控车削和铣削加工时的工艺装备。 （11）能够编制数控加工工艺文件	（1）具备机械加工工艺员的职业素养。 （2）具有严谨求实的工作态度。 （3）具有团队协同合作能力。 （4）塑造含创新、严谨、精益求精内涵的工匠精神。 （5）具备遵规守纪、乐于奉献、爱岗敬业、奋发图强的职业道德

二、工作内容

工作项目	工作任务
4.1　编制零件的数控车削加工工艺	4.1.1　分析异形轴零件的数控车削加工工艺特点
	4.1.2　编制异形轴零件的数控车削加工工艺
4.2　编制零件的数控铣削加工工艺	4.2.1　分析凸台零件的数控铣削加工工艺特点
	4.2.2　编制凸台零件的数控铣削加工工艺

工作项目 4.1 编制零件的数控车削加工工艺

一、项目概述

熟悉数控加工的主要内容及数控机床的工作过程；掌握数控加工工艺的特点；掌握数控车床的结构、分类与应用特点；掌握数控车削加工工艺的特点及主要内容；掌握数控加工程序的编制方法；熟悉数控加工工艺的设计方法；掌握拟定数控车削加工工艺过程的方法；掌握数控车削加工时工艺装备的选择方法；掌握数控加工工艺文件的编制方法。

二、项目分析

数控车削加工工艺是采用数控车床加工各种回转体零件时所运用的各种方法和技术手段的总和，它是伴随着数控车床的产生、发展而逐步完善起来的应用技术，是人们在大量数控车床加工实践基础上的经验总结。

编制数控车削加工工艺时，需要掌握数控加工工艺的特点，熟悉数控车床的结构、分类与应用特点，掌握数控车削加工工艺的特点及主要内容，掌握数控加工程序的编制方法，掌握拟定数控车削加工工艺过程的方法，掌握数控车削加工时工艺装备的选择方法，掌握数控加工工艺文件的编制方法，即需要熟练地完成以下两项工作任务：

（1）分析数控车削加工工艺特点。

（2）编制数控车削加工工艺。

工作任务 4.1.1　分析异形轴零件的数控车削加工工艺特点

一、任务描述

图 4-1-1-1 所示为某企业需要批量生产的异形轴零件。为了能准确地制定该零件的加工工艺方案，现在需要在详细识读该零件图的基础上，分析该零件的数控车削加工工艺特点。

二、学习目标

（1）熟悉数控加工的主要内容及数控机床的工作过程。

（2）掌握数控加工工艺的特点。

（3）掌握数控车床的结构、分类与应用特点。

（4）掌握数控车削加工工艺的特点及主要内容。

（5）掌握数控加工程序的编制方法。

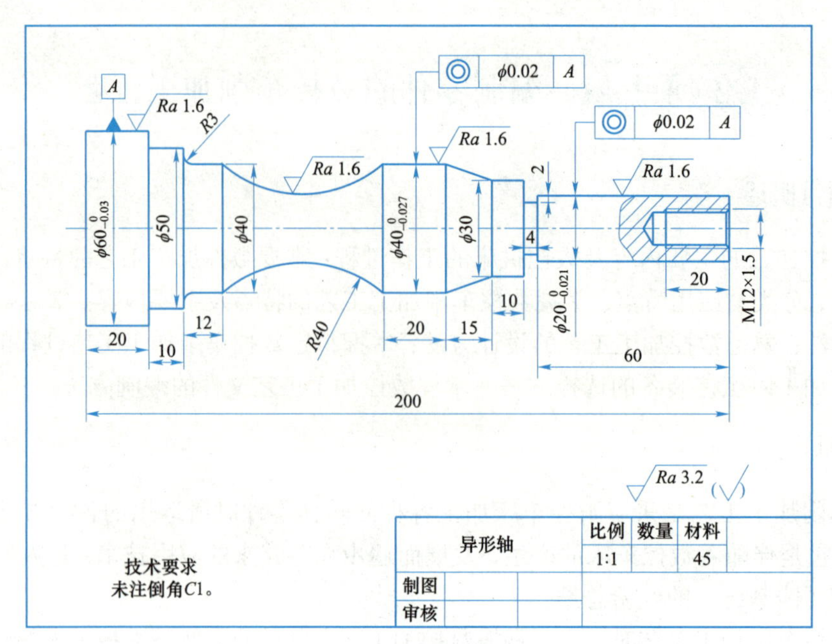

图 4－1－1－1　异形轴

三、知识梳理

1. 数控加工概述

数控加工是指根据零件图样及工艺要求等原始条件，编制零件数控加工程序，并输入数控机床的数控系统，以控制数控机床中刀具与工件的相对运动，从而完成零件的加工。总体来说，数控机床加工与传统机床加工的工艺规程是不一样的，其是用数字信息控制零件和刀具位移的机械加工方法，也是解决零件品种多变、批量小、形状复杂、精度高等问题及实现高效化和自动化加工的有效途径。

1）数控加工的主要内容

一般来说，数控加工主要包括以下几个方面的内容：

（1）通过数控加工的适应性分析选择并确定进行数控加工零件的内容。

（2）结合加工表面的特点和数控设备的功能对零件进行数控加工工艺分析。

（3）进行数控加工工艺设计。

（4）根据编程的需要，对零件图形进行数学处理和计算。

（5）编写加工程序单。

（6）将加工程序单存储于 U 盘、CF 卡、SD 卡等移动存储介质中。

（7）检验与修改加工程序。

（8）首件试加工以进一步修改加工程序，并对现场问题进行处理。

（9）编制数控加工工艺技术文件，如数控加工工序卡、程序说明卡、走刀路线图等。

2）数控机床的工作原理

数控机床的工作原理如图 4-1-1-2 所示，它主要由程序输入装置、数控系统、伺服系统、位置检测反馈装置和机床运动部件等组成。

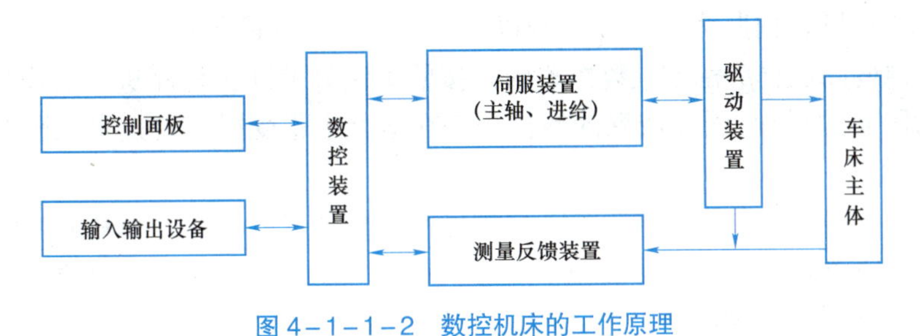

图 4-1-1-2 数控机床的工作原理

2. 数控车床的结构与应用特点

将对机床的各种控制、操作要求、动作尺寸等，都用数字和文字编码的形式表示出来，再通过信息载体（如穿孔纸带、磁盘等）送给专用电子计算机或数控装置，经过计算机的运算处理，发出各种指令，控制机床按照人们预先要求的操作顺序依次动作，自动地进行加工的车床就是数控车床。

1）数控车床的工作过程

在数控车床上加工零件时，要先根据零件图样的要求，确定零件加工的工艺过程、工艺参数和使用刀具的参数，按规定编程格式要求编写成数控加工程序，将编制好的数控程序输入到数控装置中，再经过分析和数据处理后输出控制信号，信号通过伺服系统转换放大，驱动车床上的运动部件运动，从而控制数控车床进行零件的自动加工。

数控车床的工作过程如图 4-1-1-3 所示，大致分为以下几个步骤：

（1）数值计算、工艺处理和程序设计。根据零件图要求的加工技术内容，进行数值计算、工艺处理和程序设计。

（2）编制数控程序并传输。将数控程序按数控车床规定的程序格式编制出来，并以代码的形式完整记录在存储介质上，通过输入（手工、计算机传输等）方式，将加工程序的内容输送到数控装置。

（3）转换数控程序（NC 代码）。数控装置将数控系统接收来的数控程序（NC 代码）“翻译”为机器码，再转换为控制 X、Z 等方向运动的电脉冲信号，以及其他辅助处理信号，以脉冲信号的形式向数控装置的输出端口发出，要求伺服系统进行执行。

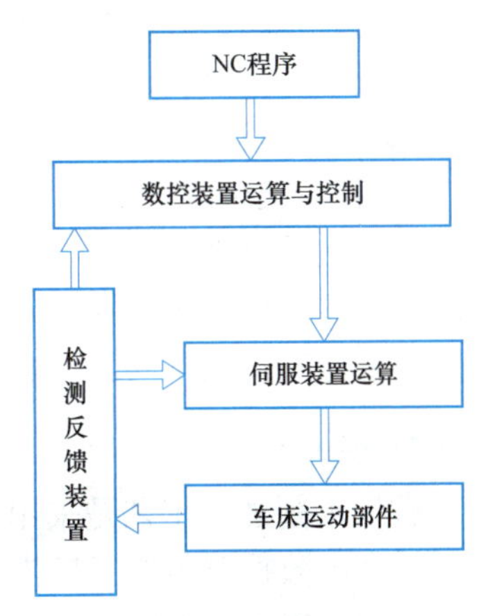

图 4-1-1-3 数控车床的工作过程

（4）驱动机床的运动机构。伺服系统处理控制 X、Z 等运动方向的电脉冲信号并驱动机床的运动机构（主轴电动机、进给电动机等）动作，使车床自动完成相应零件的加工。

2）数控车床的应用特点

与卧式车床加工相比，数控车床加工具有以下特点：

（1）自动化程度高。在数控车床上加工零件时，除了手工装卸零件外，全部加工过程都可由数控车床自动完成，大大地减轻了操作者的劳动强度，改善了劳动条件。

（2）能够加工复杂形状的零件。数控车床能够加工卧式车床难以加工的复杂型面零件，例如外形轮廓为椭圆、内腔为成形面，难以用手工控制尺寸的零件。

（3）加工精度高，质量稳定。数控车床是按照编制好的加工程序进行工作的，加工过程不会受到人为因素的影响。因此成熟的数控程序在运行中不受操作者技术水平或者情绪的影响，加工精度稳定。

（4）生产效率高。因为数控车床自动化程度高，故具有自动换刀和其他辅助操作自动化等功能，而且工序较为集中。同时在加工中可采用较大的切削用量，有效地减少了加工中的切削时间，大大地提高了劳动生产率，缩短了生产周期。

（5）操作复杂，维修困难。数控车床价格高，加工成本高，技术复杂，对加工编程要求高，加工中难以调整，维修困难等。

3）数控车床的结构与分类

依据不同的分类方式，数控车床可分为不同的类型。

（1）根据工件的安装方式分。

根据工件安装方式的不同，数控车床分为卧式数控车床、立式数控车床和立卧两用数控车床。立式数控车床卡盘轴线垂直于水平面，以加工盘类零件为主，卧式数控车床卡盘轴线与水平面平行，主要加工较长轴类的零件，用途较为广泛。

（2）根据系统伺服方式分。

根据系统伺服方式的不同，数控车床可分为开环、闭环和半闭环数控车床等。

（3）按数控车床结构上的特点分。

① 按主轴速度控制方式分为变频主轴、分级控制主轴和伺服主轴的数控车床等。

② 按卡盘夹紧形式分为手动卡盘、电动卡盘、液压卡盘等形式的数控车床。

③ 按床身结构形式分为平床身、斜床身的数控车床。

④ 按尾座结构分为普通尾座、液压尾座、可编程序尾座等的数控车床。

⑤ 按刀架位置形式分为前置和后置式。

（4）按综合性能分。

按数控车床的综合性能分为经济型、普及型和高档数控车床。不同数控类型的数控车床，因为其性能与结构不同，价格也不同。

3. 数控车削加工工艺

数控车削加工工艺是采用数控车床加工各种回转体零件时所运用的各种方法和技术手段的总和。数控车削加工工艺过程则是利用车刀在数控车床上直接改变零件的形状、尺寸、表面位置、表面状态等，使其成为半成品或成品的过程。

1）数控车削加工工艺主要内容

使用数控车床进行加工时，首要的问题是加工件必须符合数控车床的加工工艺特点，一般应是中、小批量，需重复投产，表面形状较复杂，需要配置夹具或需在线测量的零部件。

为了充分发挥数控车床的高效率，除选择合适的加工件和必须掌握机床特性外，还必须在编程之前正确地确定好加工方案。

在数控车床上加工零件，工序必须集中，在一次装夹中应尽可能完成所有工序，因此，划分工序显得尤为重要。一般情况下采用“先外后内、先粗后精、刀具集中”的原则，为了减少换刀次数，缩短空行程，减少不必要的定位误差，常采用按“刀具集中”的工序办法，即将零件上用同一把刀加工的部位全部加工完成后，再换另一把刀来加工。要选用最合理、最经济、最完善的加工方案，即走刀路线最短，走刀次数和换刀次数要尽可能少，保证加工安全等。数控车床加工路线的确定至关重要，因为它关系到工件的加工精度和表面粗糙度，应尽量避免在连接处重复加工，否则会出现明显的界限痕迹。

（1）数控车削加工工艺的主要内容。

① 选择适合在数控车床上加工的零件，确定工序内容。

② 分析加工零件的图样，明确加工内容及技术要求，确定加工方案，制定数控加工路线，如工序的划分、加工顺序的安排、非数控加工工序的衔接等。设计数控加工工序，如工序的划分、刀具的选择、夹具的定位与安装、切削用量的确定和走刀路线的确定等。

③ 调整数控加工工序的程序，如对刀点、换刀点的选择和刀具的补偿等。

④ 分配数控加工中的公差，保证加工后的零件合格。

⑤ 处理数控机床上的部分工艺指令。

当选择并决定某个零件进行数控车床加工后，并不等于要把该零件的所有加工内容全部完成，而可能只是对其中一部分进行数控加工，所以必须对零件图样进行工艺分析，确定那些最适合、最需要进行数控加工的内容和工序。

（2）合理选用数控车床的原则。

确定典型零件的工艺要求、加工工件的批量，拟定数控车床应具有的功能是做好前期准备、合理选用数控车床的前提条件。

典型零件的工艺要求主要是零件的结构尺寸、加工范围和精度要求，根据精度要求，即工件的尺寸精度、定位精度和表面粗糙度的要求来选择数控车床的控制精度。

选择结构合理、稳定可靠的数控车床进行加工是产品质量保证的基础。数控车床的可靠性是指机床在规定条件下执行其功能时，长时间稳定运行而不出故障的能力。

仔细考虑刀具和附件的配套，机床随机附件、备件及其刀具供应能力对已有的数控车床、车削中心来说是十分重要的，做到功能与精度不闲置、不浪费，必要时，机床可配备全封闭或半封闭的防护装置和自动排屑装置等。

（3）宜选用数控车床加工的内容。

① 首先选择普通机床无法加工的内容。例如，由圆弧曲线构成的回转表面，具有微小尺寸且精度要求高的结构表面，表面间有严格的几何关系要求，即组成回转表面的多段曲线间有相切、相交或成一定夹角等连接关系，加工中要求连续切削才能加工的表面等。

② 重点选择普通机床难加工、质量难保证的内容。例如，表面间有严格位置精度要求，但在普通机床上无法一次安装加工的表面和表面质量要求很高的锥面、曲面和端面等。

③ 在数控机床尚有富余能力的基础上，可以选择普通机床加工效率低、工人手工操作劳动强度大的内容。

（4）不宜选用数控车床加工的内容。

① 需要通过较长时间占机调整的加工内容。例如，偏心回转零件用单动卡盘长时间在机床上调整，但加工内容却比较简单。

② 不能在一次安装中加工完成的其他零件部位，采用数控加工很麻烦，效果不明显，不如用普通车床进行加工。

此外，在选择和决定加工内容时，也要考虑生产批量、现场生产条件、生产周期等情况。当然，随着生产技术条件的不断进步，有些企业的全部零件均采用数控机床生产，就不存在加工内容选择的问题。

2）对零件图进行数控加工工艺分析

数控加工工艺是指数控机床加工零件时所运用各种方法和技术手段的总和。在数控机床上加工零件，首先要根据零件的尺寸和结构特点进行工艺分析，拟定加工方案，选择合适的夹具和刀具，确定每把刀具加工时的切削用量。然后将全部的工艺过程、工艺参数等编制成程序，输入数控系统。整个加工过程是自动进行的，因此编程前的工艺分析与设计是一项十分重要的工作。

对零件图进行数控加工工艺分析着重考虑以下几个方面。

（1）结构工艺性分析。

零件的结构工艺性是指在满足使用要求的前提下，零件加工的可行性和经济性，即所设计的零件结构应便于加工成形，且成本低、效率高。结构工艺性分析要放在零件图样和毛坯图样初步设计与设计定型之间的阶段进行，否则当零件设计定型之后再分析，发现要修改某些设计就会产生大量的改动，那就很困难。通常，结构工艺性分析主要有以下几项内容。

① 分析零件图样中的尺寸标注方法是否适应数控加工的特点。对数控加工来说，最倾向于以同一基准引注尺寸或直接给出坐标尺寸，即坐标标注法。这种标注法既便于编程，也便于尺寸之间的相互协调，给保证设计、定位、检测基准与程编原点设置的一致性方面带来了很大的方便。

② 分析零件图中构成轮廓的几何元素的条件是否充分、正确。由于零件设计人员在设计过程中往往存在考虑不周到的情况，如构成零件轮廓的几何元素的条件不充分或模糊不清甚至多余的情况，造成无法进行数学处理。

③ 分析在数控车床加工时零件结构的合理性。零件的结构在加工时应尽量减少换刀和装夹次数，以利于提高加工效率。

（2）精度与技术要求分析。

对被加工零件的精度及技术要求进行分析是零件工艺性分析的重要内容，只有在分析零件精度和表面粗糙度的基础上，才能对加工方法、装夹方式、进给路线、刀具及切削用量等进行正确、合理的选择。精度及技术要求分析主要有以下几项内容。

① 分析精度及各项技术要求是否齐全、合理。对采用数控加工的表面，其精度要求应尽量一致，以便最后能一刀连续加工。

② 分析本工序的数控车削加工精度能否达到图样要求。若达不到，需采取其他措施（如磨削）弥补的话，则注意给后续工序留有加工余量。

③ 找出图样上有较高位置精度要求的表面，这些表面应在一次装夹下完成加工。

④ 对表面质量要求高的表面，应确定用恒线速度切削。

3）零件图形的数学处理及编程，尺寸设定值的确定

数控加工是一种基于数字的加工，分析数控加工工艺过程不可避免地要进行数字分析和计算。数控工艺员在拿到零件图样后，必须对它做数学处理并最终确定编程尺寸设定值。

（1）编程原点的选择。

加工程序中的程序字大部分是尺寸字，这些尺寸字中的数据是程序的主要内容。同一个零件，同样的加工方法，由于编程原点不同，尺寸字中的数据就不一样，所以编程前首先要选定编程原点，以建立编程坐标系。

（2）编程尺寸设定值的确定。

编程尺寸设定值理论上应为该尺寸误差分散中心，但由于事先无法知道分散中心的确切位置，故可先由平均尺寸代替，最后根据试加工结果进行修正，以消除系统误差的影响。

4. 数控加工编程基础

1）程序编制的基本步骤与方法

程序编制的步骤如图 4-1-1-4 所示，即确定工艺过程、计算运动轨迹的坐标值、编写加工程序单、制备控制介质及程序校验和首件试切。

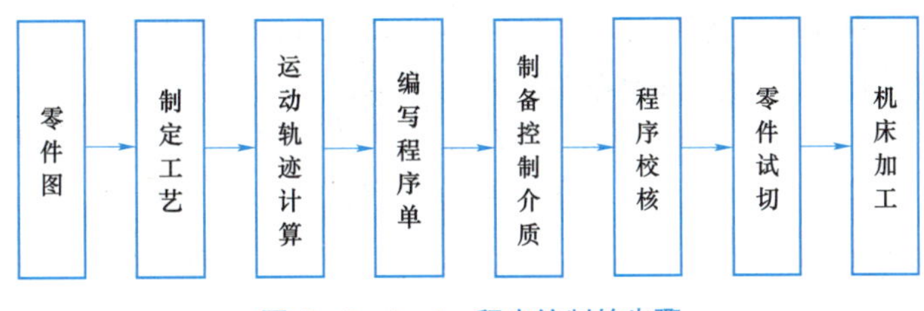

图 4-1-1-4　程序编制的步骤

2）数控加工编程方法

数控加工编程方法主要分为手工编程与自动编程两种。

（1）手工编程。

手工编程是指从零件图纸分析、工艺处理、数值计算、编写程序单、直到程序校核等各步骤的数控编程工作全过程均由人工完成。

（2）自动编程。

自动编程是指在计算机及相应软件系统的支持下，自动生成数控加工程序的过程。数控加工自动编程的步骤可分为五步，即零件几何信息的描述、加工工艺参数的确定、刀具运动轨迹的生成、刀具轨迹的编辑与仿真和数控程序的产生——后置处理。

四、任务实施

1. 零件图工艺性分析

1）异形轴零件的结构特点

该零件由多段旋转体连接而成，外形较规则，总体外形为 200 mm × ϕ60 mm。从左至右，零件主要由六段直径分别为ϕ60 mm、ϕ50 mm、ϕ40 mm、ϕ40 mm、ϕ30 mm、ϕ20 mm 的外圆柱面，R40 mm 的成形面以及锥面等连接而成。零件右侧端面上有一 M12 的内螺纹孔，螺纹深度为 20 mm。零件表面上还分布有 4 mm×2 mm 的越程槽和 *R*3 mm 的过渡圆角等结构。可见，该零件主要由外圆柱面、端面、成形面、锥面、螺纹孔、沟槽和圆角等结构组成。

2）异形轴零件的加工要求

尺寸精度方面，三段ϕ60 mm、ϕ40 mm、ϕ20 mm 外圆柱面具有较高的尺寸精度（IT7级）；形位公差方面，ϕ40 mm 和ϕ20 mm 外圆柱面对ϕ60 mm 外圆柱面有同轴度要求（0.02 mm）；表面粗糙度方面，三段ϕ60 mm、ϕ40 mm、ϕ20 mm 外圆柱面和 *R*40 mm 成形面均为 *Ra*1.6 μm，其余的加工表面均为 *Ra*3.2 μm。

显然，三段ϕ60 mm、ϕ40 mm、ϕ20 mm 外圆柱面及 *R*40 mm 成形面是该零件的重要加工表面，其余的则为一般加工表面。

2. 主要表面加工方法的选择

查阅相关资料并结合现有生产条件，决定对该零件的主要加工表面采取以下的加工方法。

（1）ϕ60 mm、ϕ40 mm、ϕ20 mm 外圆柱面及 *R*40 mm 成形面：粗车→半精车→精车。

（2）M12 螺纹孔：钻孔→铰孔→攻丝。

（3）ϕ50 mm、ϕ40 mm、ϕ30 mm 三段外圆柱面及锥面等：粗车→半精车。

（4）左端面、右端面及台阶面、圆角、越程槽等：粗车→半精车。

3. 零件的材料及毛坯选择

一般来说，轴类零件的毛坯常用圆棒料和锻件，大型轴或结构复杂的轴采用铸件。该异形轴零件的外形较规则，总体尺寸为ϕ60 mm×200 mm，各外圆直径尺寸相差不大，属于中、小型传动轴。

由零件图可知，该零件为 45 钢，且无硬度和热处理要求，故宜直接选取热轧圆钢作毛坯。考虑到后续具体加工的需要，毛坯的下料尺寸取ϕ68 mm×208 mm。

4. 加工阶段的划分

一般来说，对精度要求较高的零件，其粗、精加工应分开，以保证零件的质量。鉴于该异形轴零件加工要求较高，尺寸精度达 IT7 级，有同轴度要求，且表面粗糙度达到 1.6 μm。故将该异形轴的加工划分为三个阶段，即粗车（粗车外圆、成形面、锥面、钻中心孔等）、半精车（半精车各处外圆、端面、台阶面等）和精车（精车外圆）。此外，还要适当安排检验工序。

综上所述，该零件结构较规则，加工精度要求较高，需要车削的表面也较多，且 *R*40 mm 成形面在普通车床上很难加工，故宜直接选用数控车削进行加工，以确保零件的加工质量。同时，采用数控车削加工可充分发挥数控加工的优点，提高生产效率。

此外，在数控车削加工过程中，也可采用以下几点工艺措施来提高加工质量。

（1）对零件图上给定的几个精度要求较高的尺寸，因其公差数值较小，故编程时不必取平均值，而全部取基本尺寸即可。

（2）左右端面是多个尺寸的设计基准，故应优先考虑加工左右端面。加工时，应注意装夹方式，确保掉头装夹后不影响零件的加工质量。

五、任务评价

按表 4－1－1－1 对任务进行评价。

表 4-1-1-1　任务评价

序号	评价内容	评价标准	评价结果（是/否）
1	知识与技能	能解释数控加工的含义	□是　□否
		能解释数控车床的应用特点	□是　□否
		能分析零件的尺寸精度与形位公差	□是　□否
		能分析零件的表面粗糙度要求	□是　□否
		能确定零件的主要加工表面	□是　□否
		能分析零件的数控车削加工工艺特点	□是　□否
		能解释数控加工程序的编制方法	□是　□否
2	职业素养	具有严谨求实的学习态度	□是　□否
		具有精益求精的工匠精神	□是　□否
		具有互帮互助的团队意识	□是　□否
3	总评	“是”与“否”在本次评价中所占百分比	“是”占_____% “否”占_____%

六、任务巩固

图 4-1-1-5 所示为某企业需要批量生产的螺纹轴零件。为了能准确地制定该零件的加工工艺方案，现在需要在详细识读该零件图的基础上，分析该零件的数控车削加工工艺特点。

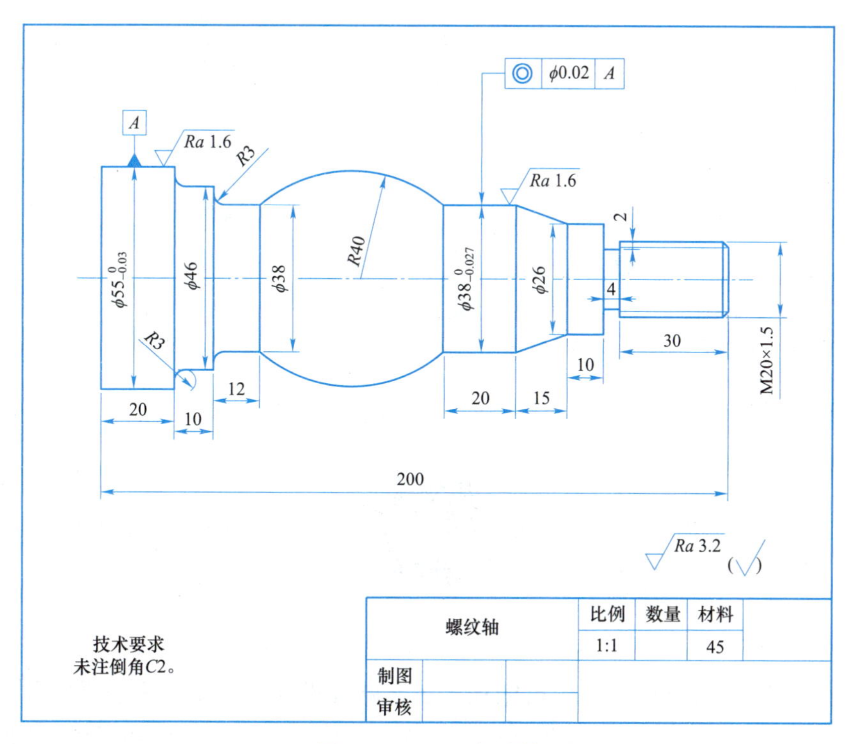

图 4-1-1-5　螺纹轴

工作任务 4.1.2　编制异形轴零件的数控车削加工工艺

一、任务描述

图 4-1-2-1 所示为某企业需要批量生产的异形轴零件。为了生产出符合要求的产品，现在需要在详细分析该零件图技术要求的基础上，编制该零件的数控车削加工工艺。

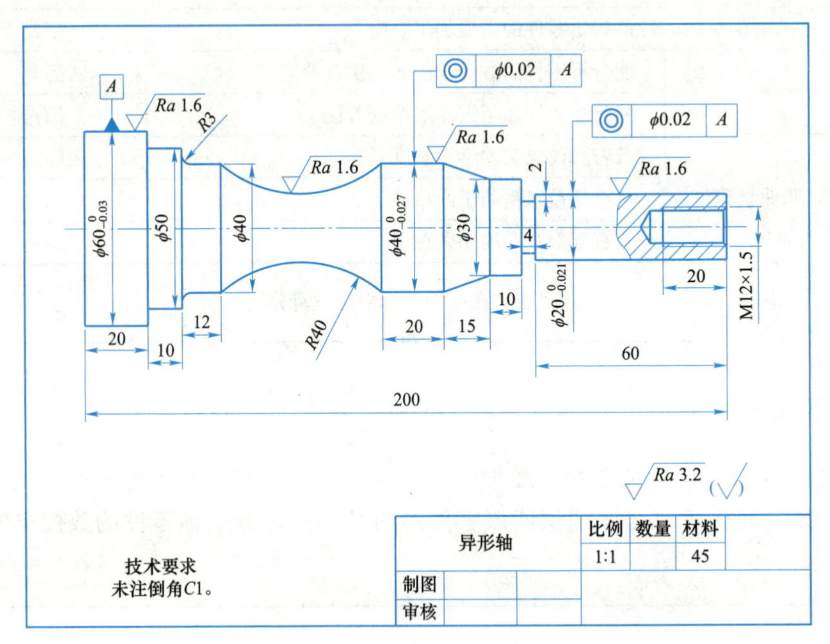

图 4-1-2-1　异形轴零件

二、学习目标

（1）熟悉数控加工工艺的设计方法。

（2）掌握拟定数控车削加工工艺过程的方法。

（3）掌握数控车削加工时工艺装备的选择方法。

（4）掌握数控加工工艺文件的编制方法。

三、知识梳理

1. 数控加工工艺的分析与设计

数控加工工艺路线设计与通用机床加工工艺路线设计的主要区别在于它往往不是指从毛坯到成品的整个工艺过程，而仅是几道数控加工工序工艺过程的具体描述。因此在工艺路线设计中一定要注意到，由于数控加工工序一般都穿插于零件加工的整个工艺过程中，所以要与其他加工工艺衔接好。

1）数控加工工艺流程

图 4－1－2－2 所示为数控加工工艺流程。一般的数控加工工艺应包含以下流程：毛坯制造→毛坯热处理→通用机床加工→数控机床加工→通用机床加工→生成产品。

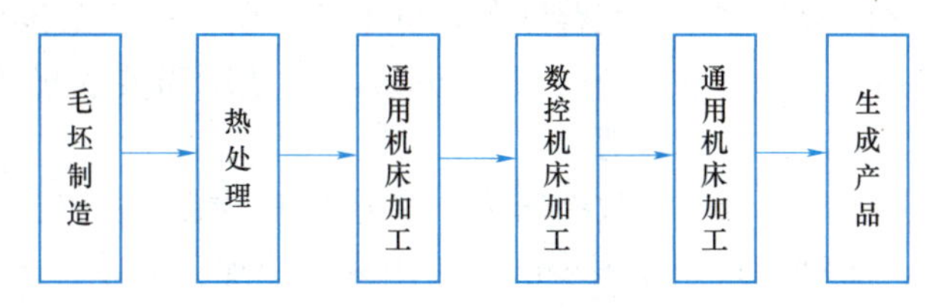

图 4－1－2－2　数控加工工艺流程

2）加工路线的选择与优化

加工路线是指数控车床加工过程中刀具相对零件的运动轨迹和方向，也称走刀路线。确定加工路线的主要任务是粗加工及空行程的走刀路线，因为精加工一般是沿零件的轮廓走刀的。

以下是加工路线的选择原则：

（1）首先按已定工步顺序确定各表面加工进给路线的顺序。

（2）寻求最短加工路线（包括空行程路线和切削加工路线），减少空刀时间，以提高加工效率。

（3）选择加工路线时应使工件加工时变形最小，对横截面积小的细长零件或薄壁零件应采用分几次走刀或对称去余量法安排进给路线。

（4）数控车削加工过程一般要经过循环切除余量、粗加工和精加工三道工序，应根据毛坯类型和工件形状确立循环切除余量的方式，以达到减少循环走刀次数、提高加工效率的目的。

（5）轴套类零件安排走刀路线的原则是轴向走刀和径向进刀，循环切除余量的循环终点在粗加工起点附近，这样可以减少走刀次数，避免不必要的空走刀，节省加工时间。

（6）轮盘类零件安排走刀路线的原则是径向走刀、轴向进刀，循环去除余量的循环终点在加工起点。编制轮盘类零件的加工程序时，与轴套类零件相反，是从大直径端开始顺序向前。

（7）铸锻件毛坯形状与加工后零件形状相似，留有一定的加工余量。一般采用逐渐接近最终形状的循环切削加工方法进行加工。

2. 数控车削加工工艺过程的拟订

一般根据零件的加工精度、表面粗糙度、材料、结构形状、尺寸及生产类型确定零件表面的数控车削加工方法及加工方案，通常根据表面精度要求可分为粗车、半精车、精车、细车、精密车等。

1）工序的划分原则

（1）工序集中。

工序集中是指将若干个工步集中在一个工序内完成，因此一个工件的加工只需集中在少数几个工序内完成。最大限度的集中是在一个工序内完成工件所有表面的加工。采用工序集中可以减少工件的装夹次数，在一次装夹中可以加工许多表面，有利于保证各表面之间的相互位置精度，也可以减少机床的数量，进而减少工人的数量和机床的占地面积。但所需要的设备复杂，操作和调整工作也较复杂。

（2）工序分散。

工序分散是指工序的数目多，工艺路线长，每个工序所包括的工步少。最大限度的分散是在一个工序内只包括一个简单的工步。工序分散可以使所需要的设备和工艺装备结构简单、调整容易、操作简单，但专用性强。

通常情况下，对于需要多台不同数控车床、多道工序才能完成加工的零件，工序划分常以机床为单位来进行。而对于只需要很少的数控车床就能加工完零件全部加工内容的情况，数控加工工序的划分可按下列方法进行。

① 以一次安装所进行的加工作为一道工序。将位置精度要求较高的表面安排在一次安装下完成，以免多次安装所产生的安装误差影响位置精度。

② 以一个完整数控程序连续加工的内容为一道工序。有些零件虽然能在一次安装中加工出很多待加工表面，但考虑到程序太长，故会受到某些限制，如控制系统的限制（主要是内存容量）、机床连续工作时间的限制（如一道工序在一个工作班内不能完成）等。此外，程序太长会增加出错率，查错与检索困难，因此程序不能太长。这样可以以一个独立、完整的数控加工程序连续加工的内容为一道工序。

③ 以工件上的结构内容组合用一把刀具加工为一道工序。有些零件结构较复杂，既有回转表面又有非回转表面，既有外圆、平面又有内腔、曲面。对于加工内容较多的零件，按零件结构特点将加工内容组合分成若干部分，每一部分用一把典型刀具加工，这时可以将组合在一起的所有部位作为一道工序，然后将另外组合在一起的部位换一把刀加工，作为新的一道工序，以减少换刀次数和空程时间。

④ 以粗、精车划分工序。对于容易发生加工变形的零件，通常粗加工后需要进行矫形，粗加工和精加工作为两道工序，可以采用不同的刀具或不同的数控机床加工。对毛坯余量大和加工精度要求较高的零件，应将粗车和精车分开，划分成两道或更多的工序。

在粗加工阶段，由于切除大量的多余金属，故可以及早发现毛坯的缺陷、裂纹和气孔等，以便及时处理，避免过多地浪费工时。

粗加工阶段容易引起工件的变形，由于切除余量大，一方面毛坯的内应力重新分布而引起变形，另一方面由于切削力和夹紧力都比较大，因而造成工件的受力变形和热变形，可在粗加工之后留有一定的时间，再通过逐步减少加工余量和切削用量的方法消除变形。

划分加工阶段可以合理使用数控车床。如粗加工阶段可以使用功率大、精度较低的数控车床；精加工阶段可以使用功率小、精度高的数控车床，有利于充分发挥粗加工机床的效率，且利于长期保持精加工机床的精度。

2）回转类零件非数控车削加工工序的安排

（1）零件上有不适合数控车削加工的表面，如渐开线齿形、键槽和花键表面等，必须安排相应的非数控车前工序加工工序。

（2）零件表面硬度及精度要求均较高，热处理需安排在数控车削之后，则热处理之后一般安排磨削加工。

（3）零件要求特殊，不能用数控车削加工完成全部加工要求，则必须安排其他非数控车削加工工序，如喷丸、滚压加工和抛光等。

3）数控加工工序与普通工序的衔接

数控加工工序前后一般穿插有其他普通工序，如衔接得不好就容易产生矛盾，最好的办法是相互建立状态要求。例如，要不要留加工余量，留多少；定位面的尺寸精度要求及几何公差；对校形工序的技术要求和对毛坯的热处理要求等。其目的是达到相互能满足加工需要，且质量目标及技术要求明确，交接验收有依据。

4）工序顺序的安排

工件表面的加工顺序，一般先粗加工后精加工，先基准面加工后其他面加工，先主要表面加工后次要表面加工，先外表面加工后内表面加工。制定零件数控车削加工工序一般遵循下列原则。

（1）先加工精基准面。作为精基准的表面应安排在工艺过程开始时加工。精基准面加工好后，接着对精度要求高的主要表面进行粗加工和半精加工，并穿插进行一些次要表面的加工，然后进行各表面的精加工。要求高的主要表面的精加工一般安排在最后进行，即上道工序能为后面的工序提供精基准和合适的夹紧表面。

（2）先加工简单的几何形状，再加工复杂的几何形状。

（3）对精度要求高，粗、精加工需分开进行的，先粗加工后精加工。

（4）以相同定位、夹紧方式安装的工序，最好接连进行，以减少重复定位次数和夹紧次数。

（5）检验工序是保证产品质量和防止产生废品的重要措施。在每个工序中，操作者都必须自行检验。在操作者自检的基础上，下列场合还要安排独立检验工序：粗加工全部结束后，精加工之前；送往下道工序加工的前后（如热处理工序的前后）；重要工序的前后；最终加工之后等。

5）工步顺序和进给路线的确定

工步是工序的组成单位。在被加工的表面、切削用量（指切削速度、背吃量和进给量）、切削刀具均保持不变的情况下所完成的那部分工序，称为工步。

工序顺序安排好后，对一道工序内的加工工步，应按照先粗后精、先远后近、内外交叉和保证工件加工刚度的原则来确定。被加工的某一表面，由于余量较大或其他原因，在切削用量不变的条件下，用同一把刀具对它进行多次加工，每加工一次，称为一次走刀。进给路线是指数控车床加工过程中刀具相对零件的运动轨迹和方向，也称走刀路线。刀具从起刀点开始到返回该点并结束加工程序所经过的路径，包括切削加工的路径和刀具切入、切出等非切削空行程。它不但包括了工步的内容，也反映了工步的顺序，是编写加工程序的依据之一。

3. 数控车削加工时工艺装备的选择

1）数控车刀的选择

（1）刀具选择的原则。

安装调整方便、刚性好、耐用度和精度高是数控刀具选择的总体原则。当数控车床进行粗加工时，要求刀具强度高，使用寿命长，以满足粗加工背吃刀量大、进给速度高的要求。当数控车床进行精加工时，要选用精度高、锋利、耐用度好的刀具，以保证加工精度。

在满足加工要求的前提下，尽量选择较短的刀柄，以提高刀具加工的刚性。此外，在进行数控加工刀具选择时，应注意以下情况：

① 选取刀具时，要使刀具的尺寸与被加工工件的表面尺寸相适应。

② 在进行自由曲面加工时，由于球头刀具的端部形状易造成较大残留面积，因此，为保证加工精度，一般应取较小的切削行距。

为方便对刀和减少刀具安装时间，应尽量使用机夹刀和机夹刀片，刀片材料最好选用涂层硬质合金刀片。

刀片的几何结构（如刀尖圆角、几何角度等）应根据加工零件的形状决定。特别要注意的是，在加工球面时要选择副偏角大的刀具，以免刀具的后刀面与工件产生干涉。

（2）刀具选择应考虑的主要因素。

选择数控车刀时应考虑以下主要因素：

① 被加工工件的材料性能：金属与非金属材料，其硬度、刚度、塑性、韧性及耐磨性等。

② 加工工艺类别：车削、钻削、镗削或粗加工、半精加工、精加工和超精加工等。

③ 工件的几何形状、加工余量、零件的技术经济指标。

④ 刀具能承受的切削用量。

2）数控车削用量的选择

数控车床加工的切削用量包括背吃刀量、主轴转速或切削速度（用于恒线速度切削）、进给速度或进给量。

（1）背吃刀量的确定。

背吃刀量是根据余量确定的。在工艺系统和机床功率允许的条件下，应尽可能选取较大的背吃刀量，以减少进给次数。一般当毛坯直径余量小于 6 mm 时，根据加工精度考虑是否留出半精车和精车余量，剩下的余量可一次切除。当零件的精度要求较高时，应留出半精车、精车余量。半精车余量一般为 0.5 mm 左右，所留精车余量一般比普通车削时所留余量少，常取 0.1～0.5 mm。

（2）主轴转速的确定。

① 光车时的主轴转速。光车时的主轴转速应根据零件上被加工部位的直径，并按零件和刀具的材料及加工性质等条件所允许的切削速度来确定。切削速度除了计算和查表外，还可根据实践经验确定。切削速度确定之后，主轴转速为

$$n=1\,000v_c/(\pi d)$$

式中：v_c——切削速度（m/min）；

d——切削刃选定点处所对应的工件的回转直径（mm）；

n——主轴转速（r/min）。

② 车螺纹时的主轴转速。在切削螺纹时，车床的主轴转速将受到多种因素的影响，故对于不同的数控系统，推荐不同的主轴转速选择范围。大多数卧式车床数控系统推荐车螺纹时的主轴转速为

$$n \leqslant \frac{1\,200}{P_h} - k$$

式中：P_h——工件螺纹的导程（mm）；

k——保险系数，一般取为80；

n——主轴转速（r/min）。

③ 进给速度的确定。进给速度是指在单位时间内，刀具沿进给方向移动的距离（单位为 mm/min）。

确定进给速度的原则为：当工件的质量要求能够得到保证时，为提高生产率，可选择较高（2 000 mm/min 以下）的进给速度；切断、车削深孔或精车时，选择较低的进给速度；刀具空行程，特别是远距离回零时，可以设定尽可能高的进给速度。进给速度应与主轴转速和背吃刀量相适应。

进给速度包括纵向进给速度和横向进给速度，其值为

$$v=nf$$

式中：v——进给速度（mm/min）；

f——进给量（mm/r）；

n——工件或刀具的转速（r/min）。

式中的进给量，粗车时一般取为 0.3～0.8 mm/r，精车时取为 0.1～0.3 mm/r，切断时取为 0. 05～0.2 mm/r。

3）夹具选择与安装

工件在数控车床上大多采用三爪自定心卡盘夹持工件。三爪自定心卡盘装夹工件方便、省时，自动定心好，但夹紧力小，常用于装夹外形规则的中、小型工件。

在数控机床上加工零件时，定位安装的基本原则与普通机床相同，也要合理选择定位基准和夹紧方案。

为提高数控机床的效率，在确定定位基准与夹紧方案时应注意以下三点：

① 力求设计、工艺与编程计算的基准统一。

② 尽量减少装夹次数，尽可能在一次装夹后加工出全部待加工表面。

③ 避免采用占机人工调整的加工方案，以充分发挥数控机床的效率。

（1）选择夹具的基本原则。

① 当零件批量不大时，应尽量采用组合夹具、可调式夹具和其他通用夹具，以缩短生产准备周期，节省生产费用。当达到一定批量时才考虑用专用夹具，并力求结构简单。

② 零件的装卸要快速、方便、可靠，以缩短机床的停顿时间。

③ 夹具上各零部件应不妨碍机床对零件各表面的加工，即夹具要开敞，其定位夹紧机构元件不能影响加工中的走刀。

（2）一般工件的装夹。

一般工件主要采用三爪自定心卡盘装夹，三爪自定心卡盘可安装成正爪和反爪两种形式，反爪用来装夹直径较大的工件。用三爪自定心卡盘装夹经过精加工的工件时，要用铜皮包住被夹住的加工面，以免夹伤工件表面。

加工长轴类零件时，为防止加工过程中因切削力造成工件变形，可采用用两顶尖装夹、一端卡盘一端顶尖、一端卡盘中间加中心架等方式装夹。

4. 数控加工工艺文件

技术文件是对数控加工的具体说明，目的是让操作者更明确加工程序的内容、装夹方式、

各个加工部位所选用的刀具及其他技术问题。数控加工技术文件主要有数控加工工序卡、数控刀具卡、数控加工编程任务书、数控加工走刀路线图、数控加工程序单等，文件格式可根据企业实际情况自行设计。

1）数控加工工序卡

表4－1－2－1所示为数控加工工序卡。数控加工工序卡与普通加工工序卡很相似，它是操作人员进行数控加工的主要指导性工艺资料。

表4－1－2－1　数控加工工序卡

单位名称		产品名称或代号		零件名称		零件图号	
工序号	程序编号	夹具名称		使用设备		车　　间	
工步号	工步内容	刀具号	刀具规格	主轴转速	进给速度	背吃刀量	备注
编制		审核		批准		年　月　日	共　页　第　页

2）数控加工刀具卡

表4－1－2－2所示为数控加工刀具卡。数控加工刀具卡主要反映刀具名称、编号、规格、长度等内容，它是组装和调整刀具的依据。

表4－1－2－2　数控加工刀具卡

产品名称或代号			零件名称		零件图号		
序号	刀具号	刀具规格名称	数量	加工表面		备注	
编制		审核		批准		共　页	第　页

四、任务实施

1. 数控车削工艺路线的拟定

通过分析零件图的结构工艺性可知，三段ϕ60 mm、ϕ40 mm、ϕ20 mm 外圆柱面及 R40 mm 成形面是该零件的重要加工表面，而ϕ50 mm、ϕ40 mm、ϕ30 mm 三段外圆柱面，锥面，左端面，右端面及台阶面、圆角、越程槽等为一般加工表面。这些表面绝大部分是回转体表面，所需要的加工方法是车削，而加工阶段则需划分为三个阶段，即粗加工、半精加工和精加工。

综合考虑，该零件的数控车削需要安排两道工序，即夹左外圆面，车右侧表面，再掉头夹右侧外圆表面，车左侧加工表面。经综合考虑，确定该零件的数控车削加工工艺路线如下：下料→粗车左端面、左端外轮廓、R40 mm 成形面→半精车左端面、左端外轮廓、R40 mm 成形面→精车左端外轮廓、R40 mm 成形面→粗车右端面、右端外轮廓→半精车右端面、右端外轮廓→精车右端外轮廓→粗车、半精车越程槽→钻 M12 螺纹的底孔→铰 M12 螺纹的底孔→切削 M12 螺纹→检验。

2. 定位形式和装夹方案的确定

1）定位基准

该零件为轴类零件，设计基准主要是两端面和各外圆柱面的轴线。当采用数控车床加工时，需要分两道工序进行加工，故首先确定坯料轴线和右端面毛坯为定位基准，粗、精车左侧轮廓，再以左端面和ϕ60 mm 外圆面为定位基准精车右侧轮廓。

2）装夹方式

两次装夹均采用三爪自定心卡盘定心夹紧。

CK6136E 数控车床具有粗车循环和车螺纹循环功能，只要正确使用编程指令，机床数控系统就会自动确定其进给路线，因此，该零件的粗车循环和车螺纹循环不需要人为确定其进给路线（但精车的进给路线需要人为确定）。该零件从右到左沿零件表面轮廓精车进给。

3. 工艺装备的选择

选用 CK6136E 数控车床为主要加工设备。

1）刀具的选择（参见表 4－1－2－3）

（1）选用 90° 硬质合金车刀，粗车左、右两端面及轮廓。

（2）选用 75° 硬质合金车刀，粗、精加工左端 R40 mm 成形面。

（3）选用 90° 硬质合金刀，精车左、右两端面及轮廓。

（4）选用ϕ10.15 mm 钻头，钻 M12 螺纹的底孔。

（5）选用ϕ10.35 mm 的铰刀，铰 M12 螺纹的底孔。

（6）选用刀宽 4 mm 的切断刀，切削 4 mm×2 mm 越程槽。

表 4-1-2-3 数控加工刀具卡片

产品名称或代号		零件名称		零件图号	
序号	刀具号	刀具规格名称	数量	加工表面	备注
1	T01	90° 外圆车刀	1	车端面及粗车、半精车轮廓	
2	T02	75° 外圆车刀	1	加工左端 *R*40 mm 成形面	
3	T03	90° 外圆车刀	1	精车轮廓	
4	T04	4 mm 切断刀	1	切削 4 mm×2 mm 越程槽	
5	T05	ϕ10.15 mm 钻头	1	钻 M12 螺纹的底孔	
6	T06	ϕ10.35 mm 的铰刀	1	铰 M12 螺纹的底孔	
7	T07	M12×1.5 丝锥	1	攻 M12 螺纹	
编制		审核		批准	共 页 第 页

2）夹具的选择

选用数控车床相配套的三爪自定心卡盘进行装夹。

3）量具

根据加工需要，分别选取外径千分尺、内径千分尺、百分表、螺纹通规和止规等。

4. 切削用量的选择

切削用量要根据切削用量的选择原则，结合数控机床和被加工工件的加工要求进行选择，并通过实际操作进行适当调整，本例切削用量的选择如下：

(1)背吃刀量的选择。粗车时取 a_p=2 mm，半精车时取 a_p=1 mm，精车时取 a_p=0.25 mm。

(2)主轴转速的选择。粗车时，主轴转速为 800 r/min；半精车时，主轴转速为 1 000 r/min；精车时，主轴转速为 1 200 r/min。加工螺纹时，主轴转速为 400 r/min；切断时，主轴转速为 400 r/min。

(3) 进给速度的选择。粗车时，进给量为 0.4 mm/r；半精车时，进给量为 0.2 mm/r；精车时，进给量为 0.1 mm/r。

5. 填写数控加工技术文件

依据前面所分析的各项内容，最终完成如表 4-1-2-4 所示的数控加工工艺卡。

表 4-1-2-4 数控加工工序卡

单位名称		产品名称或代号		零件名称		零件图号	
				异形轴			
工序号	程序编号	夹具名称		使用设备		车间	
01	O1111	三爪自定心卡盘		CK6136E		数控加工车间	
工步号	工步内容	刀具号	刀具规格/(mm×mm)	主轴转速/($r \cdot min^{-1}$)	进给量/($mm \cdot r^{-1}$)	背吃刀量/mm	备注
1	粗车左端面	T01	20×20	800	0.4	2	
2	半精车左端面	T01	20×20	1 000	0.2	1	

续表

单位名称		产品名称或代号			零件名称		零件图号
					异形轴		
工序号	程序编号	夹具名称			使用设备		车间
01	O1111	三爪自定心卡盘			CK6136E		数控加工车间
工步号	工步内容	刀具号	刀具规格/（mm×mm）	主轴转速/（$r \cdot min^{-1}$）	进给量/（$mm \cdot r^{-1}$）	背吃刀量/mm	备注
3	粗车左端外轮廓	T01	20×20	800	0.4	2	
4	粗车左端 *R*40 mm 成形面	T02	20×20	800	0.4	2	
5	半精车左端外轮廓	T01	20×20	1 200	0.1	0.25	
6	半精车左端 *R*40 mm 成形面	T02	20×20	1 000	0.2	1	
7	精车左端外轮廓	T03	20×20	1 200	0.1	0.25	
8	精车左端 *R*40 mm 成形面	T02	20×20	1 200	0.1	0.25	
9	掉头，粗车右端面	T01	20×20	800	0.4	2	
10	半精车右端面	T01	20×20	1 000	0.2	1	
11	粗车右端外轮廓	T01	20×20	800	0.4	2	
12	半精车右端外轮廓	T01	20×20	1 000	0.2	1	
13	精车右端外轮廓	T03	20×20	1 200	0.1	0.25	
14	粗车越程槽	T04	20×20	400	0.4	2	
15	半精车越程槽	T04	20×20	400	0.2	1	
16	钻 M12 螺纹的底孔	T05	20×20	400	0.1	/	
17	铰 M12 螺纹的底孔	T06	20×20	400	0.1	/	
18	切削 M12 螺纹	T07	20×20	400	0.1	/	
编制		审核		批准	年 月 日	共 页	第 页

五、任务评价

按表 4－1－2－5 对任务进行评价。

表 4－1－2－5 任务评价

序号	评价内容	评价标准	评价结果（是/否）
1	知识与技能	能解释数控加工工艺的设计方法	□是 □否
		能拟定零件的数控车削加工工艺路线	□是 □否
		能确定数控车削加工时的定位形式	□是 □否
		能确定数控车削加工时的装夹方案	□是 □否
		能选择零件数控车削加工时的工艺装备	□是 □否
		能编制零件的数控车削加工工艺文件	□是 □否

续表

序号	评价内容	评价标准	评价结果（是/否）
2	职业素养	具有严谨求实的学习态度	□是　□否
		具有精益求精的工匠精神	□是　□否
		具有互帮互助的团队意识	□是　□否
3	总评	“是”与“否”在本次评价中所占百分比	“是”占____% “否”占____%

六、任务巩固

图 4-1-2-3 所示为某企业需要批量生产的螺纹轴零件。为了生产出符合要求的产品，现在需要在详细分析该零件图技术要求的基础上，编制该零件的数控车削加工工艺。

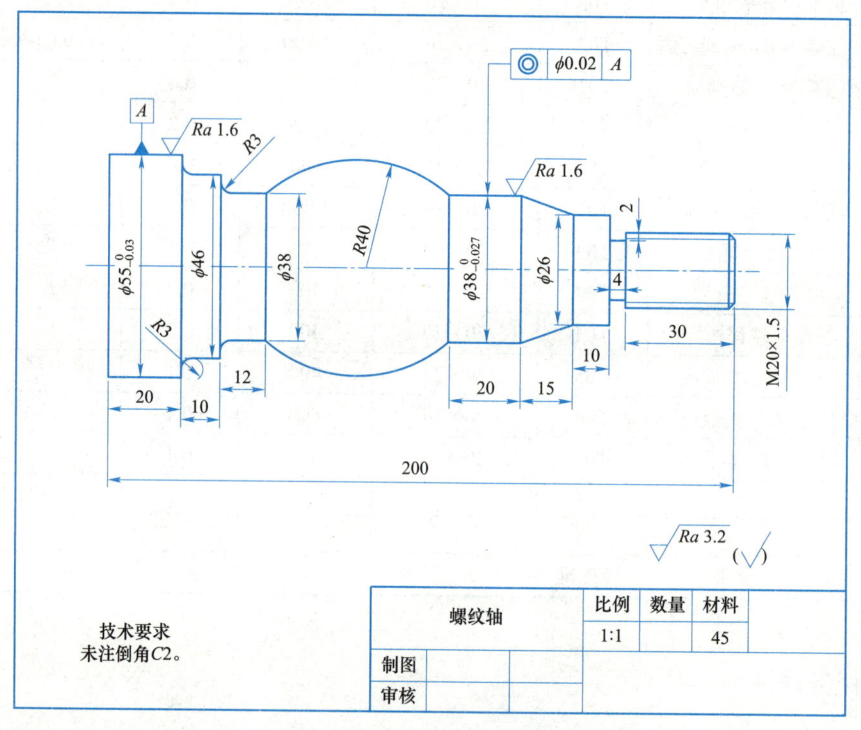

图 4-1-2-3　螺纹轴零件

工作项目 4.2　编制零件的数控铣削加工工艺

一、项目概述

熟悉数控铣床的结构、分类与应用特点；掌握数控铣削加工工艺的特点及主要加工对象；掌握数控铣削加工工艺的分析方法；掌握数控铣削加工工艺过程的拟定方法；掌握数控铣削时工件的定位与装夹方法；掌握数控铣削加工时工艺装备的选择方法；了解数控铣床的工具系统。

二、项目分析

数控铣削加工是机械加工中最常用和最主要的数控加工方法之一。数控铣床与普通铣床相比，具有加工精度高、加工零件的形状复杂、加工范围广等特点。它除了能铣削普通铣床所能铣削的各种零件表面外，还能铣削普通铣床不能铣削的，需要 2～5 坐标联动的各种平面轮廓和立体轮廓。

编制数控铣削加工工艺时，需要熟悉数控铣床的结构、分类与应用特点；掌握数控铣削加工工艺的特点及主要加工对象；掌握数控铣削加工工艺的分析方法；掌握数控铣削加工工艺过程的拟定方法；掌握数控铣削时工件的定位与装夹方法；掌握数控铣削加工时工艺装备的选择方法，即需要熟练地完成以下两项工作任务：

（1）分析数控铣削加工工艺特点。

（2）编制数控铣削加工工艺。

工作任务 4.2.1　分析凸台零件的数控铣削加工工艺特点

一、任务描述

图 4－2－1－1 所示为某企业需要批量生产的凸台零件。为了能准确地制定该零件的加工工艺方案，现在需要在详细识读该零件图的基础上，分析该零件的数控铣削加工工艺特点。

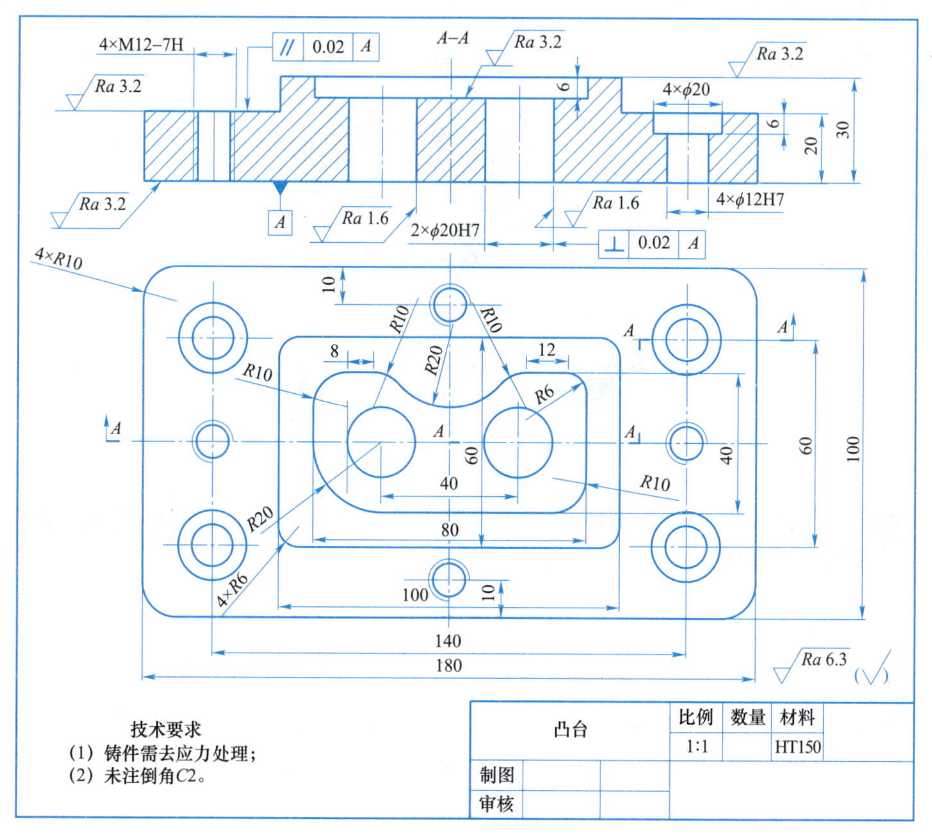

图 4－2－1－1　凸台

二、学习目标

（1）熟悉数控铣床的结构、分类与应用特点。
（2）掌握数控铣削加工工艺的特点及主要加工对象。
（3）掌握数控铣削加工工艺的分析方法。

三、知识梳理

1. 数控铣床的结构与应用特点

1）数控铣床简介

数控铣床是在一般铣床的基础上发展起来的，两者的加工工艺基本相同，结构也有些相似。数控铣床分为不带刀库和带刀库两大类，其中带刀库的数控铣床又称为加工中心。

数控铣床是主要采用铣削方式加工零件的数控机床，它能够进行外形轮廓铣削、平面或曲面型腔铣削及三维复杂型面的铣削，如凸轮、模具、叶片等。另外，数控铣床还具有孔加工的功能，通过特定的功能指令可进行一系列孔的加工，如钻孔、扩孔、铰孔、镗孔和攻螺纹等，如图 4-2-1-2 所示。

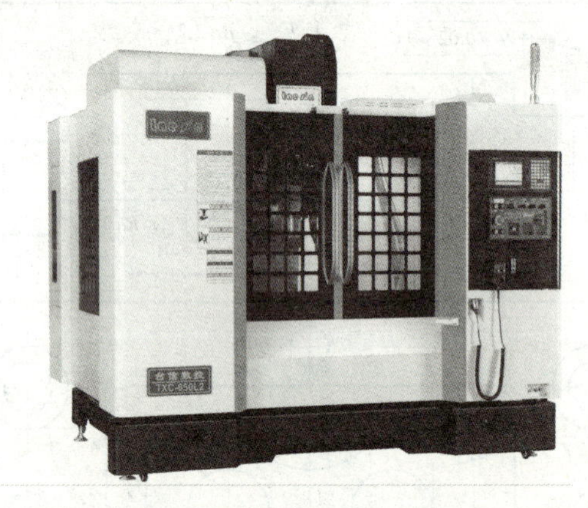

图 4-2-1-2　数控铣床

与其他数控机床一样，数控铣床也主要由输入装置、数控装置、伺服系统、检测及其辅助装置和机床本体等组成。

2）数控铣床的结构

数控铣床机械结构的主要组成部分如下：

（1）机床基础件（如床身，底座等）。

（2）主传动系统（包括主轴电动机及传动部分）。主传动部分是数控机床的组成部分之一，主轴夹持刀具旋转，直接参与工件表面的成形运动。主轴部件的刚度、精度、抗振性和热变形对工件加工质量影响较大。数控铣床主轴组件一般由轴承、支承、传动件和刀具夹紧等装置组成。主轴轴承的类型、结构、配置和精度将直接影响组件的工作性能。

（3）进给系统。进给传动系统承担了数控机床各直线坐标轴、回转轴的定位和切削进给，进给系统的传动精度、灵敏度和稳定性直接影响被加工工件的轮廓和加工精度。进给系统由联轴器、滚珠丝杠和导轨等组成。

（4）实现工件回转、定位的装置和附件。为了扩大数控机床范围，提高生产率，机床除了沿 *X*、*Y*、*Z* 三个坐标方向做直线进给运动外，有的还需配备有绕 *X*、*Y*、*Z* 轴的圆周进给运动。实现回转运动通常采用回转工作台和分度工作台。分度工作台只是将工件分度转位，达到分别加工工件各个表面的目的，给零件加工带来了很多方便；而回转工作台除了具有分度和转位的功能外，还能实现圆周进给运动。

（5）辅助装置（如液压、气动、润滑、冷却、排屑、防护等装置）。数控机床配备液压和气动装置来完成自动运行功能，其结构紧凑，工作可靠，易于控制和调节。排屑装置的主要作用是将切屑从加工区域排出到数控机床之外，切屑中混着切削液，排屑装置将切屑从其中分离出来送入切屑小车。

（6）工具系统。把通用性较强的装夹工具系列化、标准化就有了不同结构的工具系统，它一般分为整体式结构和模块式结构两大类。整体式刀具系统基本上由整体柄部和整体刃部（整体式刀具）组成，传统的钻头、铣刀、铰刀等就属于整体式刀具。模块式刀具系统是把整体式刀具系统按功能进行分割，做成系列化的标准模块（如刀柄、刀杆、接长杆、接长套、刀夹、刀体、刀头、刀刃等），再根据需要快速地组装成不同用途的刀具，当某些模块损坏时可部分更换。这样既便于批量制造，降低成本，也便于减少用户的刀具储备，节省开支。因此，模块式刀具系统在使用中倍受推崇。

3）数控铣床的加工范围

数控铣削是机械加工中最常用和最主要的数控加工方法之一，其既可以在数控铣床上进行，也可以在加工中心上进行。数控铣削主要包括平面铣削、轮廓铣削以及对工件进行钻、扩、铰、镗、锪、螺纹加工等。数控铣削主要适合于下列几类工件的加工：

（1）平面类工件。平面曲线轮廓类工件是指内或外具有复杂曲线轮廓加工要求的工件，特别是由数学表达式给出的，轮廓为非圆曲线或列表曲线的工件。其加工面平行或垂直于水平面，特点是各个加工面是平面或可以展开成平面。

（2）曲面（立体）类工件。加工面为空间曲面的工件称为曲面类工件。工件的特点是加工面不能展开为平面以及加工面与铣刀始终为点接触。此类工件的加工一般采用三坐标以上的数控铣床。

（3）加工精度较高的中小批量工件。针对加工中心的加工精度高、尺寸稳定的特点，对加工精度要求较高的中小批量工件，选择加工中心加工，容易获得所要求的尺寸精度和形状位置精度，并可得到良好的互换性。

4）数控铣床的分类和特点

（1）数控铣床的分类。

① 按主轴轴线位置方向分为立式数控铣床和卧式数控铣床。

② 按加工功能分为数控铣床、数控仿形铣床和数控齿轮铣床等。

③ 按控制坐标轴数分为两坐标数控铣床、两坐标半数控铣床和三坐标数控铣床等。

④ 按伺服系统方式分为闭环伺服系统、开环伺服系统和半闭环伺服系统数控铣床等。

（2）数控铣床的特点。

数控铣床通常都能完成铣平面、铣斜面、铣槽、铣曲面、钻孔、镗孔、攻螺纹等加工，一般情况下可以在一次装夹中完成所需的加工工序。

数控铣床加工与传统铣床加工的工艺规程从总体上说是一致的，但与普通铣床加工有着一定的区别。

① 高精度。目前，数控装置的脉冲当量一般为 0.001 mm，高精度的数控系统可达 0.000 1 mm，能保证工件精度。另外，数控加工还可避免工人的操作误差，一批加工零件的尺寸同一性特别好，大大提高了产品质量，定位精度比较高，所以数控铣床具有高精度，在加工各种复杂零件中显示出较好的优越性。

② 高柔性。数控铣床加工时，一般不需要专用工艺装备，在更换工件时，只需调用存储于计算机中的加工程序，装夹工件和调整刀具数据即可，能大大缩短生产周期。

③ 高效率。数控铣床加工时，程序自动驱动机床运动，显著提高了劳动生产率。采用数控铣床比采用普通铣床生产率可提高 3～5 倍，对于复杂的成形面加工，生产率可提高十几倍，甚至几十倍。

④ 高自动化。数控铣床加工时，无须人工控制刀具，自动化程度高，对操作工人的要求降低。数控操作工在数控铣床上加工出的零件比普通工在传统机床上加工出的零件精度高，而且省时、省力，极大地降低了工人的劳动强度。

⑤ 加工范围广。数控铣床进行的是轮廓控制，不仅可以完成点位及直线控制数控机床的加工功能，而且能够对两个或两个以上坐标轴进行插补，因而具有切削加工各种轮廓的功能。

2. 数控铣削加工工艺的特点及主要加工对象

1）数控铣床的选用及数控铣削工艺的特点

（1）数控铣床的选用。

数控铣床的选择主要由被加工零件、加工精度及零件的批量等决定。

规格较小的数控铣床，其工作台宽度多在 400 mm 以下，最适宜中小零件的加工和复杂型面的轮廓铣削任务；规格较大的数控铣床，工作台宽度在 500 mm 以上，用于大尺寸、复杂零件的加工需要。

从精度选择来看，一般的数控铣床即可满足大多数零件的加工需要。对于精度要求比较高的零件，则应考虑选用精密型数控铣床。

根据加工零件是二维还是三维轮廓的几何形状决定选择两坐标联动和三坐标联动的数控机床，也可根据零件加工要求，增加数控分度头或数控回转工作台加工螺旋槽和叶片零件等。

（2）数控铣削工艺的特点。

与数控车削相比，数控铣削具有以下特点：

① 多刃切削。铣削加工时，存在周铣与端铣两种铣削方式，且铣刀同时有多个刀齿参加切削，生产率高。

② 断续切削。铣削时，刀齿依次切入和切出工件，易引起周期性的冲击振动。

③ 半封闭切削。铣削的刀齿多，使每个刀齿的容屑空间小，呈半封闭状态，容屑和排屑条件差。

2）数控铣削加工的主要对象

适合数控铣削加工的零件主要有：

（1）平面曲线轮廓类零件。

平面曲线轮廓类零件是指有内、外复杂曲线轮廓的零件，特别是由数学表达式等给出其非圆曲线或列表曲线轮的零件。平面曲线轮廓类零件的加工面平行或垂直于水平面，或加工面与水平面的夹角为定角，各个加工面是平面，或可以展开成平面。目前在数控铣床上加工的大多数零件均属于平面轮廓类零件。

平面类零件是数控铣削加工中最简单的一类零件，一般只需用三坐标数控铣床的两坐标联动（即两轴半坐标联动）就可以把它们加工出来。

（2）曲面类（立体类）零件。

曲面类零件一般指具有三维空间曲面的零件，曲面通常由数学模型设计出，因此往往要借助于计算机来编程。曲面的特点是加工面不能展开为平面，加工时，铣刀与加工面始终为点接触。一般采用三坐标数控铣床加工曲面类零件。常用曲面的加工方法主要有下列两种：一种是采用三坐标数控铣床进行二轴半坐标控制加工，加工时只有两个坐标联动，这种方法常用于不太复杂的空间曲面的加工；另一种是采用三坐标数控铣床三坐标联动加工空间曲面，这种方法常用于发动机及模具等较复杂空间曲面的加工。

（3）其他在普通铣床难加工的零件。

① 形状复杂，尺寸繁多，划线与检测均较困难，在普通铣床上加工又难以观察和控制的零件。

② 高精度零件。尺寸精度、形位精度和表面粗糙度等要求较高的零件。如发动机缸体上的多组尺寸精度要求高，且有较高相对尺寸、位置要求的孔或型面。

③ 一致性要求好的零件。在批量生产中，由于数控铣床本身的定位精度和重复定位精度都较高，能够避免在普通铣床加工中因人为因素而造成的多种误差，故数控铣床容易保证成批零件的一致性，使其加工精度得到提高，质量更加稳定。

虽然数控铣床加工范围广泛，但是因受数控铣床自身特点的制约，某些零件仍不适合在数控铣床上加工。如简单的粗加工面，加工余量不太充分或很不均匀的毛坯零件，以及生产批量特别大而精度要求又不太高的零件等。

3. 数控铣削加工工艺分析

1）零件图的工艺性分析

数控铣削加工对零件图进行工艺分析时应注意以下几个要求：

（1）图样尺寸的标注方法是否合理。图样尺寸的标注方法是否方便编程，构成工件轮廓图形的各种几何元素的条件是否充分和必要，各几何元素的相互关系（如相切、相交、垂直和平行等）是否明确，有无引起矛盾的多余尺寸或影响工序安排的封闭尺寸等。

（2）内槽及缘板之间的内转接圆弧是否过小。因为这种内圆弧半径常常限制刀具的直径，故其不可过小。如工件的被加工轮廓高度低，则转接圆弧半径大，可以采用较大直径的铣刀来加工。此外，走刀次数也相应减少，表面质量也会好一些，因此工艺性较好；反之，数控铣削工艺性较差。

（3）零件铣削面的槽底圆角或腹板与缘板相交处的圆角半径是否太大。当半径 r 越大时，铣刀端刃铣削平面的能力越差，效率也越低；当 r 大到一定程度时必须用球头刀加工，这是应当尽量避免的。

（4）零件图中各加工面的凹圆弧（R 与 r）应尽可能统一。因为在数控铣床上增加换刀次数会带来一些新的问题，如增加铣刀规格、计划停车次数和对刀次数等，不但会给编程带来许多麻烦，增加生产准备时间而降低生产率，而且也会因频繁换刀增加工件加工面上的接刀阶差而降低表面质量。

（5）零件上有无统一基准。统一基准可保证两次装夹加工后其相对位置的正确性，进而提高工件的整体加工质量。

（6）考虑热处理工序的影响。分析零件的形状及原材料的热处理状态，考虑零件会不会在加工过程中变形，哪些部位最容易变形并采取一些必要的工艺措施进行预防，如对钢件进行调质处理、对铸铝件进行退火处理，而对不能用热处理方法解决的，也可考虑采用粗、精加工及对称去余量等常规方法。

2）零件毛坯的工艺性分析

根据经验，下列几方面应作为毛坯工艺性分析的要点：

（1）加工余量是否合理。毛坯的加工余量是否充分，批量生产时的毛坯余量是否稳定。一般来说，在设计时就应充分考虑毛坯余量是否合理，应保证各加工面均有较充分的余量。如不合理，则应在加工前对毛坯的设计进行必要的更改。

（2）毛坯的安装定位是否可靠。主要分析加工毛坯时在安装定位方面的可靠性与方便性，以便数控铣削时在一次安装中加工出尽可能多的待加工面。

（3）分析毛坯的余量大小及均匀性。主要考虑在加工时要不要分层切削，分几层切削，是否应采取变形预防性措施与补救措施。

3）数控铣削加工路线的确定

在数控铣削加工中，为减少接刀的痕迹，保证轮廓表面的质量，切入、切出部分应考虑外延，因此要仔细设计刀具的切入和切出程序。当铣削外表面轮廓时，铣刀的切入和切出点应沿工件轮廓曲线的延长线切向切入和切出工件表面，而不应沿法线直接切入工件，避免在加工表面上产生划痕，以确保零件轮廓光滑。

在铣削整圆时，不但要注意安排好刀具的切入、切出，还要尽量避免交接处重复加工，以免出现明显的界痕。在整圆加工完毕后，不要在切点处取消刀补和退刀，而要安排一段沿切线方向继续运动的距离，避免取消刀补时因刀具与工件相撞而报废工件和刀具。

用立铣刀铣削内表面轮廓时，切入和切出都无法外延，这时铣刀只有沿工件轮廓的法线方向切入和切出，并将其切入点和切出点选在工件轮廓两几何元素的交点处。

4）数控铣削加工工序的安排

在数控铣床上加工零件，工序比较集中，在一次装夹中应尽可能完成全部工序。根据数控机床的特点，为了保持数控铣床精度、降低生产成本、延长使用寿命，通常把零件的粗加工，特别是基准面、定位面的加工放在普通机床上进行。

零件的加工工序通常包括切削加工工序、热处理工序和辅助工序（包括表面处理、清洗和检验等），这些工序的顺序直接影响到零件的加工质量、生产效率和加工成本。因此，在设计工艺路线时，应合理安排好切削加工、热处理和辅助工序的顺序，并解决好工序间的衔接问题。

划分好数控铣削加工零件的工序后，通常要遵循以下原则来确定各工序的先后顺序。

（1）基面先行原则。用作精基准的表面应优先加工出来。

（2）先粗后精原则。各个表面的加工顺序按照粗加工→半精加工→精加工→光整加工的顺序依次进行，逐步提高表面的加工精度，减小表面粗糙度。

（3）先主后次原则。零件的主要工作表面、装配基面应先加工，从而能及早发现毛坯中主要表面可能出现的缺陷。次要表面可穿插进行，放在主要加工表面加工到一定程度后、最终精加工之前进行。

（4）先面后孔原则。对箱体、支架类零件，平面轮廓尺寸较大，一般先加工平面，再加工孔和其他尺寸，这样安排加工顺序，一方面用加工过的平面定位，稳定可靠；另一方面在加工过的平面上加工孔，孔加工的编程数据比较容易确定，并能提高孔的加工精度，特别是钻孔时的轴线不易歪斜。

当然，在具体实践时，应结合本单位的实际，如生产批量、生产周期、工序间周转情况等。总之，要尽量做到合理，立足于：解决问题、攻克关键和提高生产效率，充分发挥数控加工的优势。

一般情况下，按以下顺序安排数控铣削加工工序：加工精基准→粗加工主要表面→加工次要表面→安排热处理工序→精加工主要表面→最终检查。

（5）数控铣削加工切削用量的确定。

（1）主轴转速的确定。主轴转速应根据允许的切削速度和工件（或刀具）的直径来选择，一个重要的参数为切削速度。决定切削速度的因素很多，其中以刀具材质、切削深度与进刀量等为主要因素。通常可查阅相关手册选取推荐的铣刀切削速度。

（2）切削深度的确定。切削深度主要根据机床、夹具、工件和刀具的刚度来决定。在刚度允许的条件下，应尽可能加大切削深度，以减少走刀次数，提高生产率。为了保证加工精度和表面质量，一般都要留一点余量给最后的精加工。数控加工中的精加工余量可小于普通加工。

（3）进给速度的确定。进给速度（单位为 mm/r 或 mm/min）主要根据零件的加工精度和表面质量要求以及刀具、工件的材料性质选取，一般在 20～50 mm/min 范围内。通常来说，当工件的质量要求能够得到保证时，为提高生产率，可选择较高的进给速度。用高速钢刀具加工时，宜选择较低的进给速度。当加工精度、表面质量要求高时，进给速度应选小些。当刀具空行程，特别是远距离“回零”时，可以选择该机床数控系统的最高进给速度。

四、任务实施

1. 零件图工艺性分析

1）凸台零件的结构特点

该零件外形为长方体，总体尺寸为 180 mm × 100 mm × 30 mm。零件的底部为一矩形底座（180 mm×100 mm），其上分布有四个沉头孔（ϕ20 mm 和ϕ12H7）和四个螺纹孔（M12–7H）。零件的上部为一高 10 mm 的台阶，台阶内部有一深 6 mm、形状很不规则的型腔，型腔底部布置有两个ϕ20H7 的通孔。可见，该零件主要由平面、内孔、螺纹孔、型腔和圆角等结构组成。

2）凸台零件的加工要求

尺寸精度方面，两个ϕ20 mm 的光孔和四个沉头孔（ϕ20 mm 和ϕ12H7）具有较高的尺寸精度（IT7 级）。形位公差方面，底座的上表面对下表面（*A* 面）有平行度要求（0.02 mm），两个ϕ20 mm 光孔的轴线分别对底座的下表面（*A* 面）有垂直度要求（0.02 mm）。表面粗糙度方面，底座的上、下表面以及顶部台阶面的表面粗糙度均为 *Ra*3.2 μm，两个ϕ20 mm 光孔的表面粗糙度为 *Ra*1.6 μm，其余表面的粗糙度要求均为 *Ra*6.3 μm。

显然，底座的上、下表面以及顶部的台阶面、型腔，两个ϕ20 mm 的光孔和四个沉头孔（ϕ20 mm 和ϕ12H7）是该零件的重要加工表面，其余的则为一般加工表面。

2. 主要表面加工方法的选择

查阅相关资料并结合现有生产条件，决定对该零件的主要加工表面采取以下的加工方法。

（1）底座的上、下表面以及顶部的台阶面、型腔：粗铣→精铣。

（2）ϕ20 mm 光孔、ϕ12H7 孔：钻中心孔→钻孔→粗铰→精铰。

（3）M12 螺纹孔：钻孔→攻丝。

（4）ϕ20 沉孔：锪孔。

3. 零件的材料及毛坯选择

由零件图可知，该零件为铸铁 HT150，有一定的生产批量，且为小型铸件，根据其使用范围，确定选取金属模机器造型的砂型铸造来铸造毛坯。

此凸台零件结构不复杂，图中孔径也不大，因此在毛坯设计时零件图中的孔都不铸造，待后续机加工成形。此外，零件各个表面均需留加工余量。查相关资料后，确定留加工余量 3 mm，故毛坯的尺寸取 186 mm×106 mm×36 mm。

4. 加工阶段的划分

一般来说，对精度要求较高的零件，其粗、精加工应分开，以保证零件的质量。鉴于该凸台零件加工要求较高，尺寸精度达 IT7 级，有同轴度、垂直度要求，且表面粗糙度达到 1.6 μm，故将该凸台零件的加工划分为两大阶段，即粗加工（粗铣平面、钻孔等）和精加工（精铣平面、铰孔等）。此外，还要根据加工的需要再适当安排热处理工序和检验顺序。

综上所述，该零件结构较规则，加工精度要求较高，需要加工的表面也较多，且台阶处的不规则型腔很难在普通铣床上进行加工，故宜直接选用数控铣削进行加工。同时，采用数控铣削加工也可充分发挥数控加工的优点，提高产品质量，提升生产效率。

五、任务评价

按表 4–2–1–1 对任务进行评价。

表 4-2-1-1　任务评价

序号	评价内容	评价标准	评价结果（是/否）
1	知识与技能	能解释数控铣床的应用特点	□是　□否
		能分析零件的尺寸精度与形位公差	□是　□否
		能分析零件的表面粗糙度要求	□是　□否
		能确定零件的主要加工表面	□是　□否
		能分析零件的数控铣削加工工艺特点	□是　□否
2	职业素养	具有严谨求实的学习态度	□是　□否
		具有精益求精的工匠精神	□是　□否
		具有互帮互助的团队意识	□是　□否
3	总评	“是”与“否”在本次评价中所占百分比	“是”占____% “否”占____%

六、任务巩固

图 4-2-1-3 所示为某企业需要批量生产的端盖零件。为了能准确地制定该零件的加工工艺方案，现在需要在详细识读该零件图的基础上，分析该零件的数控铣削加工工艺特点。

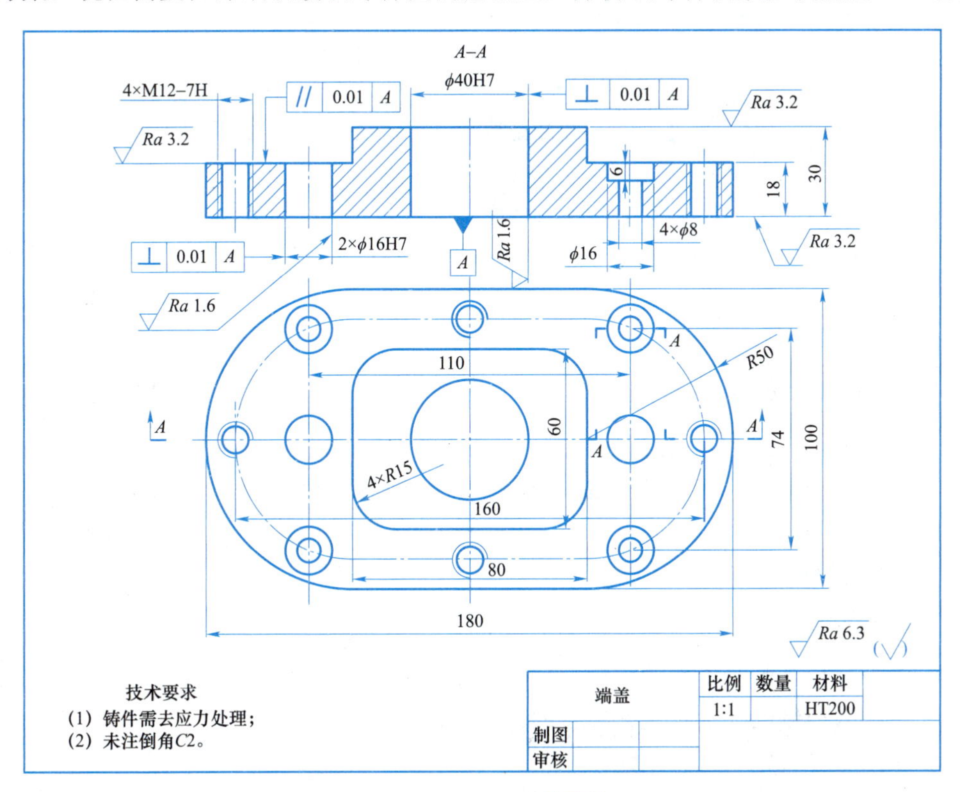

图 4-2-1-3　端盖零件

工作任务 4.2.2　编制凸台零件的数控铣削加工工艺

一、任务描述

图 4-2-2-1 所示为某企业需要批量生产的凸台零件。为了生产出符合要求的产品，现在需要在详细分析该零件图技术要求的基础上，编制该零件的数控铣削加工工艺。

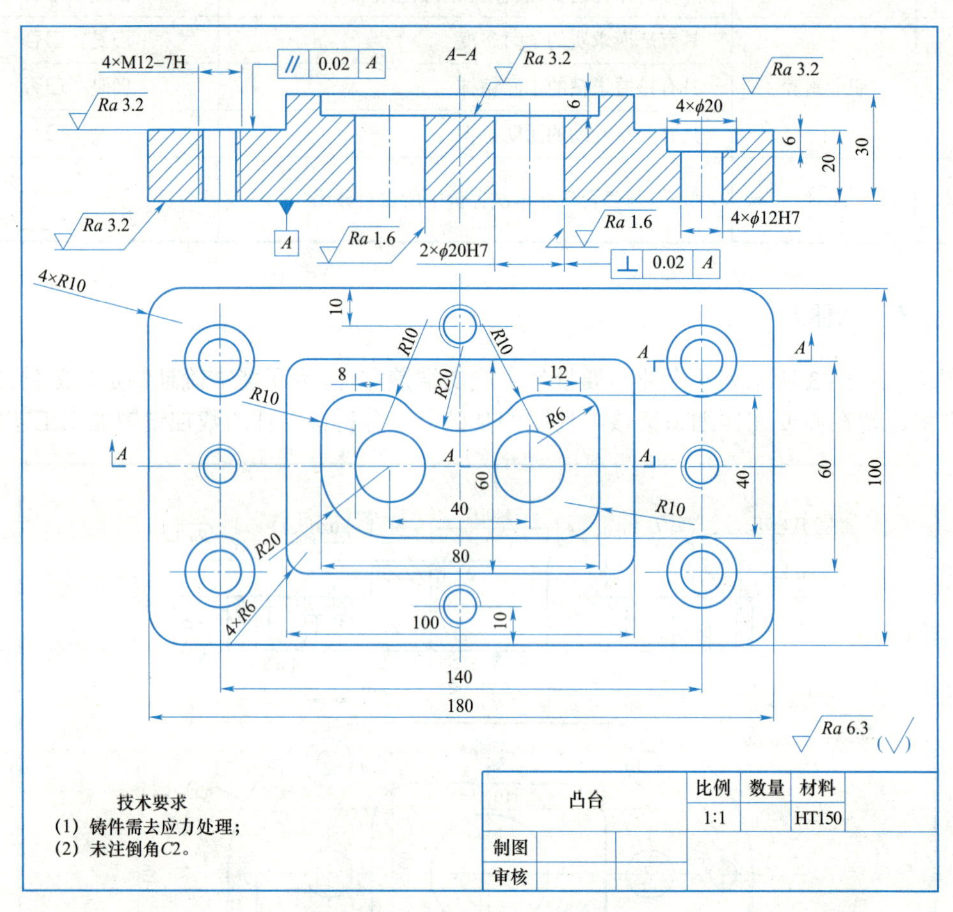

图 4-2-2-1　凸台零件

二、学习目标

（1）掌握数控铣削加工工艺过程的拟定方法。

（2）掌握数控铣削时工件的定位与装夹方法。

（3）掌握数控铣削加工时工艺装备的选择方法。

（4）了解数控铣床的工具系统。

三、知识梳理

1. 数控铣削加工工艺过程的拟订

数控铣削加工工艺过程：先通过分析零件图样，明确工件适合于数控铣削的加工内容、加工要求，然后以此为出发点确定零件于数控铣削的加工工艺和过程顺序。接着选择确定数控加工的工艺装备，如：确定何种类型、规格、技术参数的机床；考虑工件如何装夹及装夹方案的拟定；选择适合加工的表面、结构特征和技术要求的刀具并进行调试；明确和细化工步的具体内容，包括对走刀路线、位移量和切削参数等的确定。

1）确定走刀路线和安排加工顺序

走刀路线就是刀具在整个加工工序中的运动轨迹，它不但包括了工步的内容，也反映出工步顺序。走刀路线是编写程序的依据之一。确定走刀路线时应注意以下两点：寻求最短加工路线；最终轮廓一次走刀完成

2）对刀点的确定

对于数控机床来说，在加工开始时，确定刀具与工件的相对位置是很重要的，这一相对位置是通过确认对刀点来实现的。对刀点是指通过对刀确定刀具与工件相对位置的基准点。对刀点可以设置在被加工零件上，也可以设置在夹具上与零件定位基准有一定尺寸联系的某一位置，对刀点选择在零件的加工原点。对刀点的选择原则如下：

（1）所选的对刀点应使程序编制简单。

（2）对刀点应选择在容易找正、便于确定零件加工原点的位置。

（3）对刀点应选在加工时检验方便、可靠的位置。

（4）对刀点的选择应有利于提高加工精度。

2. 数控铣削时工件的定位与装夹

1）数控铣削加工对工件装夹的要求

在确定工件装夹方案时，要根据工件上已选定的定位基准确定工件的定位夹紧方式，并选择合适的夹具。此时，主要考虑以下几点。

（1）夹具的结构及其有关元件不得影响刀具的进给运动。

工件的加工部位要敞开，要求夹持工件后夹具上的一些组件不能与刀具运动轨迹发生干涉。

（2）必须保证最小的夹紧变形。

在机械加工中，如果切削力大，则需要的夹紧力也大，要防止工件夹压变形而影响加工精度。因此，必须慎重选择夹具的支承点和夹紧力作用点。应使夹紧力作用点通过或靠近支承点，避免把夹紧力作用在工件的中空区域。

如果采用了相应措施仍不能控制工件受力变形对加工精度的影响，则只能将粗、精加工分开，或者粗、精加工采用不同的夹紧力。可以在粗铣时采用较大夹紧力，精铣时放松工件，重新用较小夹紧力夹紧工件，从而减小精加工时工件的夹紧变形，保证精加工时的加工精度。

（3）要求夹具装卸工件方便。

辅助时间尽量短。由于数控铣削加工效率高，装夹工件的辅助时间对加工效率影响较大，所以要求配套夹具装卸工件时间短且定位可靠。数控加工夹具应尽可能使用气动、液压和电动等自动夹紧装置实现快速夹紧，以缩短辅助时间。

（4）考虑多件夹紧。

对小型工件或加工时间较短的工件，可以考虑在工作台上多件夹紧，或多工位加工，以提高加工效率。

（5）夹具结构力求简单。

由于在数控机床上加工工件大多采用工序集中的原则，工件的加工部位较多，而批量较小，夹具的标准化、通用化和自动化对加工效率的提高及加工费用的降低均有很大影响。因此，对批量小的零件应优先选用组合夹具。对形状简单的单件小批生产的零件，可选用通用夹具，如三爪卡盘和平口钳等。只有对批量较大，且周期性投产、加工精度要求较高的关键工序才设计专用夹具，以保证加工精度和提高生产效率。

（6）夹具应便于在机床工作台上装夹。

数控机床矩形工作台面上一般都有基准 T 形槽，转台中心有定位圈，工作台侧面有基准挡板等定位元件，可用于夹具在机床上定位。夹具在机床上一般用 T 形槽定位键或直接找正定位，用 T 形螺钉和压板夹紧。夹具上用于紧固的孔和槽的位置必须与工作台的 T 形槽和孔的位置相对应。

（7）编程原点设置在夹具上。

对工件基准点不方便测定的工件，可以不用工件基准点为编程原点，而在夹具上设置找正面，以该找正面为编程原点，把编程原点设置在夹具上。

2）确定数控铣削时的定位和夹紧方案

在确定定位和夹紧方案时应注意以下几个问题：

（1）尽可能做到设计基准、工艺基准与编程计算基准的统一。

（2）尽量将工序集中，减少装夹次数，尽可能在一次装夹后加工出全部待加工表面。

（3）避免采用占机人工调整时间长的装夹方案。

（4）夹紧力的作用点应落在工件刚性较好的部位。

3）定位基准的选择

（1）选择定位基准的基本要求。

遵循六点定位原则，在选择定位基准时要全面考虑各个工位的加工情况，满足以下三个要求：

① 所选基准应能保证工件定位准确，装卸方便、迅速，夹紧可靠，夹具结构简单。

② 所选基准与各加工部位间的各个尺寸计算简单。

③ 保证各项加工精度。

（2）选择定位基准的原则。

① 尽量选择工件上的设计基准作为定位基准。以设计基准为定位基准时，不仅可以避免因基准不重合引起的定位误差，保证加工精度，而且可以简化程序编制。

② 当工件的定位基准与设计基准不能重合，且加工面与设计基准不能在一次安装内同时加工时，应认真分析装配图样，确定该工件设计基准的设计功能，通过尺寸链的计算，严格规定定位基准与设计基准间的公差范围，确保加工精度。

③ 当无法同时完成包括设计基准在内的全部表面加工时，要考虑用所选基准定位后，

一次装夹能够完成有精度要求的全部关键部位的加工。

④ 定位基准的选择要保证完成尽可能多的加工内容。为此，要考虑便于各个表面都能被加工的定位方式。

⑤ 批量加工时，工件定位基准应尽可能与建立工件坐标系的对刀基准重合。批量加工时，工件采用夹具定位安装，刀具一次对刀建立加工坐标系后加工一批工件，如果加工坐标系的对刀基准与工件的定位基准重合，则可直接按定位基准对刀，减小对刀误差。但在单件加工（每加工一件对一次刀）时，工件坐标系原点和对刀基准的选择主要考虑便于编程和测量，故可不与定位基准重合。

⑥ 当必须多次安装时应遵从基准统一原则。

4）数控铣削时工件的装夹方法

数控铣削加工时，通常采用以下四种方法装夹工件：

（1）使用平口钳装夹工件。

（2）用压板、弯板、V 形块和 T 形螺栓装夹工件。

（3）工件通过托盘装夹在工作台上。

（4）用组合夹具、专用夹具等装夹。

加工过程中如需要多次装夹工件，则应采用同一组精基准定位（即遵循基准重合原则）。否则，因基准转换，会引起较大的定位误差。因此应尽可能选用零件上的孔为定位基准，如果零件上没有合适的孔作定位用，则可以另行加工出工艺孔作为定位基准。

3. 数控铣削时工艺装备的选择

1）数控铣削时夹具的选用

数控铣床的工件装夹一般都是以平面工作台为安装的基础，定位夹具或工件，并通过夹具最终定位夹紧工件，使工件在整个加工过程中始终与工作台保持正确的相对位置。

根据数控铣床的特点和加工需要，目前常用的夹具类型有通用夹具、可调夹具、组合夹具、成组夹具和专用夹具。一般的选择顺序是单件生产中尽量选用机床用平口虎钳、压板螺钉等通用夹具；批量生产时优先考虑组合夹具，其次考虑可调夹具，最后考虑选用成组夹具和专用夹具。选择时，要综合考虑各种因素，选择经济、合理的夹具形式。

2）数控铣削时刀具的选择

（1）常用的铣刀类型。

铣刀是多刃刀具，它的每一个刀齿相当于一把车刀，它的切削基本规律与车削相似，但铣削是断续切削，切削厚度和切削面积随时在变化，因此，铣削具有一些特殊性。铣刀在旋转表面或端面上具有刀齿，铣削时，铣刀的旋转运动是主运动，工件的直线运动是进给运动。

常用的铣刀类型有圆柱铣刀、立铣刀、硬质合金、面铣刀、键槽铣刀、三面刃铣刀、锯片铣刀、角度铣刀和球头铣刀等，如图 4－2－2－2 所示。

（2）铣刀主要参数的选择。

刀具的选择是数控加工工序设计的重要内容，它不仅影响机床的加工效率，而且直接影响加工质量。另外，数控机床主轴转速比普通机床高 1～2 倍，且主轴输出功率大。因此与传统加工方法相比，数控加工对刀具的要求更高，不仅要求精度高、强度大、刚度好、使用寿命长，而且要求尺寸稳定、安装调整方便。这就要求采用新型优质材料制造数控加工刀具，并合理选择刀具的结构、几何参数。

刀具的选择应考虑工件材质、加工轮廓类型、机床允许的切削用量和刚性以及刀具寿命等因素。一般情况下应优先选用标准刀具（特别是硬质合金可转位刀具），必要时可采用各种高生产率的复合刀具及其他一些专用刀具。对于硬度大的难加工工件，可选用整体硬质合金刀具、陶瓷刀具、CBN（立方氮化硼）刀具等。

（3）铣刀的选择。

① 在数控机床上加工平面零件周边轮廓时，常采用立铣刀。

② 高速钢立铣刀多用于加工凸台和凹槽，最好不要用于加工毛坯面，以免毛坯面的硬化层和夹砂加速刀具的磨损。

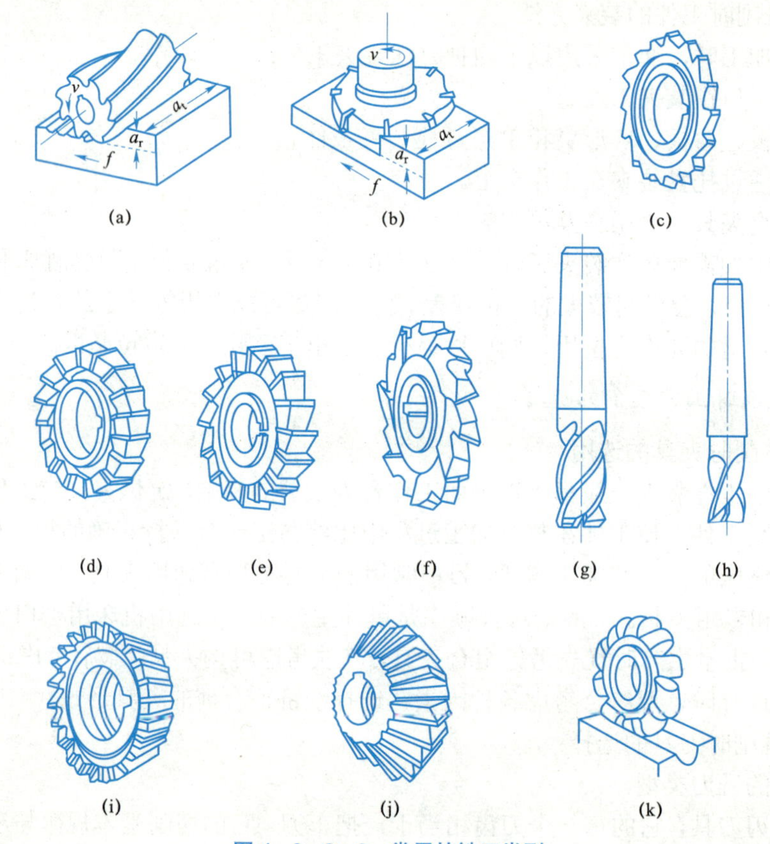

图 4-2-2-2　常用的铣刀类型

（a）圆柱铣刀；（b）端铣刀；（c）槽铣刀；（d）两面刃铣刀；（e）三面刃铣刀；（f）错齿三面刃铣刀；（g）立铣刀；（h）键槽铣刀；（i）单角度铣刀；（j）双角度铣刀；（k）成形铣刀

（3）加工精度要求较高的槽时，可采用直径比槽宽小一些的立铣刀，先铣槽的中间部分，然后利用刀具的半径补偿功能铣削槽的两边，直到达到精度要求。

（4）在单件或小批量生产中，为取代多坐标联动机床，对一些立体形面和变斜角轮廓外形的加工，常采用球头铣刀、环形铣刀、鼓形刀、锥形刀和盘形刀。

3）切削用量和铣削方式的选择

（1）选择铣削用量时应考虑的因素。

铣削用量包括主轴转速（切削速度）、进给速度、背吃刀量和侧吃刀量。切削用量应根据加工性质、加工要求、工件材料及刀具的材料和尺寸等查阅切削用量手册、刀具产品目录推荐的参数并结合实践经验确定。通常考虑如下因素：

① 刀具差异。不同厂家生产的刀具质量相差较大，因此切削用量须根据实际所用的刀具和现场经验加以调整。

② 机床特性。切削用量受机床电动机功率和机床刚性的限制，必须在机床说明书规定的范围内选取，避免因功率不够造成闷车、刚性不足而产生大的机床变形或振动，影响加工精度和表面粗糙度。

③ 数控机床生产率。数控机床的工时费用较高，刀具损耗费用所占比重较低，应尽量用高的切削用量，通过适当降低刀具寿命来提高数控机床的生产率。

（2）铣削用量的选择方法。

① 背吃刀量 a_p（端铣）或侧吃刀量 a_e（圆周铣）的选择。背吃刀量或侧吃刀量主要由加工余量和对表面质量的要求决定。

在要求工件表面粗糙度值为 *Ra*12.5～25 μm 时，如果圆周铣削的加工余量小于 5 mm，端铣的加工余量小于 6 mm，则粗铣一次进给就可以达到要求。但在余量较大、工艺系统刚性较差或机床动力不足时，可分两次进给完成。

在要求工件表面粗糙度值为 *Ra*3.2～12.5 μm 时，可分粗铣和半精铣两步进行。粗铣时背吃刀量或侧吃刀量选取同前述；粗铣后留 0.5～1.0 mm 余量，在半精铣时切除。

在要求工件表面粗糙度值为 *Ra*0.8～3.2 μm 时，可分粗铣、半粗铣、精铣三步进行。半粗铣时背吃刀量或侧吃刀量取 1.5～2.0 mm；精铣时圆周铣侧吃刀量取 0.3～0.5 mm，面铣刀背吃刀量取 0.5～1.0 mm。

② 进给量 f（mm/r）与进给速度 v_f（mm/min）的选择。铣削加工的进给量是指刀具转一周，工件与刀具沿进给运动方向的相对位移量；进给速度是单位时间内工件与铣刀沿进给方向的相对位移量。进给量与进给速度是数控铣床加工切削用量中的重要参数，根据零件的表面粗糙度、加工精度要求、刀具及工件材料等因素，参考切削用量手册或相关表格来选取。

③ 切削速度 v_c（m/min）的选择。根据已经选定的背吃刀量、进给量及刀具寿命选择切削速度。可用经验公式计算，也可根据生产实践经验，在机床说明书允许的切削速度范围内查阅有关切削用量手册或参考相关表格选取。

（3）铣削方式的选择。

用铣刀圆周上的切削刃来铣削工件的平面，称为周铣法。它有以下两种铣削方式：

① 逆铣法。铣刀的旋转切入方向和工件的进给方向相反（逆向）。

② 顺铣法。铣刀的旋转切入方向和工件的进给方向相同（顺向）。

顺铣法切入时的切削厚度最大，然后逐渐减小到零，因而避免了在已加工表面冷硬层上的滑走过程。实践表明，顺铣法可以提高铣刀寿命 2～3 倍，工件的表面粗糙度值可以减小些，尤其是在铣削难加工材料时，效果更为显著。

一般情况下，尤其是粗加工或加工有硬皮的毛坯时，多采用逆铣；精加工时，加工余量小，铣削力小，不易引起工作台窜动，可采用顺铣。

4. 数控铣床的工具系统

1）数控铣刀的装夹

数控铣床使用的刀具通过刀柄与主轴相连，刀柄通过拉钉和主轴内的拉刀装置固定在主轴上，由刀柄夹持传递扭矩。刀柄和主轴孔的配合面一般采用 7：24 圆锥配合，这样使刀柄不会自锁，换刀方便，具有较高的定位精度和较大的刚性。

2）工具系统

工具系统是指连接数控机床与刀具的系列装夹工具，由刀柄、连杆、连接套和夹头等组成。数控机床工具系统能实现刀具的快速、自动装夹。随着数控工具系统的应用与日俱增，我国已经建立了标准化、系列化、模块式的数控工具系统。数控机床的工具系统可分为整体式和模块式两种形式。

当铣刀直径小于ϕ16 mm 时，一般可使用普通 ER 弹簧夹头刀柄夹持；当大于ϕ16 mm 或切削力很大时，应采用侧固式刀柄、强力弹簧夹头或液压夹头刀柄夹持。

四、任务实施

1. 数控铣削工艺路线的拟定

通过分析凸台零件图的结构工艺性可知，该零件主要由平面、内孔、螺纹孔、型腔、圆角等结构组成。底座的上、下表面以及顶部的台阶面、型腔，两个ϕ20 mm 的光孔和四个沉头孔（ϕ20 mm 和ϕ12H7）是该零件的重要加工表面，其余的则为一般加工表面。因此，该零件结构较规则，加工精度要求较高，需要加工的表面也较多，且台阶处的不规则型腔很难在普通铣床上进行，故宜直接选用数控铣削进行加工。经综合考虑，将该凸台零件的加工划分为两大阶段，即粗加工（粗铣平面、打中心孔、钻孔等）和精加工（精铣平面、铰孔等）。此外，还要根据加工的需要再适当安排热处理工序和检验顺序。

综合以上分析，确定该凸台零件的数控铣削加工工艺路线如下：铸造→时效处理→铣底部平面（*A* 面）→铣凸台、型腔、外轮廓等→钻中心孔→钻ϕ20 mm、ϕ20 mm 底孔→粗、精铰ϕ20 mm、ϕ12 mm 光孔→锪ϕ20 mm 沉头孔→钻 M12 螺纹底孔→铰 M12 螺纹底孔→攻 M12 螺纹→粗、精铣外轮廓→检验。

2. 定位形式和装夹方案的确定

1）定位基准

该零件为盘套类零件，设计基准主要是底部平面（*A* 面）和零件水平位置的中心。采用数控铣床加工时，需要分三道工序进行加工，即首先铣削底部平面（*A* 面），然后再加工底部的上表面及顶部的台阶面、型腔，各孔及螺纹等，最后铣削周围外轮廓。

（1）精基准的选择。

选择精基准时，首先应考虑以什么表面为精基准定位加工主要表面，然后考虑以什么面为粗基准定位加工该精基准表面，即先确定精基准，然后选粗基准。由零件图的分析可知，此零件的设计基准是 A 平面和零件水平位置的中心。根据基准重合原则，应选设计基准为精基准，即以 A 平面和两光孔为精基准。

（2）粗基准的选择。

选择粗基准时，应合理分配加工余量，故选凸台毛坯的外轮廓和顶部平面为粗基准，以实现工件完全定位并保证其加工余量均匀。

2）装夹方式

铣削底部平面（A 面），铣削底部上平面、顶部台阶面及型腔、各孔及螺纹时，采用平口钳进行装夹。安装工件时，要注意把工件安装在钳口中间部位，轮廓紧贴固定钳口，底部用平整垫铁托起，并用百分表仔细找正。

铣削零件外部轮廓时，以底部平面和中间的两孔定位，采用所设计与制造的专用夹具进行装夹。

3. 工艺装备的选择

该零件加工表面较多，用普通机床加工，工序分散，工序数目多。采用数控铣床可以将普通机床加工的多个工序集中在一个工序中完成，提高生产率，降低生产成本，因此选用配备 FANUC－0IMC 系统的数控铣床进行加工。

1）刀具的选择

所需刀具有面铣刀、立铣刀、铰刀、中心钻、麻花钻、丝锥等，其规格根据加工尺寸选择，见表 4－2－2－1。

① 分别选用ϕ80 mm 硬质合金端面铣刀和ϕ60 mm 硬质合金端面铣刀，粗、精铣平面。

② 分别选用ϕ25 mm 硬质合金立铣刀和ϕ18 mm 硬质合金立铣刀，粗铣和精铣凸台、型腔、外轮廓等。

③ 选用 A3.15 中心钻，钻中心孔。

④ 选用ϕ18.85 mm 麻花钻，钻ϕ20 mm 底孔。

⑤ 选用ϕ12 mm、ϕ20 mm 铰刀，分别粗、精铰ϕ12 mm、ϕ20 mm 光孔。

⑥ 选用ϕ10.15 mm 麻花钻，钻ϕ12 mm 光孔和 M2 螺纹底孔。

⑦ 选用ϕ20 mm 锪钻，锪沉头孔。

⑧ 选用ϕ10.35 mm 铰刀，铰螺纹底孔。

⑨ 选用 M12×1 丝锥，攻螺纹。

表 4－2－2－1　数控加工刀具卡片

<table>
<tr><td colspan="2">产品名称或代号</td><td></td><td>零件名称</td><td>凸台</td><td>零件图号</td><td></td></tr>
<tr><td>序号</td><td>刀具号</td><td colspan="2">刀具规格及名称</td><td>数量</td><td>加工表面</td><td>备注</td></tr>
<tr><td>1</td><td>T01</td><td colspan="2">ϕ80 mm 硬质合金端面铣刀</td><td>1</td><td>粗铣平面</td><td></td></tr>
<tr><td>2</td><td>T02</td><td colspan="2">ϕ60 mm 硬质合金端面铣刀</td><td>1</td><td>精铣平面</td><td></td></tr>
<tr><td>3</td><td>T03</td><td colspan="2">ϕ25 mm 硬质合金立铣刀</td><td>1</td><td>粗铣凸台、型腔、外轮廓等</td><td></td></tr>
<tr><td>4</td><td>T04</td><td colspan="2">ϕ18 mm 硬质合金立铣刀</td><td>1</td><td>精铣凸台、型腔、外轮廓等</td><td></td></tr>
<tr><td>5</td><td>T05</td><td colspan="2">A3.15中心钻</td><td>1</td><td>打中心孔</td><td></td></tr>
</table>

续表

产品名称或代号		零件名称	凸台	零件图号	
序号	刀具号	刀具规格及名称	数量	加工表面	备注
6	T06	ϕ18.85 mm 麻花钻	1	钻ϕ12 mm 光孔和ϕ20 mm 底孔	
7	T07	选用ϕ20 mm 铰刀	1	粗、精铰ϕ20 mm 光孔	
8	T08	ϕ10.15 mm 钻头	1	钻ϕ12 mm 光孔和 M12 螺纹的底孔	
9	T09	ϕ20 mm 锪钻	1	锪沉头孔	
10	T10	ϕ10.35 mm 铰刀	1	铰 M12 螺纹的底孔	
11	T11	M12×1.5 丝锥	1	攻 M12 螺纹	
12	T12	ϕ12 mm 铰刀	1	粗、精铰ϕ12 mm 光孔	
编制		审核		批准	共　页　第　页

2）夹具的选择

选用数控铣床相配套的平口钳和专门设计制造的专用夹具进行装夹。

3）量具

根据加工需要，分别选取千分尺、百分表、螺纹通规和止规等。

4. 切削用量的选择

切削用量要根据切削用量的选择原则，结合数控机床和被加工工件的加工要求进行选择，并通过实际操作进行适当调整，本例切削用量的选择如下：

（1）背吃刀量的选择。粗铣时取 a_p=2 mm，精铣时取 a_p=0.25 mm。

（2）主轴转速的选择。粗铣时，主轴转速为 800 r/min；精铣时，主轴转速为 1 600 r/min。打中心孔时，主轴转速为 1 000 r/min；钻孔、锪孔时，主轴转速为 800 r/min；铰孔时，主轴转速为 500 r/min；加工螺纹时，主轴转速为 400 r/min。

（3）进给速度的选择。粗铣时，进给速度为 100 mm/min；精铣时，进给速度为 60 mm/min。加工孔时，进给速度为 60 mm/min。

5. 填写数控加工技术文件

依据前面所分析的各项内容，最终完成如表 4-2-2-2 所示的数控加工工艺卡。

表 4-2-2-2　数控加工工艺卡

<table>
<tr><td rowspan="2">单位名称</td><td rowspan="2"></td><td colspan="2">产品名称或代号</td><td colspan="2">零件名称</td><td colspan="2">零件图号</td></tr>
<tr><td colspan="2"></td><td colspan="2">凸台</td><td colspan="2"></td></tr>
<tr><td>工序号</td><td>程序编号</td><td colspan="2">夹具名称</td><td colspan="2">使用设备</td><td colspan="2">车间</td></tr>
<tr><td></td><td>O2222</td><td colspan="2">平口钳、专用夹具</td><td colspan="2">数控铣</td><td colspan="2">数控加工</td></tr>
<tr><td>工步号</td><td>工步内容</td><td>刀具号</td><td>刀具规格/mm</td><td>主轴转速/（r·min^{-1}）</td><td>进给速度/（mm·min^{-1}）</td><td>背吃刀量/mm</td><td>备注</td></tr>
<tr><td>1</td><td>粗铣底平面（A 面）</td><td>T01</td><td>ϕ80 端面铣刀</td><td>800</td><td>100</td><td>2</td><td></td></tr>
<tr><td>2</td><td>精铣底平面（A 面）</td><td>T02</td><td>ϕ60 端面铣刀</td><td>1 600</td><td>60</td><td>0.25</td><td></td></tr>
</table>

续表

单位名称		产品名称或代号		零件名称		零件图号	
				凸台			
工序号	程序编号	夹具名称		使用设备		车间	
	O2222	平口钳、专用夹具		数控铣		数控加工	
工步号	工步内容	刀具号	刀具规格/mm	主轴转速/($r \cdot min^{-1}$)	进给速度/($mm \cdot min^{-1}$)	背吃刀量/mm	备注
3	粗铣凸台、型腔等	T03	ϕ25 立铣刀	800	100	2	
4	精铣凸台、型腔等	T04	ϕ18 立铣刀	1 600	60	0.25	
5	钻中心孔	T05	A3.15 中心钻	1 000	60	/	
6	钻ϕ12 mm 底孔	T08	ϕ10.15 麻花钻	500	60	/	
7	钻ϕ20 mm 底孔	T06	ϕ18.85 麻花钻	500	60	/	
8	粗、精铰ϕ12 mm 光孔	T12	ϕ12 铰刀	500	60	/	
9	粗、精铰ϕ20 mm 光孔	T07	ϕ20 铰刀	500	60	/	
10	锪ϕ20 mm 沉头孔	T09	ϕ20 锪钻	800	60	/	
11	钻 M12 螺纹底孔	T08	ϕ10.15 麻花钻	800	60	/	
12	铰 M12 螺纹底孔	T10	ϕ10.35 的铰刀	500	60	/	
13	攻 M12 螺纹	T11	M12×1 丝锥，攻螺纹	400	60	/	
14	粗铣外轮廓	T03	ϕ25 立铣刀	800	100	2	
15	精铣外轮廓	T04	ϕ18 立铣刀	1 600	60	0.25	
编制		审核		批准	年 月 日	共 1 页	第 1 页

五、任务评价

按表 4-2-2-3 对任务进行评价。

表 4-2-2-3 任务评价

序号	评价内容	评价标准	评价结果（是/否）
1	知识与技能	能拟定零件的数控铣削加工工艺路线	□是 □否
		能确定数控铣削加工时的定位形式	□是 □否
		能确定数控铣削加工时的装夹方案	□是 □否
		能选择零件数控铣削加工时的工艺装备	□是 □否
		能编制零件的数控铣削加工工艺文件	□是 □否
2	职业素养	具有严谨求实的学习态度	□是 □否
		具有精益求精的工匠精神	□是 □否
		具有互帮互助的团队意识	□是 □否
3	总评	“是”与“否”在本次评价中所占百分比	“是”占____% “否”占____%

六、任务巩固

图 4-2-2-3 所示为某企业需要批量生产的端盖零件。为了生产出符合要求的产品，现在需要在详细分析该零件图技术要求的基础上，编制该零件的数控铣削加工工艺。

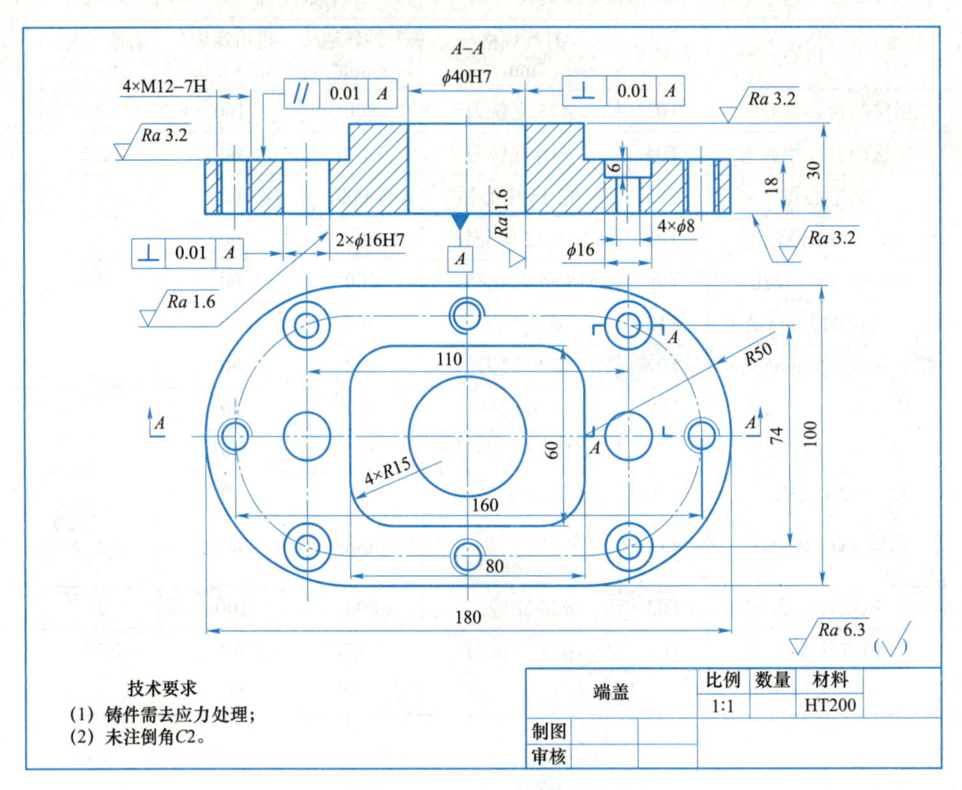

图 4-2-2-3 端盖零件

参 考 文 献

[1] 万文龙，等. 机械制造基础 [M]. 北京：高等教育出版社，2007.
[2] 罗春华，等. 数控加工工艺简明教程 [M]. 北京：北京理工大学出版社，2010.
[3] 刘宏军. 模具数控加工技术 [M]. 大连：大连理工大学出版社，2010.
[4] 蒋兆宏，等. 典型零件的数控加工工艺编制 [M]. 北京：高等教育出版社，2010.
[5] 王宜君，等. 机械制造技术 [M]. 北京：清华大学出版社，2011.
[6] 王继明，等. 数控加工工艺 [M]. 北京：化学工业出版社，2011.
[7] 徐小东，等. 机械制造工艺项目教程 [M]. 北京：电子工业出版社，2012.
[8] 林岩，等. 数控加工工艺与编程 [M]. 北京：化学工业出版社，2013.
[9] 唐文献，等. 数控机床加工工艺入门与提高 [M]. 北京：机械工业出版社，2013.
[10] 任国兴. 数控车床加工工艺与编程操作 [M]. 北京：机械工业出版社，2014.
[11] 马敏莉，等. 机械制造工艺编制及实施 [M]. 北京：清华大学出版社，2016.
[12] 罗力渊，等. 机械制造工艺与工装 [M]. 哈尔滨：哈尔滨工业大学出版社，2017.
[13] 刘守勇，等. 机械制造工艺与机床夹具 [M]. 北京：机械工业出版社，2017.
[14] 金晶. 数控铣床加工工艺与编程操作 [M]. 北京：机械工业出版社，2018.
[15] 张江华，等. 机床夹具设计与实践 [M]. 武汉：华中科技大学出版社，2018.